Direct3D 12 编程指南

张羽乔 编著

人 民 邮 电 出 版 社
北 京

图书在版编目（CIP）数据

Direct 3D 12编程指南 / 张羽乔编著. -- 北京 : 人民邮电出版社, 2017.5
ISBN 978-7-115-45025-8

Ⅰ. ①D… Ⅱ. ①张… Ⅲ. ①DirectX软件－程序设计－指南 Ⅳ. ①TP317-62

中国版本图书馆CIP数据核字(2017)第066826号

内 容 提 要

本书系统介绍了Direct3D 12各方面的知识，包括开始前的准备工作，如何创建DirectX 12项目，编程后的步骤，以及关于多线程、命令队列、资源结构、图形流水线、计算流水线和GPU内部传参等内容，最后讲解了一个基于Direct3D 12实现的字体引擎。本书重点介绍Direct3D 12的知识，而且减少对计算机图形学中通用知识的介绍，因为读者完全可以在其他的书中得到这些知识。

本书的适用对象为面向Windows平台的3D开发人员。

♦ 编　　著　张羽乔
责任编辑　张　涛
执行编辑　张　爽
责任印制　焦志炜

♦ 人民邮电出版社出版发行　　北京市丰台区成寿寺路11号
邮编　100164　　电子邮件　315@ptpress.com.cn
网址　http://www.ptpress.com.cn
固安县铭成印刷有限公司印刷

♦ 开本：800×1000　1/16
印张：16　　2017年5月第1版
字数：387千字　　2024年7月河北第3次印刷

定价：59.00元

读者服务热线：(010)81055410　印装质量热线：(010)81055316
反盗版热线：(010)81055315
广告经营许可证：京东市监广登字20170147号

前　言

Direct3D 12 是 Windows 10 新推出的 3D 图形库 API。本书将介绍 Direct3D 12 相关的各个方面的知识，主要内容如下。

第 1 章主要介绍开始前的准备工作，包括如何创建 Direct3D 12 项目和 COM 简介等内容。

第 2 章开始学习简单的 Direct3D 12 编程内容，包括设备、命令队列、交换链，以及渲染等内容。

第 3 章主要介绍多线程的相关内容，包括命令队列、命令分配器和命令列表等内容。

第 4 章主要介绍资源的结构、创建，以及 CPU、GPU 访问资源等内容。

第 5 章在第 4 章的基础上，更加深入地介绍图形流水线的相关内容。

第 6 章介绍计算流水线状态、启动等内容。

第 7 章简单介绍 GPU 内部传参的知识。

第 8 章结合本书所讲解的全部内容，完成一个基于 Direct3D 12 实现的字体引擎。

本书面向的读者

本书适合于希望使用 Direct3D 12 进行编程的读者，并且本书假定读者已经掌握了 C/C++编程语言的相关知识。本书并不要求读者掌握 Win32 And COM API 或之前版本的 Direct3D 的相关知识，但是已经掌握了这些知识的读者可以更轻松地阅读本书。

勘误

由于作者水平有限，本书中难免存在错漏之处。如果读者发现了本书中的错误，请反馈到作者的邮箱 D3D12CoreProgram@163.com 或本书编辑的邮箱 zhangshuang@ptpress.com.cn，作者将尽力对其进行更正。

进一步阅读

在完成 C++语法的学习后，应当进一步学习 C++的相关算法。与读者学习 C++的过程类似，学习完本书中的 Direct3D 12 语法后，读者可继续学习一些相关的算法。

如果读者需要学习渲染流水线的相关算法，那么《Real-Time Rendering》（ISBN：9781568814247）和《Physically Based Rendering》（ISBN：9780123750792）是两本不错的参考书。

如果读者需要学习计算流水线的相关算法，可以参考人民邮电出版社的《OpenCL 实战》（ISBN：9787115347343）一书。此外，Bullet 是一个基于 OpenCL 的开源物理引擎，AMD 也发布了很多基于 OpenCL 的开源项目，NVIDIA 也发布了很多基于 OpenCL 的示例程序，这些都可供读者自行参考学习。

目　　录

第1章　开始前的准备

本章介绍在开始 Direct3D 12 编程前需要做的准备工作。

1.1 创建 DirectX 12 项目

下面介绍如何配置开发环境并创建一个贯穿本书使用的 DirectX 12 项目。

1.1.1　安装 Windows 10 和 Visual Studio 2015

读者可以从相应的官方网站上获取 Windows 10 和 Visual Studio 2015 的免费试用版。

在安装 Visual Studio 2015 时，应当确保安装了 Visual C++和 Windows 10 SDK 这两个功能，如图 1-1 所示。

图 1-1　配置 Visual Studio 2015 功能

1.1.2　新建解决方案和项目

安装完成后，打开 Visual Studio 2015，新建一个 Win32 空项目。

在菜单栏中选择“文件”→“新建”→“项目”，如图 1-2 所示。

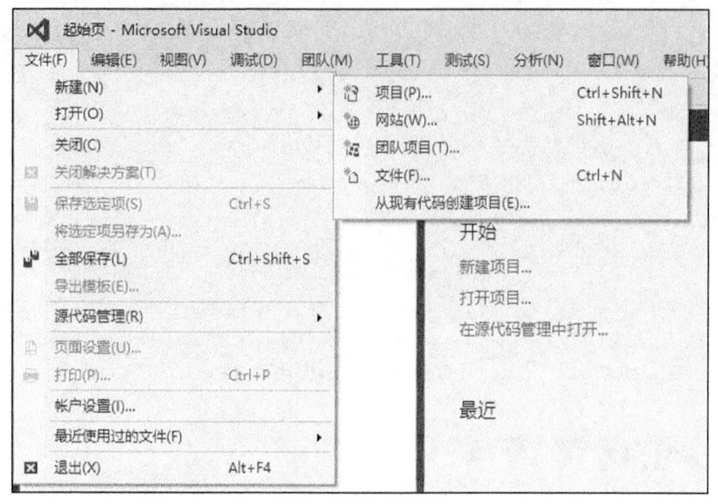

图 1-2　新建项目

在“Visual C++”→“Win32”中选择“Win32 项目”，如图 1-3 所示。

图 1-3　Win32 项目

在“附加选项”中勾选“空项目”，如图 1-4 所示。

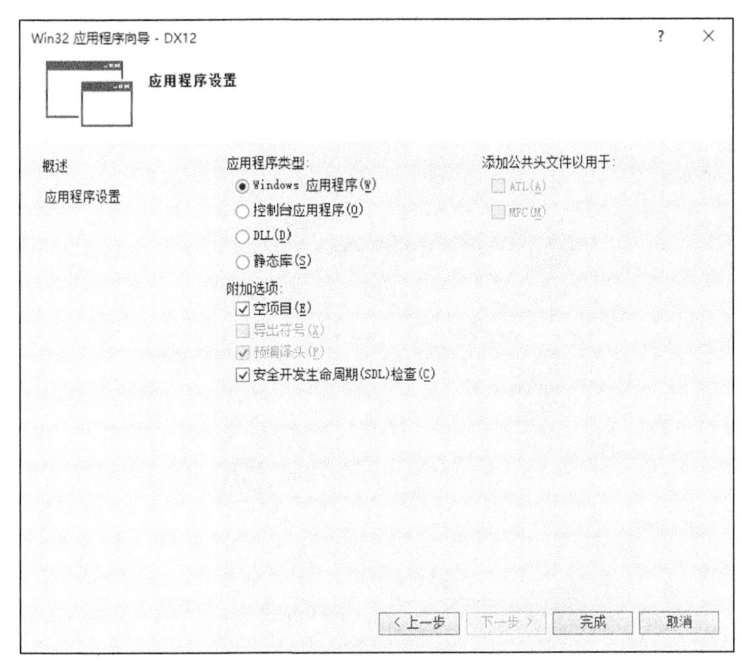

图 1-4　空项目

1.1.3　配置使用 Windows 10 SDK

在解决方案管理器中右击“DX12”项目，选择“属性”，如图 1-5 所示。

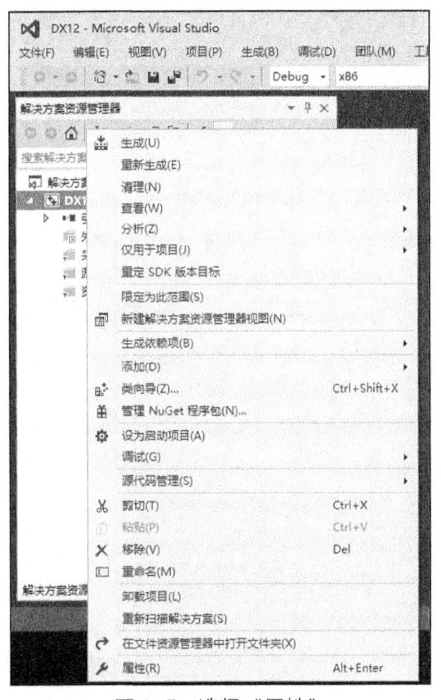

图 1-5　选择“属性”

选择所有配置和所有平台，在“配置属性”→“常规”中，将“目标平台”版本设置为“10.0.10586.0”，以使用 Windows 10 SDK 而不是默认的 Windows 8.1 SDK，如图 1-6 所示。

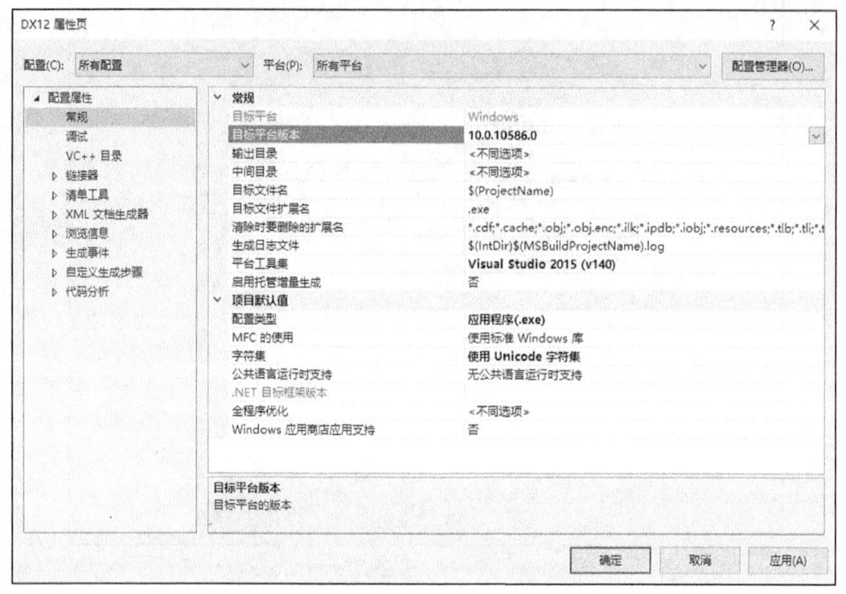

图 1-6　Windows 10 SDK

1.1.4　新建 main.cpp

在“解决方案管理器”中右击“DX12”项目，在下拉菜单栏中选择“添加”→“新建项”，如图 1-7 所示。

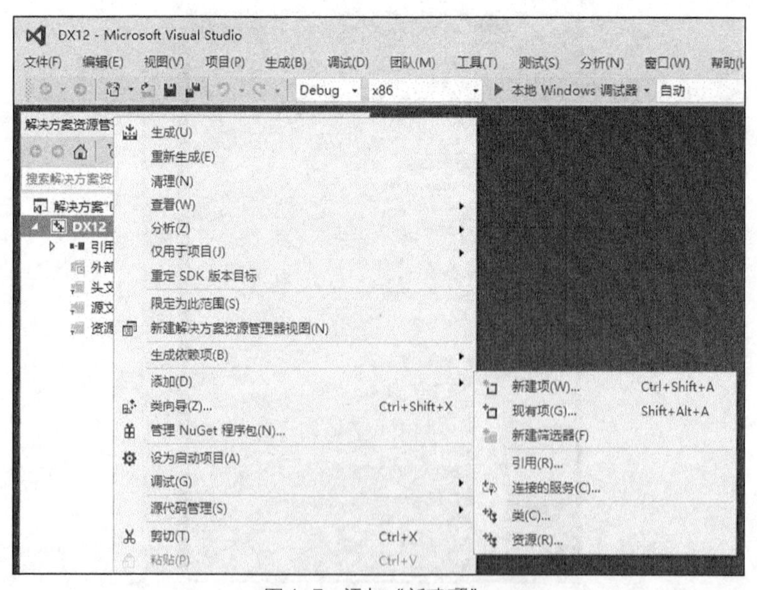

图 1-7　添加“新建项”

在“Visual C++”→“代码”中选择“C++文件（.cpp）”，并将名称设置为“main.cpp”，如图 1-8 所示。

图 1-8 C++文件（.cpp）

在 main.cpp 中添加以下代码，用于创建一个 Win32 窗口并创建一个渲染线程。代码中已添加了注释以帮助读者理解，如果读者希望更深入地了解相关知识，可以参阅《Windows 程序设计》（ISBN：9787302227397）和《Windows 核心编程》（ISBN：9787302184003）。

```
#include <sdkddkver.h>//表明当前使用的 SDK 的版本(即 Windows 10 SDK)
#define WIN32_LEAN_AND_MEAN
#include <Windows.h>
#include <process.h> //含有下文中用于创建线程的_beginthreadex 的定义

//_beginthreadex 的参数类型与 Windows 数据类型不匹配，定义了以下 BeginThread 辅助函数
inline HANDLE __stdcall BeginThread(
      LPSECURITY_ATTRIBUTES lpThreadAttributes,
      SIZE_T dwStackSize,
      LPTHREAD_START_ROUTINE lpStartAddress,
      LPVOID lpParameter,
      DWORD dwCreationFlags,
      LPDWORD lpThreadId
)
{
      return reinterpret_cast<HANDLE>(_beginthreadex(static_cast<void *>(lpThreadAttributes),
      dwStackSize,
      reinterpret_cast<unsigned(__stdcall *) (void *)>(lpStartAddress),
      lpParameter,
      dwCreationFlags,
      reinterpret_cast<unsigned *>(lpThreadId)));
}

LRESULT CALLBACK WndProc(HWND, UINT, WPARAM, LPARAM);//窗口过程的声明
DWORD WINAPI RenderThreadMain(LPVOID);//渲染线程的入口点函数的声明

int APIENTRY wWinMain(HINSTANCE hInstance, HINSTANCE, LPWSTR lpCmdLine, int nCmdShow)//进
程中主线程的入口点函数
{
      {
```

```
        //以下函数用于注册窗口类
        WNDCLASSEXW wcex;//用于描述窗口类的结构体
        wcex.cbSize = sizeof(WNDCLASSEX);
        wcex.style = CS_OWNDC;//缓存窗口的图形设备环境的状态，以提升性能
        wcex.lpfnWndProc = WndProc;//指定窗口过程
        wcex.cbClsExtra = 0;
        wcex.cbWndExtra = 0;
        wcex.hInstance = hInstance;//窗口类所在的模块
        wcex.hIcon = LoadIconW(hInstance, IDI_APPLICATION);//使用系统默认的图标
        wcex.hCursor = LoadCursorW(NULL, IDC_ARROW);//使用系统默认的鼠标指针
        wcex.hbrBackground = NULL;//指定空画刷，阻止 GDI 对窗口进行渲染，以提升性能
        wcex.lpszMenuName = NULL;//没有菜单栏
        wcex.lpszClassName = L"{640CB8AD-56CD-4328-B4D0-2A9DAA951494}";//窗口类名
        wcex.hIconSm = LoadIconW(hInstance, IDI_APPLICATION);//使用系统默认的图标
        RegisterClassExW(&wcex);//注册窗口类

        RECT windowrect;
        windowrect.left = 0;
        windowrect.top = 0;
        windowrect.right = 800;//窗口的客户区的宽度
        windowrect.bottom = 600; //窗口的客户区的高度
        AdjustWindowRect(&windowrect, WS_POPUP | WS_VISIBLE, FALSE);//根据窗口的客户区
大小计算窗口的大小

        //以下函数用于新建窗口
        HWND hWnd = CreateWindowExW(0, //不使用扩展的窗口风格
        L"{640CB8AD-56CD-4328-B4D0-2A9DAA951494}", //上文中注册的窗口类名
        L"《Direct3D 12 核心编程》", //窗口实例的名字
        WS_POPUP | WS_VISIBLE, //没有标题栏的窗口风格，并且显示
        GetSystemMetrics(SM_CXSCREEN) / 2 - windowrect.right / 2, //窗口左上角的横坐标，
GetSystemMetrics(SM_CXSCREEN)用于获取屏幕的宽度
        GetSystemMetrics(SM_CYSCREEN) / 2 - windowrect.bottom / 2, //窗口左上角的纵坐标，
GetSystemMetrics(SM_CXSCREEN)用于获取屏幕的高度
        windowrect.right, //窗口的宽度
        windowrect.bottom, //窗口的高度
        NULL, //没有父窗口
        NULL,//使用窗口类中指定的菜单栏
        hInstance,//上文中注册的窗口类所在的模块
        NULL//自定义参数为 NULL
        );

        //以下代码用于新建线程
        BeginThread(
        NULL,//使用默认的安全属性
        0,//使用默认的线程栈大小
        RenderThreadMain,//指向渲染线程的入口点函数
        static_cast<void *>(hWnd), //传入窗口句柄供渲染线程使用
        0,//没有创建标志
        NULL//对新建线程的线程 ID 不感兴趣
        );
    }

    //进入线程的消息循环（又称作消息泵）
    MSG msg;
    while(GetMessageW(&msg,NULL,0,0))//在 Windows 中，每个线程都有一个消息队列，窗口的消息会被
发送到创建该窗口的线程的消息队列中，GetMessageW 用于从消息队列中获取消息，当消息队列为空时（即队列中
没有任何消息），GetMessageW 会导致主调线程等待，直到消息队列不再为空（即有新的消息被加入到队列中）
        DispatchMessageW(&msg);//内部会使用 GetWindowLongPtrW 获取窗口所对应的窗口过程，并调
用该窗口过程
    return (int)msg.wParam;//收到 WM_QUIT 时消息循环会终止，按照惯例，消息的 wParam 成员表示线程的执行结果
}
```

```
//窗口过程的定义
LRESULT CALLBACK WndProc(HWND hWnd, UINT message, WPARAM wParam,LPARAM lParam)
{
      switch(message)
      {
      case WM_DESTROY://窗口销毁时收到该消息
                PostQuitMessage(0);//会将WM_QUIT消息添加到主调线程的消息队列中，结束上文中的消息循环
      break;
      default:
            return DefWindowProcW(hWnd, message, wParam, lParam);//调用Windows默认的窗口过程进行处理
      }
      return 0;
}
```

1.1.5 新建 rendermain.cpp

用同样的方式创建 rendermain.cpp，并添加以下代码。

```
#include <sdkddkver.h>
#define WIN32_LEAN_AND_MEAN
#include <Windows.h>
#include <dxgi.h>
#include <d3d12.h>

DWORD WINAPI RenderThreadMain(LPVOID lpThreadParameter)
{
      HWND hWnd=static_cast<HWND>(lpThreadParameter);//即我们在main.cpp中传入的窗口句柄
      //在后文中会添加代码
      return 0U;//表示成功返回
}
```

1.1.6 链接 dxgi.lib 和 d3d12.lib 库

在“解决方案管理器”中右击“DX12”项目，选择“属性”，如图 1-9 所示。

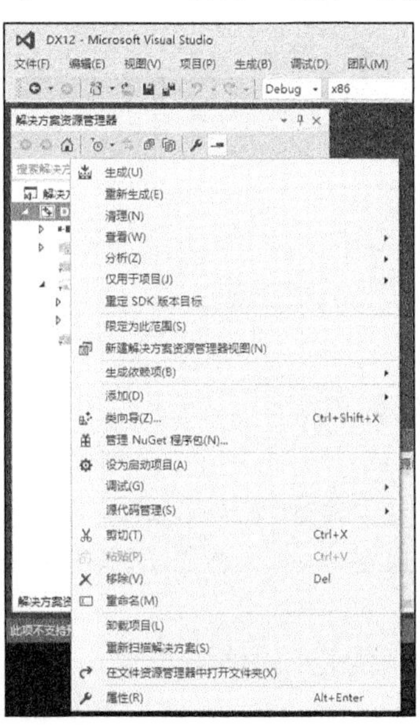

图 1-9 选择“属性”

在“配置”中选择“所有配置”和“平台”中选择“所有平台”，在“配置属性”→“链接器”→“输入”中，在“附加依赖项”中加入“dxgi.lib”和“d3d12.lib”，如图 1-10 所示。

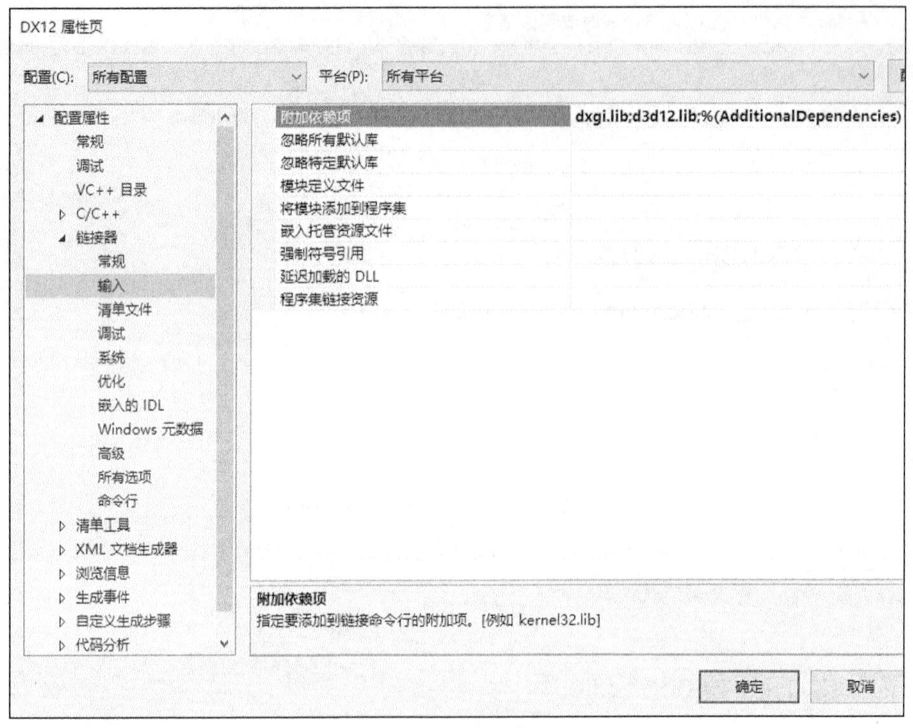

图 1-10　附加依赖项

1.1.7　生成并调试

选择工具栏中的“本地 Windows 调试器”生成并调试我们的程序，如图 1-11 所示。

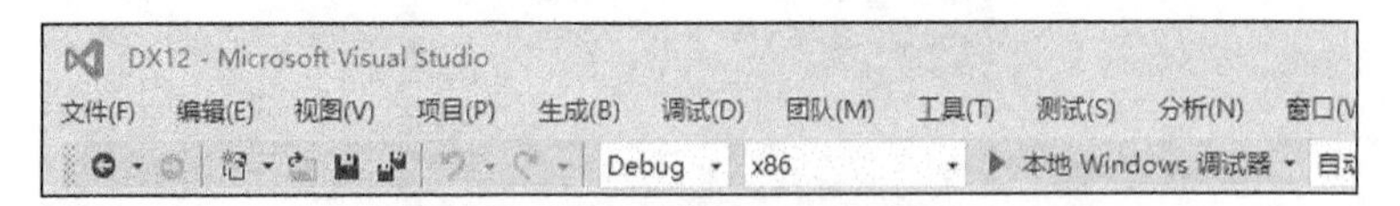

图 1-11　本地 Windows 调试器

可以在任务栏中看到我们创建的窗口，由于没有向窗口表面写入任何数据，因此窗口表面中没有任何内容可以显示，如图 1-12 所示。在接下来的章节中，我们将介绍如何用 Direct3D 12 渲染到窗口表面（严格意义上，Direct3D 12 并不直接与本地窗口系统交互，Direct3D 12 先渲染到 DXGI 交换链缓冲，然后 DXGI 再将交换链缓冲中的数据呈现到窗口表面）。

调试完毕，可以右击任务栏中的窗口图标，再单击关闭窗口，结束本次调试，如图 1-13 所示。

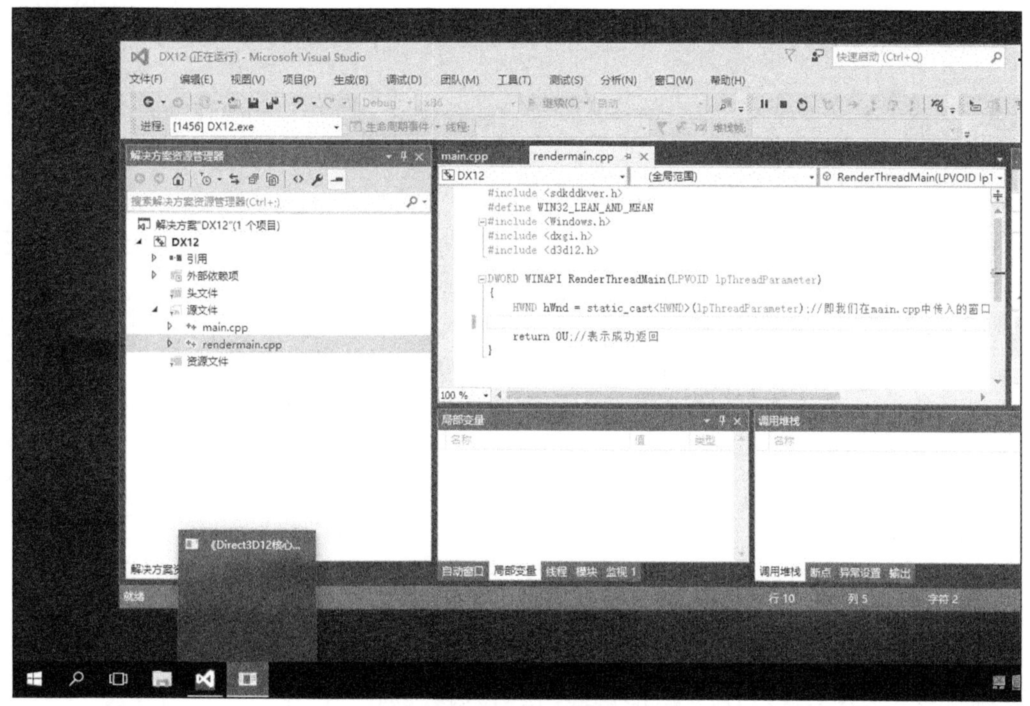

图 1-12　创建的窗口

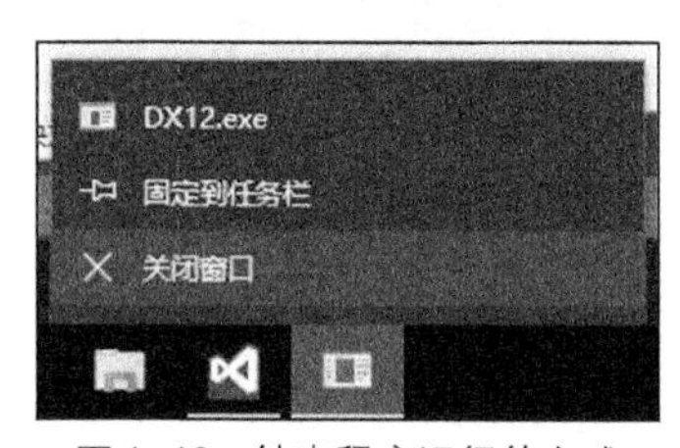

图 1-13　结束程序运行的方式

1.2 COM 简介

由于 DXGI 和 Direct3D 都是基于 COM 构建的，因此在开始 Direct3D 12 编程前，简要介绍在接下来的编程中会用到的 COM 的相关知识，如果读者想要更深入地了解 COM，可以参阅《COM 本质论》（ISBN：9787508306117）。

1.2.1 构建分布式系统

COM 是为了构建分布式系统而设计的，可以认为是 CORBA 在 Windows 平台上的实现。

然而 DXGI 和 Direct3D 不需要用到构建分布式系统的相关功能，因此，DXGI 和 Direct3D 并没有与 COM 运行时层交互。一个很有力的证据就是，在调用 DXGI 和 Direct3D 的 API 时，并不要求主调线程事先调用 CoInitialize(Ex)进入到某个 COM 套间中。

1.2.2　接口和实现的彻底分离

除了构建分布式系统，COM 的另外一个功能是使对象的接口和实现彻底分离，这也是 COM（Component Object Model，组件对象模型）的名字的由来。

读者不妨回忆一下 C++中抽象类的相关知识。例如我们将 A 定义为抽象类，B 和 C 同时继承自 A（即 B 和 C 同时实现了接口 A），那么 B 和 C 的使用者就可以用 A 的指针统一访问 B 和 C 的对象，从而使 B 和 C 的使用者与 B 和 C 的实现分离。

在 C++中，B 和 C 的使用者需要调用 B 和 C 的构造函数来创建 B 和 C 的对象，从而使 B 和 C 的使用者必须包含 B 和 C 的定义。也就是说，如果 B 和 C 的定义发生了任何改变，那么所有与调用 B 和 C 的构造函数相关的代码将全部受到影响，即 B 和 C 的使用者并没有在真正意义上与 B 和 C 的实现分离。

COM 解决方案是由 B 和 C 的实现者，而不是 B 和 C 的使用者负责 B 和 C 的对象的创建过程。B 和 C 的使用者通过一个实现者事先约定的 C 风格全局函数来创建 B 和 C 的对象（在 DXGI 中是 CreateDXGIFactory，在 Direct3D 12 中是 D3D12CreateDevice，见后文），从而使 B 和 C 的使用者不再需要包含 B 和 C 的定义。如果 B 和 C 的定义发生任何改变，只要抽象类 A 不发生变化，B 和 C 的使用者就不会受到任何影响。

然而 COM 并没有规定 B 和 C 的实现者在 C 风格全局函数中创建对象的方式，并不一定是 new，因此 B 和 C 的使用者并不一定可以用 delete 来销毁对象。实现者需要事先约定某个函数，在其中定义了与对象的创建方法相兼容的销毁方式，供 B 和 C 的使用者调用。

为了统一，COM 对此进行了规定：所有的抽象类 A 都继承自 IUnknown 接口，B 和 C 的使用者通过 IUnknown 接口的 Release 方法来销毁对象。

关于 COM 的知识暂时就介绍这么多，如果在接下来的章节中需要用到关于 COM 的其他知识，那么会在相应的章节中进行介绍。

章末小结

本章我们创建了一个 DirectX 12 项目，该项目会贯穿本书使用。并且，由于 Direct3D 12 是基于 COM 架构的，因此，简单介绍了 COM 的相关知识。

第2章　开始 Direct3D 12 编程

在前一章中我们已经完成了开始前的准备工作，本章我们正式开始 Direct3D 12 编程。在开始 Direct3D 12 编程前，请再次确认你已经链接了 dxgi.lib 和 d3d12.lib 库（见 1.1.6 节）。

2.1 设备、命令队列和交换链

2.1.1　启用调试层

在 RenderThreadMain 中加入以下代码以启用调试层，调试层会进行额外的错误检查，并且会在必要时用 OutputDebugStringA 输出调试信息，大大提高了在开发中发现并排除 bug 的效率。

```
#if defined(_DEBUG)
{
    ID3D12Debug *pD3D12Debug;
    if(SUCCEEDED(D3D12GetDebugInterface(IID_PPV_ARGS(&pD3D12Debug))))
    {
        pD3D12Debug->EnableDebugLayer();
    }
    pD3D12Debug->Release();
}
#endif
```

值得注意的是，在本书编写时，调试层可能有 bug。如果读者无法正常运行本书后文中的示例程序，那么可以尝试不启用调试层。

2.1.2　创建设备

正如 1.2.2 节中所述，Direct3D 12 事先约定了全局的 C 风格的函数 D3D12CreateDevice 用于创建设备对象，该函数的原型如下。

```
HRESULT  WINAPI D3D12CreateDevice(
        IDXGIAdapter *pAdapter,                    //[In,opt]
        D3D_FEATURE_LEVEL MinimumFeatureLevel,    //[In]
        REFIID riid,                               //[In]
        void** ppvObject                           //[Out]
        );
```

（1）返回值 HRESULT

用于表示函数调用成功或者失败，使用带参数的宏 SUCCEEDED(hr)或 FAILED(hr)来判断。

SUCCEEDED 宏的值当且仅当 HRESULT 的值表示函数调用成功时非 0，FAILED 宏的值当且仅当 HRESULT 的值表示函数调用失败时非 0。

（2）pAdapter

要求传入一个 DXGI 适配器对象，表明设备对象所对应的适配器（(显示）适配器即平时所说的“显卡”)。在下文中，我们会介绍如何与 DXGI 交互以创建 DXGI 适配器对象。

（3）MinimumFeatureLevel

指定应用程序可以接受的最小的功能级。

功能级由适配器决定，表明了适配器所支持的功能，会在各个方面有所体现，在后文中涉及相关的功能时会进行介绍。

该函数会按照 12.1 12.0 ... MinimumFeatureLevel（我们指定的值）的顺序进行测试，一旦成功，即创建相应功能级的设备。

MSDN 上的 Direct3D 官方文档指出：在 Direct3D 12 中，指定的 MinimumFeatureLevel 的值不得小于 11.0（即 D3D_FEATURE_LEVEL_11_0)。

（4）riid 和 ppvObject

在 COM 中很多创建对象的 API 中都会看到以上两个参数，这是由于一个对象完全可能支持多个接口。例如 1.2.2 节中的 B 和 C 可能同时继承自抽象类 A 和抽象类 D，对象的使用者在创建对象时需要通过某种方式指定自己期望得到的接口的类型。

为了统一，COM 对此进行了规定：

用一个 128 位的整数来唯一标识一个接口，称作 IID（Interface ID，接口 ID)。

创建对象时在 riid 中传入 IID 表明期望得到的接口类型，如果对象支持相应类型的接口，那么会在 ppvObject 输出相应类型的接口的指针。同时，COM 还定义了辅助宏 IID_PPV_ARGS(ppType)以提供便利。

我们只需要事先定义一个接口指针变量，在 ppType 中传入该接口指针变量的地址，IID_PPV_ARGS 中会自动展开成以上两个参数。例如，事先定义 ID3D12Device *pDevice;。

在逻辑上，IID_PPV_ARGS(&pDevice)会自动展开成 IID_ID3D12Device,reinterprect_cast<void **>(&pDevice)。MSDN 上的 Direct3D 官方文档指出：设备对象支持 ID3D12Device 接口。

DXGI

DXGI 和 Direct3D 的关系类似于 GLX 和 OpenGL 的关系，从 Direct3D10 开始，由 DXGI 负责与本地的窗口系统交互，Direct3D 在 DXGI 的基础上构建。

（1）DXGI 类厂

正如 1.1.2 节中所述，DXGI 事先约定了全局的 C 风格的函数 CreateDXGIFactory，用于创建 DXGI 类厂对象。该函数的原型如下。

```
HRESULT WINAPI CreateDXGIFactory(
```

```
            REFIID riid,//[In]
            void **ppvObject//[Out]
            );
```

riid 和 ppvObject: MSDN 上的 Direct3D 官方文档指出: DXGI 类厂对象支持 IDXGIFactory 接口，同样地，我们也可以使用上文中提到的辅助宏 IID_PPV_ARGS。

（2）枚举适配器

IDXGIFactory 接口的 EnumAdapters 方法用于枚举所有的适配器，并创建表示指定的适配器的 DXGI 适配器对象。该方法的原型如下。

```
HRESULT STDMETHODCALLTYPE EnumAdapters(
                        UINT AdapterId,//[In]
                        IDXGIAdapter **ppAdapter//[Out]
                        )
```

MSDN 上的 Direct3D 官方文档指出：适配器索引（即 AdapterId）为 0 的适配器为主适配器，一般都优先使用该适配器，这种做法同样适用于双显卡的环境。如果用户设置默认图形处理器为“独显”，那么主适配器就是“独显”。

如果传入的适配器索引越界，那么该方法会返回 DXGI_ERROR_NOT_FOUND，可以用 SUCCEEDED 或 FAILED 宏进行判断。

以上我们完成了创建设备对象，不妨在 RenderThreadMain 中再加入以下代码。

```
IDXGIFactory *pDXGIFactory;
CreateDXGIFactory(IID_PPV_ARGS(&pDXGIFactory));

ID3D12Device *pD3D12Device = NULL;
{
    IDXGIAdapter *pDXGIAdapter;
    //遍历所有的适配器进行尝试，优先尝试主适配器
    for (UINT i = 0U; SUCCEEDED(pDXGIFactory->EnumAdapters(i, &pDXGIAdapter)); ++i)
    {
         if (SUCCEEDED(D3D12CreateDevice(pDXGIAdapter, D3D_FEATURE_LEVEL_11_0,
IID_PPV_ARGS(&pD3D12Device))))
         {
                pDXGIAdapter->Release();//实际上，在完成创建设备对象以后，DXGI 适配器对象就可以释放
                break;
         }
         pDXGIAdapter->Release();
    }
}
```

2.1.3 创建命令队列

在此只是对命令队列进行简单的介绍，本书会在第 3 章中对命令队列进行详细介绍。

显示适配器（上文中提到，即平时所说的“显卡”）可以抽象为由 GPU（Graphic Process Unit，图形处理单元）和显示内存（即平时所说的“显存”）两部分组成。为了方便理解，在行为上，GPU 可以和 CPU 类比，而显示内存可以和系统内存类似。

在此，我们需要明确“内存”这个术语的含义，在涉及与显示适配器交互的领域，内存既可以指显示内存，也可以指系统内存。

我们往往误认为“内存”就是指系统内存，而“显存”才指显示内存，这是错误的。一个很有力的证据就是，运行 C:\Windows\System32\dxdiag.exe（DirectX 诊断工具）。在该程序中，系统选项卡中的“内存”指系统内存，而显示或者呈现选项卡中的“内存”指显示内存。

就像任何 C/C++代码都一定在某个 CPU 线程上执行一样，任何 GPU 命令也都一定在某个 GPU 线程上执行。

命令队列实际上类似于 Windows 中的消息队列，唯一对应于一个 GPU 线程。该 GPU 线程不断的从命令队列中取出命令并执行，类似于具有消息泵（见 1.1.4 节）的 CPU 线程不断地从消息队列中取出窗口消息，并调用窗口过程进行处理。

为了行文简洁，有时也称命令队列执行某个命令，实际上是指，该命令队列所对应的 GPU 线程从命令队列中取出该命令并执行。

可以用 ID3D12Device 接口的 CreateCommandQueue 方法来创建命令队列，该方法的原型如下。

```
HRESULT STDMETHODCALLTYPE CreateCommandQueue(
                        const D3D12_COMMAND_QUEUE_DESC *pDesc,//[In]
                        REFIID riid,//[In]
                        void **ppCommandQueue//[Out]
                        );
```

1. pDesc

应用程序需要填充一个 D3D12_COMMAND_QUEUE_DESC 来描述所要创建的命令队列的属性，该结构体的定义如下。

```
struct D3D12_COMMAND_QUEUE_DESC
{
     D3D12_COMMAND_LIST_TYPE Type;
     INT Priority;
     D3D12_COMMAND_QUEUE_FLAGS Flags;
     UINT NodeMask;
};
```

（1）Type

命令队列的类型，Direct3D 12 中有 3 种命令队列。

- 复制（D3D12_COMMAND_LIST_TY*PE_COPY）：队列中的命令只能在复制引擎上执行。
- 计算（D3D12_COMMAND_LIST_TYPE_COMPUTE）：队列中的命令只能在计算引擎或复制引擎上执行。
- 直接（D3D12_COMMAND_LIST_TYPE_DIRECT）：队列中的命令可以在任意引擎（包括复制、计算和图形）上执行。

值得注意的是，IDXGISwapChain::Present 命令（见 2.1.4 节）在图形引擎上执行，因此必须在直接命令队列上执行。

实际上，D3D12_COMMAND_LIST_TYPE 中还有第 4 个枚举值 D3D12_COMMAND_LIST_TYPE_BUNDLE，但是它并不用于创建命令队列，而是在 ID3D12Device::CreateCommandAllocator 或 ID3D12Device::CreateCommandList（见 2.2.3 节）中用于创建捆绑包。

本书会在第 3 章对复制引擎、计算引擎、图形引擎和捆绑包进行详细的介绍。

（2）Priority

命令队列唯一对应的 GPU 线程的优先级，在行为上可以类比 CPU 线程的优先级，优先级高的 GPU 线程在调度时可以得到更多的 GPU 时间，共两种取值。

- D3D12_COMMAND_QUEUE_PRIORITY_NORMAL：正常。
- D3D12_COMMAND_QUEUE_PRIORITY_HIGH：高。

（3）Flags

标志，一般都指定 D3D12_COMMAND_QUEUE_FLAG_NONE。

（4）NodeMask

命令队列唯一对应的 GPU 线程的相关性，支持多 GPU 节点适配器。在行为上可以类比 CPU 线程的相关性，用于指定 GPU 线程可以在哪一个 GPU 节点上执行。

NodeMask 是一个位集合，其中每一个二进制位对应于适配器中一个 GPU 节点，按照从低位到高位的顺序对适配器中的 GPU 节点进行编号。

用 ID3D12Device 接口的 GetNodeCount 方法可以得到适配器中的 GPU 节点的总个数。

目前，一般适配器都只有 1 个 GPU 节点。因此，一般都简单地在 NodeMask 中传入 0X1，表示在第 1 个 GPU 节点上执行。本书不对与多 GPU 节点适配器相关的知识进行任何介绍。

2. riid 和 ppvObject

MSDN 上的 Direct3D 官方文档指出：命令队列对象支持 ID3D12CommandQueue 接口，可以使用辅助宏 IID_PPV_ARGS。

以上我们完成了创建命令队列，不妨在 RenderThreadMain 中再加入以下代码。

```
ID3D12CommandQueue *pDirectCommandQueue;
{
  D3D12_COMMAND_QUEUE_DESC cqdc;
  cqdc.Type = D3D12_COMMAND_LIST_TYPE_DIRECT;//在此我们创建一个直接命令队列，因为
IDXGISwapChain::Present（见 2.1.4 节）只能在直接命令队列上执行
  cqdc.Priority = D3D12_COMMAND_QUEUE_PRIORITY_NORMAL;
  cqdc.Flags = D3D12_COMMAND_QUEUE_FLAG_NONE;
  cqdc.NodeMask = 0X1;
  pD3D12Device->CreateCommandQueue(&cqdc, IID_PPV_ARGS(&pDirectCommandQueue));
}
```

2.1.4 创建交换链

在 1.1.7 节中，我们在调试程序时发现，窗口表面没有任何内容可以显示，用 Direct3D 12 对窗口表面进行绘制的方式就是借助于交换链。

可以用 IDXGIFactory 接口的 CreateSwapChain 用于创建交换链对象，该方法的原型如下。

```
HRESULT STDMETHODCALLTYPE CreateSwapChain(
                    IUnknown *pCommandQueue,//[In]
                    DXGI_SWAP_CHAIN_DESC *pDesc,//[In]
                    IDXGISwapChain **ppSwapChain//[Out]
                    )
```

1. pCommandQueue

将交换链与某个命令队列关联，所创建的交换链的 IDXGISwapChain::Present 命令（见 2.1.5 节）会隐式地在该命令队列上执行。

正如 2.1.3 节中所述，IDXGISwapChain::Present 命令在图形引擎上执行，因此传入的必须是直接命令队列。

2. pDesc

应用程序需要填充一个 DXGI_SWAP_CHAIN_DESC 来描述所要创建的交换链缓冲的属性。该结构体的定义如下。

```
struct DXGI_SWAP_CHAIN_DESC
{
     DXGI_MODE_DESC BufferDesc;
     DXGI_SAMPLE_DESC SampleDesc;
     DXGI_USAGE BufferUsage;
     UINT BufferCount;
     HWND OutputWindow;
     BOOL Windowed;
     DXGI_SWAP_EFFECT SwapEffect;
     UINT Flags;
};
```

（1）OutputWindow

输出窗口，执行 IDXGISwapChain::Present 命令时，交换链缓冲中的内容会呈现到该窗口。

（2）Windowed

TRUE 表示窗口模式，FALSE 表示全屏模式。

（3）DXGI_SWAP_EFFECT

交换效果，表示交换链缓冲中的内容呈现到输出窗口的方式。

在 Direct3D 12 中，位块传输（BITBLT（BIT BLock Transfer））模型（DXGI_SWAP_EFFECT_DISCARD 或 DXGI_SWAP_EFFECT_SEQUENTIAL）已经被弃用，只能使用翻转（FLIP）模型（DXGI_SWAP_EFFECT_FLIP_SEQUENTIAL 或 DXGI_SWAP_EFFECT_FLIP_DISCARD）。

其中，DXGI_SWAP_EFFECT_FLIP_DISCARD 更高效，它不保留已呈现到输出窗口的交换链缓冲中的内容。

（4）BufferCount

交换链中交换链缓冲的个数，交换链可以看作是一个由交换链缓冲构成的循环队列。MSDN 上的 Direct3D 官方文档指出：对于翻转模型，该值至少为 2。

（5）BufferUsage

在创建交换链时，应当设置为 DXGI_USAGE_BACK_BUFFER|DXGI_USAGE_RENDER_

TARGET_OUTPUT。

（6）BufferDesc

描述交换链中每个交换链缓冲的属性，DXGI_MODE_DESC 的定义如下。

```
struct DXGI_MODE_DESC
{
    UINT Width;
    UINT Height;
    DXGI_RATIONAL RefreshRate;
    DXGI_FORMAT Format;
    DXGI_MODE_SCANLINE_ORDER ScanlineOrdering;
    DXGI_MODE_SCALING Scaling;
};
```

- Width 和 Height

交换链缓冲的大小，一般设置为和输出窗口的大小一致。MSDN 上的 Direct3D 官方文档指出：如果 Width 和 Height 都设置为 0，那么 DXGI 将使用输出窗口的宽度和高度。

如果交互链缓冲的大小与输出窗口不同，那么在将交换链缓冲中的内容呈现到输出窗口时，会进行缩放，显然这样会造成失真。

- RefreshRate

刷新率，一般设置为 60/1。

- Format

交换链缓冲的像素的格式。正如 2.1.2 节中所述，Direct3D 12 中，适配器的功能级至少为 11.0。MSDN 上的 Direct3D 官方文档指出：功能级 11.0 的适配器一定支持 DXGI_FORMAT_R8G8B8A8_UNORM 格式，一般都使用该格式。

- ScanlineOrdering

一般都设置为 DXGI_MODE_SCANLINE_ORDER_UNSPECIFIED。

- Scaling

一般都设置为 DXGI_MODE_SCALING_UNSPECIFIED。

（7）SampleDesc

描述交换链缓冲的 MSAA 属性。本书会在第 4 章对 MMSA（Multiple Sampling Anti-Aliasing，多重采样反走样）进行详细的介绍，DXGI_SAMPLE_DESC 的定义如下。

```
struct DXGI_SAMPLE_DESC
{
    UINT Count;
    UINT Quality;
};
```

- Count 和 Quality

MSDN 上的 Direct3D 官方文档指出：翻转模型不支持 MSAA，因此必须将 Count 设置为 1，Quality 设置为 0，表示禁用 MSAA。

值得注意的是，按照 C/C++中的惯例，我们很容易误认为将结构体中的成员全设置为 0 表示禁用，然而 Count 应当设置为 1。如果设置为 0，函数调用会失败。

如果要使用 MSAA，应当创建一个启用 MSAA 的 2D 纹理数组。先用 Direct3D 12 渲染到该 2D 纹理数组中的表面，再用 ID3D12GraphicsCommandList::ResolveSubresource 对启用 MSAA 的 2D 纹理数组进行解析，并将解析结果写入到交换链缓冲中。本书会在第 4 章对此进行详细的介绍。

（8）Flags

一般都设置为 0，不使用任何标志。

3. ppSwapChain

输出所创建的交换链对象所支持的 IDXGISwapChain 接口。

以上我们完成了创建交换链对象，不妨在 RenderThreadMain 中再加入以下代码。

```
IDXGISwapChain *pDXGISwapChain;
{
     DXGI_SWAP_CHAIN_DESC scdc;
     scdc.BufferDesc.Width = 0U;
     scdc.BufferDesc.Height = 0U;
     scdc.BufferDesc.RefreshRate.Numerator = 60U;
     scdc.BufferDesc.RefreshRate.Denominator = 1U;
     scdc.BufferDesc.Format = DXGI_FORMAT_R8G8B8A8_UNORM;
     scdc.BufferDesc.ScanlineOrdering = DXGI_MODE_SCANLINE_ORDER_UNSPECIFIED;
     scdc.BufferDesc.Scaling = DXGI_MODE_SCALING_UNSPECIFIED;
     scdc.SampleDesc.Count = 1U;//注意禁用 MSAA 的设置方式
     scdc.SampleDesc.Quality = 0U;
     scdc.BufferUsage = DXGI_USAGE_SHADER_INPUT;
     scdc.BufferCount = 2;
     scdc.OutputWindow = hWnd;//即我们在 main.cpp 中传入的窗口句柄
     scdc.Windowed = TRUE;//设置为窗口模式更加友好
     scdc.SwapEffect = DXGI_SWAP_EFFECT_FLIP_SEQUENTIAL;//读者也可以使用
DXGI_SWAP_EFFECT_FLIP_DISCARD
     scdc.Flags = 0U;
     pDXGIFactory->CreateSwapChain(pDirectCommandQueue, &scdc, &pDXGISwapChain);
}
pDXGIFactory->Release();//实际上，在完成创建交换链对象以后，DXGI 类厂对象就可以释放
```

2.1.5　呈现交换链缓冲

正如 2.1.4 节中所述，交换链可以看作是一个由交换链缓冲构成的循环队列，交换链内部维护着一个索引值，称为当前后台缓冲索引。在交换链被创建时，当前后台缓冲索引为 0。

当命令队列执行 IDXGISwapChain::Present 时，索引值为当前后台缓冲索引的交换链缓冲中的内容会被呈现到窗口表面，随后，当前后台缓冲索引加 1（如果超过了交换链中缓冲的总个数，那么会回到 0）。

不妨在 RenderThreadMain 中再加入以下代码。

```
pDXGISwapChain->Present(0, 0);
```

再次调试我们的程序，可以看到交换链中的内容呈现在窗口表面，如图 2-1 所示。

由于我们没有向交换链缓冲中写入任何数据，因此交换链缓冲中的数据全都是未定义的值。然而实验表明交换链缓冲中的数据全为 0，因此，呈现到窗口表面中全部显示为黑色（RGBA(0,0,0,0)表示黑色）。在下一节中，我们将介绍如何用 Direct3D 12 渲染到交换链缓冲（即

写入交换链缓冲）。

图 2-1　呈现以后的运行结果

2.2 渲染到交换链缓冲前的准备

用 Direct3D 12 渲染到交换链缓冲前，我们还需要进行一些必要的准备步骤。

2.2.1　渲染到交换链缓冲的两种方式

正如 2.1.3 节中所述，Direct3D 12 中的命令队列唯一对应于一个 GPU 线程。该 GPU 线程不断从命令队列中获取命令并执行。

可以类比消息队列唯一对应于一个具有消息泵（见 1.1.4 节）的 CPU 线程。该 CPU 线程不断地从消息队列中取出窗口消息，并调用窗口过程进行处理。

命令队列中的命令一共有 6 种（可以类比为窗口过程只处理 6 种窗口消息），其中 5 种分别对应于 ID3D12CommandQueue 接口的 5 个方法 ExecuteCommandLists、Signal、Wait、UpdateTileMapping 和 CopyTileMappings。第 6 种是 IDXGISwapChain::Present，正如 2.1.4 节所述，该命令在创建交换链时所指定的命令队列上执行。

与渲染到交换链缓冲有关的命令是 ExecuteCommandLists（执行命令列表中的命令），Direct3D 12 渲染到交换链缓冲的方式只有两种。

（1）归零：执行命令列表中的 ClearRenderTargetView 命令，不涉及图形流水线，将渲染目标视图中每个像素统一设置为某个指定的值。

（2）绘制：执行命令列表中的 DrawInstanced 或 DrawIndexedInstanced 命令，会启动一个图形流水线，将一系列图元绘制到渲染目标视图中，需要事先执行一些其它的命令来设置图形流水线的相关状态。

由此可见，无论是以上哪种方式，都涉及到渲染目标视图。因此，接下来介绍渲染目标视图。

2.2.2　创建渲染目标视图

在此只是对渲染目标视图进行简单的介绍，本书会在第 4 章详细介绍资源中的视图。

1. 创建描述符堆

Direct3D 12 中视图的含义与数据库中的视图并没有多大的差别，Direct3D 12 并不直接访问资源，而是在资源之上建立视图，从而保证 Direct3D 12 和资源之间存在着某种安全的距离。

在 Direct3D 12 中，渲染目标视图、深度模板视图、常量缓冲视图、着色器资源视图、无序访问视图和采样器状态被统称为描述符。在 Direct3D 12 中创建描述符，需要先创建描述符堆以分配内存。描述符堆的生命期与内存的分配和释放一致，可以用 ID3D12Device 接口的 CreateDescriptorHeap 方法来创建描述符堆。该方法的原型如下。

```
HRESULT STDMETHODCALLTYPE CreateDescriptorHeap(
                    const D3D12_DESCRIPTOR_HEAP_DESC *pDescriptorHeapDesc,//[In]
                    REFIID riid,//[In]
                    void **ppvObject//[Out]
                    );
```

（1）pDescriptorHeapDesc

应用程序需要填充一个 D3D12_DESCRIPTOR_HEAP_DESC 结构体，来描述所要创建的描述符堆的属性。该结构体的定义如下。

```
struct D3D12_DESCRIPTOR_HEAP_DESC
{
     D3D12_DESCRIPTOR_HEAP_TYPE Type;
     UINT NumDescriptors;
     D3D12_DESCRIPTOR_HEAP_FLAGS Flags;
     UINT NodeMask;
}
```

- Type

描述符堆的类型，表示允许在描述符堆中存放的描述符的类型，共 4 种。

D3D12_DESCRIPTOR_HEAP_TYPE_RTV：渲染目标视图。

D3D12_DESCRIPTOR_HEAP_TYPE_DSV：深度模板视图。

D3D12_DESCRIPTOR_HEAP_TYPE_CBV_SRV_UAV：常量缓冲视图（CBV）、着色器资源视图是（SRV）和无序访问视图（UAV）。

D3D12_DESCRIPTOR_HEAP_TYPE_SAMPLER：采样器状态。

在此设置为 D3D12_DESCRIPTOR_HEAP_TYPE_RTV 表示渲染目标视图。

- NumDescriptors

描述符堆中可以容纳的描述符的个数。描述符堆在逻辑上可以看作是一个由描述符构成的一维数组，在此设置为 1。

- Flags

着色器是否可见，本书会在第 4 章中对描述符堆和描述符进行详细的介绍。在此暂且设置为 D3D12_DESCRIPTOR_HEAP_FLAG_NONE。

- NodeMask

正如 2.1.3 节中所述，支持多 GPU 节点适配器，一般都传入 0X1 表示第 1 个 GPU 节点。

（2）riid 和 ppvObject

MSDN 上的 Direct3D 官方文档指出：描述符堆对象支持 ID3D12DescriptorHeap 接口可以使用辅助宏 IID_PPV_ARGS。

2. 获取交换链缓冲

在完成了创建描述符堆之后，我们便可以在描述符堆中创建渲染目标视图了。

显然，在创建渲染目标视图之前，需要指定渲染目标视图的底层的资源（就像数据库中需要指定视图的底层的表一样）。正如 2.1.5 节中所述，交换链被创建时，当前后台缓冲索引为 0。因此，在此我们获取交换链中索引值为 0 的缓冲，并在该缓冲上建立渲染目标视图。

可以用 IDXGISwapChain 接口的 GetBuffer 方法访问交换链中的缓冲，该方法的原型如下。

```
HRESULT STDMETHODCALLTYPE GetBuffer(
                    UINT BufferId,//[In]
                    REFIID riid,//[In]
                    void **ppvObject//[Out]
                    );
```

MSDN 上的 Direct3D 官方文档指出：交换链缓冲支持 ID3D12Resource 接口。

3. 创建渲染目标视图

在获取交换链中的缓冲的指针之后，我们即可在该缓冲之上创建渲染目标视图了。在 Direct3D 12 中，创建描述符的过程并不分配内存，只是在描述符堆中定位构造描述符（类似 C++中的定位 new 运算符，并不分配内存而只是将数据写入内存）。

Direct3D 12 的设计初衷是让应用程序重复使用描述符堆中的内存以提升性能，可以用 ID3D12Device 接口的 CreateRenderTargetView 方法构造描述符。该方法的原型如下。

```
void STDMETHODCALLTYPE CreateRenderTargetView(
                   ID3D12Resource *pResource,//[In,opt]
                   const D3D12_RENDER_TARGET_VIEW_DESC *pDesc,//[In,opt]
                   D3D12_CPU_DESCRIPTOR_HANDLE DestDescriptor//[In]
                   )
```

（1）pResource

渲染目标视图的底层的资源，在此传入之前得到的交换链缓冲的指针。

（2）pDesc

一般传入 NULL，表示创建一个“默认”的渲染目标视图，“默认”的语义是指视图尽可能地接近底层的资源。

（3）DestDescriptor

CPU 描述符句柄，用于指定描述符堆中的位置，本书会在第 4 章中对描述符堆和描述符进行详细的介绍。

在此暂且设置为用 ID3D12DescriptorHeap 接口的 GetCPUDescriptorHandleForHeapStart 方法获取的 CPU 描述符句柄，表示描述符堆中的第一个描述符。

以上我们完成了创建渲染目标视图，不妨在 RenderThreadMain 中再加入以下代码（当然是在 pDXGISwapChain->Present(0, 0)之前）。

```
    ID3D12DescriptorHeap *pRTVHeap;
    {
        D3D12_DESCRIPTOR_HEAP_DESC RTVHeapDesc
    ={D3D12_DESCRIPTOR_HEAP_TYPE_RTV ,1,D3D12_DESCRIPTOR_HEAP_FLAG_NONE,0X1 };
        pD3D12Device->CreateDescriptorHeap(&RTVHeapDesc, IID_PPV_ARGS(&pRTVHeap));
    }

    ID3D12Resource *pFrameBuffer;
    pDXGISwapChain->GetBuffer(0, IID_PPV_ARGS(&pFrameBuffer ));

    pD3D12Device->CreateRenderTargetView(pFrameBuffer, NULL,
pRTVHeap->GetCPUDescriptorHandleForHeapStart());
```

2.2.3 创建命令分配器和命令列表

正如 2.2.1 节中所述，在 Direct3D 12 中进行渲染，需要将 ExecuteCommandList 命令添加到命令队列中，执行命令列表中的命令。

在此，只是简单介绍命令分配器和命令列表，本书会在第 3 章进行详细介绍。

1. 创建命令分配器

在创建命令列表前，需要先创建一个命令分配器。在创建命令列表时需要指定一个关联的命令分配器。当我们调用 ID3D12GraphicsCommandList 接口的相关方法向命令列表中添加命令时，命令列表会在其所关联的命令分配器中为新添加的命令分配内存。

可以用 ID3D12Device 接口的 CreateCommandAllocator 方法来创建命令分配器，该方法的原型如下。

```
HRESULT STDMETHODCALLTYPE CreateCommandAllocator(
                D3D12_COMMAND_LIST_TYPE type,//[In]
                REFIID riid,//[In]
                void **ppObject//[Out]
                )
```

（1）type

指定命令分配器的类型，共 4 种。

- 复制：只能关联复制命令列表。
- 计算：只能关联计算命令列表。
- 直接：只能关联直接命令列表。

- 捆绑包：只能关联捆绑包。

在此，我们创建一个直接命令分配器，用于创建直接命令列表。

（2）riid 和 ppObject

MSDN 上的 Direct3D 官方文档指出：命令分配器支持 ID3D12CommandSignature 接口，可以使用辅助宏 IID_PPV_ARGS。

2. 创建命令列表

有了命令分配器之后，我们可以创建命令列表了。命令列表用 ID3D12Device 接口的 CreateCommandList 方法创建，该方法的原型如下。

```
HRESULT STDMETHODCALLTYPE CreateCommandList(
        UINT nodeMask,//[In]
        D3D12_COMMAND_LIST_TYPE type,//[In]
        ID3D12CommandAllocator *pCommandAllocator,//[In]
        ID3D12PipelineState *pInitialState,//[In]
        REFIID riid,//[In]
        void **ppvObject//[Out]
        );
```

（1）pCommandAllocator

即上文中所创建的命令分配器。

（2）nodeMask

支持多 GPU 节点适配器，一般都传入 0X1 表示第 1 个 GPU 节点。

（3）type

命令列表的类型，共 4 种：复制、计算、直接和捆绑包。在此，我们指定为直接。

（4）pInitialState

与图形流水线有关，见 2.4.2 节。

（5）riid 和 ppvObject

MSDN 上的 Direct3D 官方文档指出：命令列表对象支持 ID3D12GraphicsCommandList 接口，可以使用辅助宏 IID_PPV_ARGS。

值得注意的是，ID3D12GraphicsCommandList 接口继承自 ID3D12CommandList 接口，很容易让人误认为：ID3D12GraphicsCommandList 接口是专门用于表示可以在图形引擎上执行的直接命令列表的（本书会在第 3 章中对复制引擎、计算引擎、图形引擎和捆绑包进行详细的介绍）。但是，实际上任何一种类型（复制、计算、直接和捆绑包）的命令列表都支持 ID3D12GraphicsCommandList 接口。可能是由于在 Direct3D 12 的设计之初，打算用不同类型的接口来表示不同类型的命令列表，但是在后来的开发过程中又不打算这么做了，因此产生了这种令人困惑的接口命名。

以上我们完成了命令分配器和命令列表的创建，不妨在 RenderThreadMain 中再加入以下代码。

```
ID3D12CommandAllocator *pDirectCommandAllocator;
pD3D12Device->CreateCommandAllocator(D3D12_COMMAND_LIST_TYPE_DIRECT,
IID_PPV_ARGS(&pDirectCommandAllocator));

ID3D12GraphicsCommandList *pDirectCommandList;
```

```
pD3D12Device->CreateCommandList(0X1, D3D12_COMMAND_LIST_TYPE_DIRECT,
pDirectCommandAllocator, NULL, IID_PPV_ARGS(&pDirectCommandList));
```

2.3 以归零方式渲染到交换链缓冲

2.3.1　转换资源屏障

在此，只是对转换资源屏障进行简单的介绍，本书会在第 3 章中对转换资源屏障进行详细介绍。

读者很容易联想到，以归零方式渲染，先在命令列表中添加 ClearRenderTargetView 命令，再在命令队列中添加 ExecuteCommandList 命令，执行该命令列表中的命令。这个想法基本上是正确的，但是在 Direct3D 12 中，还涉及子资源的权限的问题。

在 Direct3D 12 中，所有的直接命令队列和计算命令队列被分为一类，称为图形/计算类；所有的复制命令队列被分为一类，称为复制类。上述的图形/计算类和复制类都被称为命令队列类，命令队列类有且仅有图形/计算类和复制类两个实例。

任何一种类型的资源都可以按照某种标准看作是一个子资源的序列（本书会在第 4 章对该过程进行详细的介绍），每个子资源都关联了两份权限，分别对应于图形/计算类和复制类。一般而言，子资源对图形/计算类的权限在 CPU 线程执行直接命令队列，或计算命令队列中的命令访问子资源时得到体现。子资源对复制类的权限在 CPU 线程执行复制命令队列中的命令访问子资源时得到体现，当然也有例外，例如 CPU 线程访问子资源时的权限要求（因为 CPU 线程并不与任何命令队列相对应）。

当 GPU 线程执行直接命令队列的 ExecuteCommandLists 命令执行命令列表中的 ClearRender TargetView 命令时，作为渲染目标的子资源（即传入的渲染目标视图的底层的子资源），对图形/计算类的权限必须有可作为渲染目标（D3D12_RESOURCE_STATE_RENDER_ TARGET）。

1. 添加资源屏障命令

可以用 ID3D12GraphicsCommandList 接口的 ResourceBarrier 方法在命令列表中添加 ResourceBarrier 命令，来转换子资源对该命令所在的命令列表、命令队列、所属的类的权限（值得注意的是，子资源关联了两份权限，在此，我们特别强调了所转换的权限对应于哪一个命令队列类），该方法的原型如下。

```
    void STDMETHODCALLTYPE ResourceBarrier(
UINT NumBarriers,//[In]
const D3D12_RESOURCE_BARRIER *pBarriers//[In,size_is(NumBarriers)]
    );
```

该方法要求传入 D3D12_RESOURCE_BARRIER 结构体描述资源屏障，该结构体的定义如下。

```
struct D3D12_RESOURCE_BARRIER
{
     D3D12_RESOURCE_BARRIER_TYPE Type;
     D3D12_RESOURCE_BARRIER_FLAGS Flags;
```

```
        union
        {
            D3D12_RESOURCE_TRANSITION_BARRIER Transition;
            D3D12_RESOURCE_ALIASING_BARRIER Aliasing;
            D3D12_RESOURCE_UAV_BARRIER UAV;
        };
};
```

（1）Type

表示资源屏障的类型。显然，在此应当设置为转换资源屏障（D3D12_RESOURCE_BARRIER_TYPE_TRANSITION）。

（2）Flags

与分离资源屏障有关，本书会在第 3 章中进行介绍。在此暂且设置为不使用分离资源屏障（D3D12_RESOURCE_BARRIER_FLAG_NONE）。

（3）Transition

根据 Type 的不同，使用联合体中的不同成员。显然，在此应当使用 Transition 成员，该成员又是一个 D3D12_RESOURCE_TRANSITION_BARRIER 结构体，该结构体的定义如下。

```
struct D3D12_RESOURCE_TRANSITION_BARRIER
{
    ID3D12Resource *pResource;
    UINT Subresource;
    D3D12_RESOURCE_STATES StateBefore;
    D3D12_RESOURCE_STATES StateAfter;
};
```

- pResource

表示需要转换权限的子资源所在的资源。显然，在此应当传入之前，用 IDXGISwapChain::GetBuffer 获取的指向交换链中索引值为 0 的缓冲的指针。

- Subresource

表示子资源索引，本书会在第 4 章中进行介绍。可以设置为 D3D12_RESOURCE_BARRIER_ALL_SUBRESOURCES，表示转换中的所有子资源。在此暂且设置为 0。

- StateBefore

表示需要转换权限的子资源的权限在转换前的值（即当前的值）。如果设置的值与实际中的值不符，那么可能会导致 GPU 崩溃。也就是说，在 Direct3D 12 中，应用程序有义务跟踪子资源的权限在当前的值。

MSDN 上的 Direct3D 官方文档指出：在交换链被创建时，其中所有的交换链缓冲中的所有的子资源对图形/计算类的权限都是公共（D3D12_RESOURCE_STATE_COMMON）。

- StateAfter

表示需要转换权限的子资源的权限在转换后的值。显然，在此应当设置为可作为渲染目标（D3D12_RESOURCE_STATE_RENDER_TARGET）。

2. 添加归零命令

在命令列表中添加了转换资源屏障后，我们即可以用 ID3D12GraphicsCommandList 接口的

ClearRenderTargetView 方法在命令列表中添加 ClearRenderTargetView 命令了，该方法的原型如下。

```
void STDMETHODCALLTYPE ClearRenderTargetView(
                    D3D12_CPU_DESCRIPTOR_HANDLE RenderTargetView,//[In]
                    const FLOAT ColorRGBA[ 4 ],//[In]
                    UINT NumRects,//[In]
                    const D3D12_RECT *pRects//[In,size_is(NumRects),opt]
                    )
```

（1）RenderTargetView

CPU 描述符句柄，表示描述符在描述符堆中的位置，本书会在第 4 章中对描述符堆和描述符进行详细的介绍。在此，暂且设置为用 ID3D12DescriptorHeap 接口的 GetCPUDescriptor HandleForHeapStart 方法获取的 CPU 描述符句柄，即之前在描述符堆中创建的渲染目标视图的位置。

（2）ColorRGBA

表示用于归零的颜色。读者可以设置为任意自己喜欢的颜色，例如设置为(1.0f,0.0f,1.0f,1.0f)表示紫色。

（3）NumRects 和 pRects

表示在渲染目标视图中的归零的矩形区域，如果不传入任何矩形区域，那么表示归零整个渲染目标视图。

在 2.2.1 节中，我们提到了 IDXGISwapChain::Present 也是一个命令队列中的命令，添加到创建交换链时所关联的命令队列中。MSDN 上的 Direct3D 官方文档指出：GPU 线程在执行命令队列中的 IDXGISwapChain::Present 命令时，交换链缓冲中的所有子资源对图形/计算类的权限必须是公共。

可以在命令列表的 ClearRenderTargetView 命令之后再次，添加转换资源屏障，将交换链缓冲中的所有子资源相对于命令队列所属的类的权限转换为公共（D3D12_RESOURCE_STATE_COMMON），这样 GPU 线程在之后就可以顺利地执行 IDXGISwapChain::Present 命令了。

2.3.2　执行命令列表

可以用命令队列对象暴露的 ID3D12CommandQueue 接口的 ExecuteCommandLists 方法，向命令队列中添加 ExecuteCommandLists 命令执行命令列表，该方法的原型如下。

```
void STDMETHODCALLTYPE ExecuteCommandLists(
            UINT NumCommandLists,//[In]
ID3D12CommandList *const *ppCommandLists)//[In,size_is(NumCommandLists)]
            );
```

值得注意的是，在此可能需要用 reinterpret_cast 将 ID3D12GraphicsCommandList **类型转换成 ID3D12CommandList **类型，正如 2.2.3 节中所述，这可能是 Direct3D 12 设计过程中的缺陷。

命令列表是不允许被 CPU 线程和 GPU 线程之间并发访问的。为此，命令列表被分为记录和关闭两种状态。只有当命令列表处于记录状态时，才允许向其中添加命令；只有当命令列表处于关闭状态时，才允许将其作为 ID3D12CommandQueue::ExecuteCommandLists 的实参。命令列表在创建时处于记录状态；可以用命令列表对象暴露的 ID3D12GraphicsCommandList 接口的 Close 方法，将命令列表从记录状态转换为关闭状态；但是没有任何途径可以将命令列表从关闭状态转换为记录状态。

这保证了在 GPU 线程执行命令队列中的 ExecuteCommandLists 命令访问命令列表中的命令时，命令列表一定处于关闭状态，不会有 CPU 线程同时向命令列表中添加命令，即 CPU 线程和 GPU 线程之间不会并发访问命令列表。

2.3.3　小结

以上我们即完成了以归零方式渲染到交换链缓冲，不妨在 RenderThreadMain 中再加入以下代码。

```
    //只有当命令列表处于记录状态时才允许向其中添加命令
    D3D12_RESOURCE_BARRIER CommonToRendertarget =
{ D3D12_RESOURCE_BARRIER_TYPE_TRANSITION ,D3D12_RESOURCE_BARRIER_FLAG_NONE,{
pFrameBuffer,0,D3D12_RESOURCE_STATE_COMMON ,D3D12_RESOURCE_STATE_RENDER_TARGET } };
    pDirectCommandList->ResourceBarrier(1, &CommonToRendertarget);

    float rgbacolor[4] = { 1.0f,0.0f,1.0f,1.0f };//紫色
    pDirectCommandList->ClearRenderTargetView(pRTVHeap->GetCPUDescriptorHandleFor
HeapStart(), rgbacolor, 0, NULL);

    D3D12_RESOURCE_BARRIER RendertargetToCommon =
{ D3D12_RESOURCE_BARRIER_TYPE_TRANSITION ,D3D12_RESOURCE_BARRIER_FLAG_NONE,{
pFrameBuffer,0,D3D12_RESOURCE_STATE_RENDER_TARGET ,D3D12_RESOURCE_STATE_COMMON } };
    pDirectCommandList->ResourceBarrier(1, &RendertargetToCommon);
    //只有当命令列表处于关闭状态时才允许执行
    pDirectCommandList->Close();
    pDirectCommandQueue->ExecuteCommandLists(1, reinterpret_cast<ID3D12CommandList
**>(&pDirectCommandList));//需要 reinterpret_cast 可能是 Direct3D 12 设计时的缺陷

    pDXGISwapChain->Present(0, 0);//之前的呈现命令
```

再次调试我们的程序，可以看到交换链缓冲被归零为紫色，如图 2-2 所示。

图 2-2　以归零方式渲染到交换链缓冲后的运行结果

2.4 以绘制方式渲染到交换链缓冲

2.4.1　图形流水线初探

正如在 2.1.5 节中所述，还有一种渲染到交换链缓冲的方式是执行命令列表中的 DrawInstanced 或 DrawIndexedInstanced 命令，启动一个图形流水线并绘制到渲染目标视图中。

图 2-3 是 Direct3D 12 中完整的图形流水线的示意图，显然，图形流水线的体系结构风格是软件工程中的数据流风格中的管道/过滤器风格。图形流水线有很多可配置的状态，在命令列表中的 DrawInstanced 或 DrawIndexedInstanced 命令被执行时，图形流水线的状态会对命令的行为产生影响。

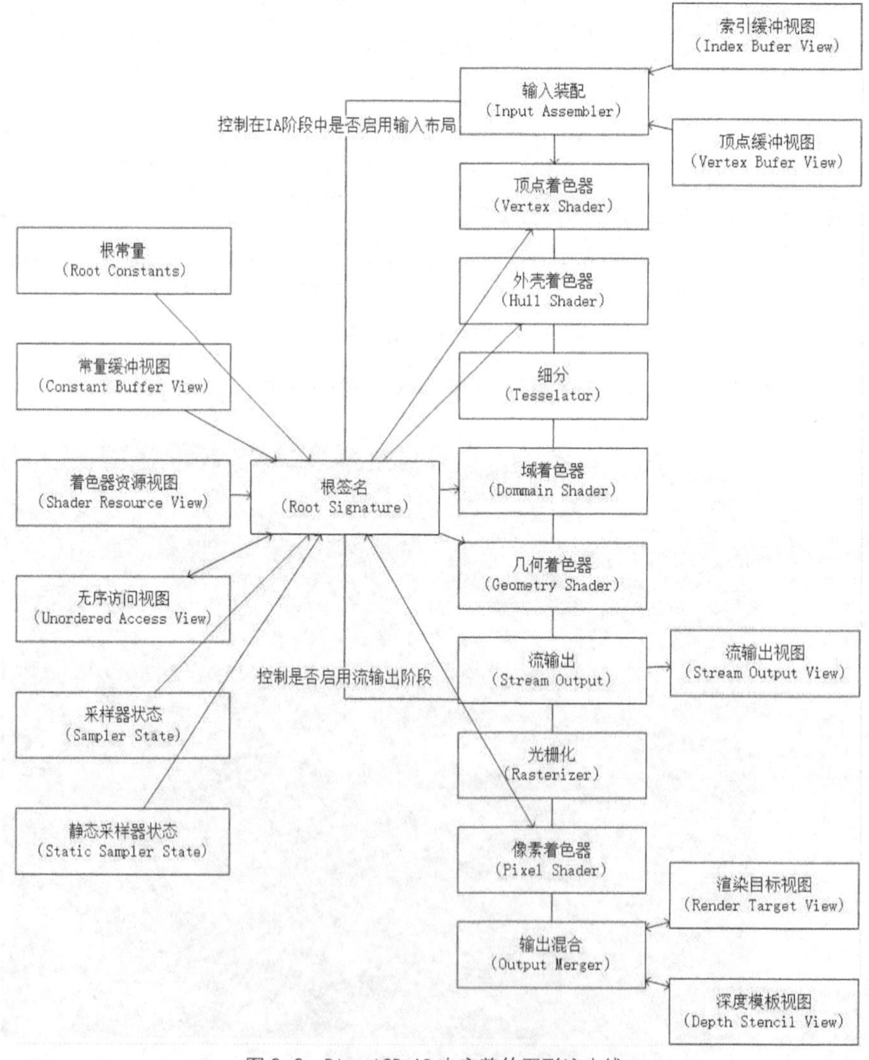

图 2-3　Direct3D 12 中完整的图形流水线

一种简单的设计思路是在 DrawInstanced 或 DrawIndexedInstanced 命令的参数表中传入图形流水线的各个状态。但是，读者通过图 2-3 可以发现，图形流水线涉及的状态是极其庞大的，这样的设计将导致每次向命令列表中添加 DrawInstanced 或 DrawIndexedInstanced 命令时都需要传入几十个参数。

实际上，命令列表每次执行时，GPU 线程会为其维护一个状态集合（该集合仅在 GPU 线程执行该命令列表中的命令时有效，当 GPU 线程执行下一个命令列表中的命令时，又会维护一个新的集合）。其中包含图形流水线的各个状态，可以在命令列表中添加相关的命令设置状态集合中的相关状态（但是，应用程序应当尽可能地减少状态的改变以提高性能），GPU 线程执行命令列表中 DrawInstanced 或 DrawIndexedInstanced 命令时，会使用集合中相关的状态，而不需要在每次向命令列表中添加相关命令时传入几十个参数。

如果突然介绍整个图形流水线中的所有状态，读者可能会感到难以接受。因此，本章只选取图形流水线中的一部分进行介绍，如图 2-4 所示。本书会在第 5 章中对图形流水线的其余部分进行详细的介绍。

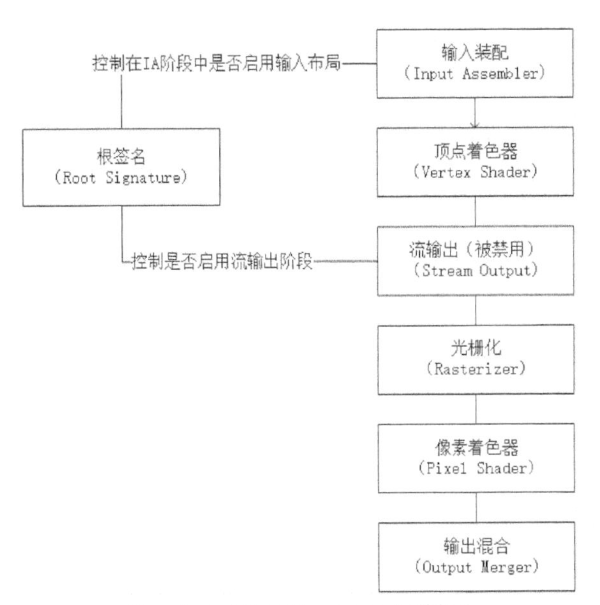

图 2-4　图形流水线中本章介绍的部分

1. 输入装配（Input Assembler）阶段

首先观察 ID3D12GraphicsCommandList 接口的 DrawInstanced 和 DrawIndexedInstanced 方法的参数表，如下。

```
void STDMETHODCALLTYPE DrawInstanced(
     UINT VertexCountPerInstance,//[In]
     UINT InstanceCount,//[In]
     UINT StartVertexLocation,//[In]
     UINT StartInstanceLocation//[In]
```

```
    );
void STDMETHODCALLTYPE DrawIndexedInstanced(
    UINT IndexCountPerInstance,//[In]
    UINT InstanceCount,//[In]
    UINT StartIndexLocation,//[In]
    INT BaseVertexLocation,//[In]
    UINT StartInstanceLocation//[In]
    )
```

其中，StartVertexLocation、BaseVertexLocation 和 StartInstanceLocation 都与顶点缓冲有关。我们通过在根签名中不设置 ALLOW_INPUT_ASSEMBLER_INPUT_LAYOUT 标志（见 2.4.2 节）禁用了输入布局从而禁用了顶点缓冲，因此忽略这 3 个参数。本书会在第 4 章中对顶点缓冲进行详细的介绍。

（1）产生顶点信息

输入装配阶段的一个功能是产生顶点信息。

DrawInstanced 在不使用索引缓冲的情况下进行绘制，会使输入装配阶段产生 VertexCountPer Instance*InstanceCount 个顶点，并为每个顶点附加 SV_INSTANCEID 和 SV_VERTEXID 这两个成员。各个顶点中的 SV_INSTANCEID 和 SV_VERTEXID 的值的定义，用伪代码描述如下。

```
//目前每个顶点中有以下两个成员
Vertex_IA_OUT
{
    uint SV_INSTANCEID;
    uint SV_VERTEXID;
};
Vertex_IA_OUT IAOutputVertexArray[VertexCountPerInstance*InstanceCount];//输入装配阶段产生了 VertexCountPerInstance* InstanceCount 个顶点
//输入装配阶段为每个顶点附加了 SV_INSTANCEID 和 SV_VERTEXID 这两个成员，并按照以下算法对这两个成员赋值
for(i=0;i<InstanceCount;++i)
    for(vi=0;vi<VertexCountPerInstance;++vi)
    {
        IAOutputVertexArray [VertexCountPerInstance*i+vi]. SV_INSTANCEID=i;
        IAOutputVertexArray [VertexCountPerInstance*i+vi]. SV_VERTEXID=vi;
    }
```

DrawIndexedInstanced 使用索引缓冲进行绘制，本书会在第 4 章中对索引缓冲进行详细的介绍。在此，我们只需要将索引缓冲看作是一个由索引构成的一维数组。

DrawIndexedInstanced 同样会使输入装配阶段产生 VertexCountPerInstance*InstanceCount 个顶点，并为每个顶点附加 SV_INSTANCEID 和 SV_VERTEXID 这两个成员，只不过 Vertex CountPer Instance 需要计算得出。这是因为 DrawIndexedInstanced 还涉及一个概念——重启动条带（读者可以参阅本节下文中的直线条带和三角形条带中的相关内容）。重启动条带的大致含义是指，当索引缓冲中遇到 uint(-1)（有 UINT16(-1)（即 0XFFFF）和 UINT32(-1)（即 0XFFFFFFFF）两种选择，可以在 D3D12_GRAPHICS_PIPELINE_STATE_DESC 结构体（见 2.4.2 节）的 IBStripCutValue 成员中设置）时，会中断当前条带，重新启动一个新的条带。相关的过程用伪代码描述如下。

```
uint IAInputIndexArray [ ];//相对于 DrawInstanced 而言，DrawIndexedInstanced 需要额外地引入这个表示索引缓冲的数组
Vertex_IA_OUT IAOutputVertexArray[VertexCountPerInstance*InstanceCount];//即DrawInstanced 中的 IAOutputVertexArray，只不过 VertexCountPerInstance 需要计算得出
list<uint> RestartStripIndexArray;//用于重启动条带（在本节下文中的直线条带和三角形条带中都会用到），一开始为空，每个条带中最后 1 个顶点的位置会被添加到这个列表中，我们用 push_back 方法对将数据添加到列表的过程进行抽象

//计算 VertexCountPerInstance
VertexCountPerInstance=0;
for(i=0;i<IndexCountPerInstance;++i)
      if(IAInputIndexArray [StartIndexLocation+i]!=uint(-1))
            ++ VertexCountPerInstance;
//在确定了 VertexCountPerInstance 的值之后，就可以产生个数为
VertexCountPerInstance*InstanceCount 的顶点了

//在 DrawIndexedInstanced 中，SV_VERTEXID 的含义就是索引值
for(i=0;i<InstanceCount;++i)
{
      uint vi=0;
      for(iid=0;iid<IndexCountPerInstance;++iid)
      {
            if(IAInputIndexArray [StartIndexLocation+iid]!=uint(-1))
       {
            IAOutputVertexArray [VertexCountPerInstance*i+vi]. SV_INSTANCEID=i;
            IAOutputVertexArray [VertexCountPerInstance*i+vi]. SV_VERTEXID=
       IAInputIndexArray [StartIndexLocation+iid];
            ++vi;
       }
      }
}


//产生 RestartStripIndexArray
uint vi=0;
uint iid=0;
while(IAInputIndexArray [StartIndexLocation+iid]==uint(-1)) //索引缓冲中第 1 个开始的多个连续的 uint(-1)会被忽略
      ++iid;
while(iid<IndexCountPerInstance)
{
      if(IAInputIndexArray [StartIndexLocation+iid]!=uint(-1))
      {
            ++ vi;
      }
      else
      {
            if(RestartStripIndexArray.back()!=vi)//索引缓冲中多个连续的uint(-1)等效于1 个uint(-1)
                  RestartStripIndexArray.push_back(vi);//旧条带中最后 1 个顶点的位置被添加到了 RestartStripIndexArray 中，RestartStripIndexArray 在不同的实例（即 SV_INSTANCEID）间共享
      }
      ++iid;
}
If(RestartStripIndexArray.size()==0)//没有使用重启动条带
      RestartStripIndexArray.push_back(uint(-1));//第 1 个条带中的最后 1 个顶点的位置“无穷大”
```

（2）产生图元信息

输入装配阶段的另一个功能是产生图元信息。

输入装配阶会为每个图元附加图元关联的各个顶点在 IAOutputVertexArray 中的索引和 SV_PrimitiveID 这两个成员。

枚举 D3D_PRIMITIVE_TOPOLOGY 中定义了 Direct3D 12 中所有的图元拓扑类型，在 Direct3D 12 中可以用 ID3D12GraphicsCommandList 接口的 IASetPrimitiveTopology 方法设置图形流水线的输入装配阶段的图元拓扑类型。

Direct3D 12 中的图元类型可以分为 3 类：点，直线和三角形（在此我们不讨论面片和带邻接信息的图元类型。本书会在第 5 章中对此进行介绍），每种类型的图元又可能分为多种拓扑类型。

- 点图元

点图元只有一种拓扑类型，即点列表（D3D_PRIMITIVE_TOPOLOGY_POINTLIST）点是最简单的图元类型，在伪代码中，我们用以下结构体描述点图元。

```
Point
{
    uint index;//每个点图元对应于 1 个顶点，该值表示顶点在 IAOutputVertexArray 中的索引
    uint SV_PRIMITIVEID;//输入装配阶段为每个图元附加了一个 SV_PRIMITIVEID
}
```

所谓拓扑，即确定图元关联的各个顶点在 IAOutputVertexArray 中的索引的过程。对于点列表的拓扑过程用伪代码的描述如下，如图 2-5 所示

```
list<Point> IAOutputPrimitiveArray;//表示产生的图元信息，一开始为空，我们用 push_back 方法对将
数据添加到列表的过程进行抽象

for(i=0;i<InstanceCount;++i)
{
     uint currentPrimitiveID=0;//对于每一个实例（即 i 的值），SV_PRIMITIVEID 会重新开始计算
     for(int vi=0;vi<VertexCountPerInstance;++vi)
     {
          Point primitiveToAppend;
          primitiveToAppend.index=VertexCountPerInstance *i+vi;
          primitiveToAppend.SV_PRIMITIVEID=currentPrimitiveID;
          IAOutputPrimitiveArray.push_back(primitiveToAppend);//产生一个图元
          ++currentPrimitiveID;
     }
}
```

- 直线图元

直线图元分为两种拓扑类型：直线列表（D3D_PRIMITIVE_TOPOLOGY_LINELIST）和直线条带（D3D_PRIMITIVE_TOPOLOGY_LINESTRIP）。相对于点而言，直线更为复杂。在伪代码中，我们用以下结构体描述直线图元。

```
Line
{
     uint Index[2] ;//每个直线图元对应于 2 个顶点，该值表示顶点在 IAOutputVertexArray 中的索引
     uint SV_PRIMITIVEID;
}
```

对于直线列表的拓扑过程用伪代码的描述如下，如图 2-6 所示。

```
for(i=0;i<InstanceCount;++i)
{
     uint currentPrimitiveID=0;
for(int vi=0;(vi+1)<VertexCountPerInstance;vi=vi+2)//如果 VertexCountPerInstance 不能被 2 整除，
那么对于每一个实例（即 i 的值），最后 1 个顶点会由于不够组成 1 个图元（组成一个图元需要有 2 个顶点）而被丢弃
     {
```

```
            Line primitiveToAppend;
            primitiveToAppend.index[0]=VertexCountPerInstance*i+vi;
            primitiveToAppend.index[1]=VertexCountPerInstance*i+vi+1;
            primitiveToAppend.SV_PRIMITIVEID= currentPrimitiveID;
            IAOutputPrimitiveArray.push_back(primitiveToAppend);
            ++currentPrimitiveID;
        }
}
```

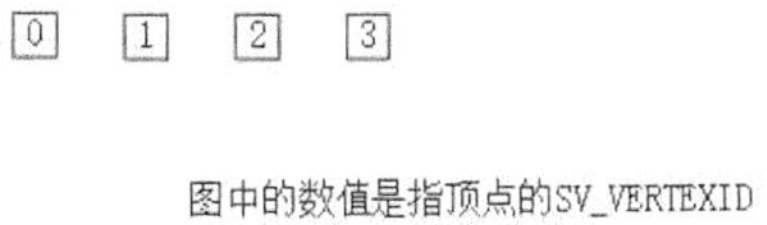

0　1　2　3

图中的数值是指顶点的SV_VERTEXID

图 2-5　点列表图元拓扑类型的形象描述

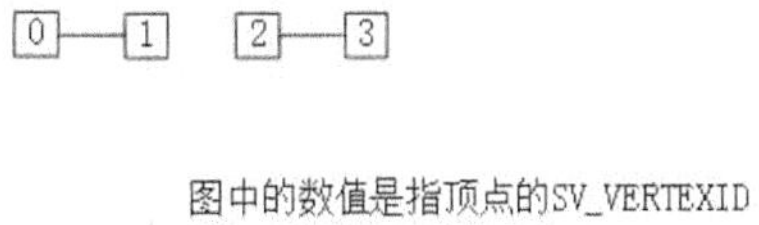

0—1　2—3

图中的数值是指顶点的SV_VERTEXID

图 2-6　直线列表图元拓扑类型的形象描述

对于直线条带的拓扑过程用伪代码的描述如下，如图 2-7 所示。

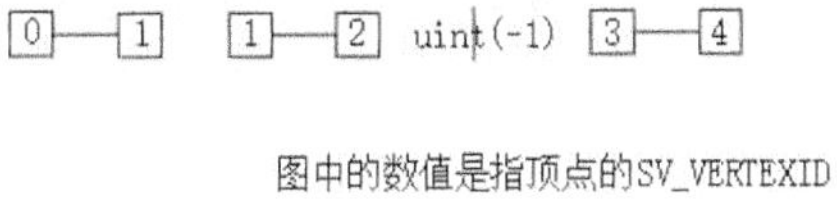

0—1　1—2　uint(-1)　3—4

图中的数值是指顶点的SV_VERTEXID

图 2-7　直线条带图元拓扑类型的形象描述

```
for(i=0;i<InstanceCount;++i)
{
    uint currentPrimitiveID=0;
    uint currentCurrentStartStripID=0;//见上文 DrawIndexedInstanced 中对于重启动条带的介绍
    uint vi=0;
    while((vi+1)<VertexCountPerInstance)
    {
        Line primitiveToAppend;
        if(vi>=RestartStripIndexArray[currentCurrentStartStripID]) //只剩 1 个顶点，不够
组成 1 个图元
        {
            vi=RestartStripIndexArray[currentCurrentStartStripID]+1;
            ++ currentCurrentStartStripID;
        }
        else if((vi+1)>= RestartStripIndexArray [currentCurrentStartStripID])//当前条
带中的最后 1 个图元
        {
            primitiveToAppend.index[0]= VertexCountPerInstance *i+vi;
            primitiveToAppend.index[1]= VertexCountPerInstance *i+vi+1;
            primitiveToAppend.SV_PRIMITIVEID= currentPrimitiveID;
            IAOutputPrimitiveArray.push_back(primitiveToAppend);
            ++currentPrimitiveID;
            vi= RestartStripIndexArray[currentCurrentStartStripID]+1;
            ++ currentCurrentStartStripID;
        }
        else
        {   primitiveToAppend.index[0]= VertexCountPerInstance *i+vi;
            primitiveToAppend.index[1]= VertexCountPerInstance *i+vi+1;
            primitiveToAppend.SV_PRIMITIVEID= currentPrimitiveID;
            IAOutputPrimitiveArray.push_back(primitiveToAppend);
            ++currentPrimitiveID;
            ++vi;
        }
    }
}
```

- 三角形

三角形图元分为两种拓扑类型：三角形列表（D3D_PRIMITIVE_TOPOLOGY_TRIANGLELIST）和三角形条带（D3D_PRIMITIVE_TOPOLOGY_TRIANGLESTRIP）。角形是最复杂的图元，在伪

代码中，我们用以下结构体描述三角形图元。

```
Triangle
{
    uint Index[3];//每个三角形图元对应于 3 个顶点，该值表示顶点在 IAOutputVertexArray 中的索引
    uint SV_PRIMITIVEID;
}
```

值得注意的是，三角形图元中 index 数组中所对应的顶点的顺序称作三角形图元的环绕方向（Winding Direction），光栅化阶段（见 2.4.1 节）在处理不同环绕方向的三角形图元时可能有不同的行为。

对于三角形列表的拓扑过程用伪代码的描述如下，如图 2-8 所示。

```
for(i=0;i<InstanceCount;++i)
{
    uint currentPrimitiveID=0;
    for(vi=0;(vi+2)<VertexCountPerInstance;vi=vi+3) //如果 VertexCountPerInstance 不能被
3 整除，那么对于每一个实例（即 i 的值），最后的 1 个或 2 个顶点会由于不够组成一个图元（组成一个图元需要有 3
个顶点）而被丢弃
    {
        Triangle primitiveToAppend;
        primitiveToAppend.index[0]=VertexCountPerInstance*i+vi;
        primitiveToAppend.index[1]=VertexCountPerInstance*i+vi+1;
        primitiveToAppend.index[2]=VertexCountPerInstance*i+vi+2;
        primitiveToAppend.SV_PRIMITIVEID=currentPrimitiveID;
        IAOutputPrimitiveArray.push_back(primitiveToAppend);
        ++currentPrimitiveID;
    }
}
```

对于三角形条带的拓扑过程用伪代码的描述如下，如图 2-9 所示。

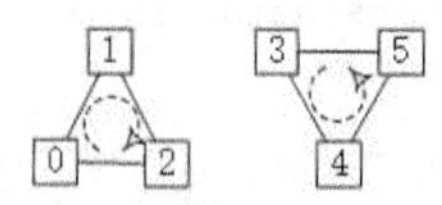

图 2-8　三角形列表图元拓扑类型的形象描述

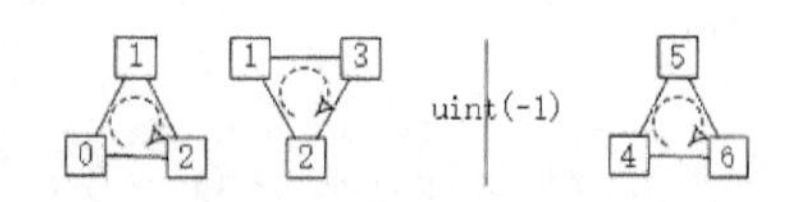

图 2-9　三角形条带图元拓扑类型的形象描述

```
for(i=0;i<InstanceCount;++i)
{
    uint currentPrimitiveID=0;
    uint currentCurrentStartStripID=0;//见上文 DrawIndexedInstanced 中对于重启动条带的介绍
    uint vi=0;
    while((vi+2)<VertexCountPerInstance)
    {
        uint isOdd=0;
        Triangle primitiveToAppend;
        if((vi+1)>=RestartstripIndexArray[currentCurrentStartStripID]) //只剩 1 个或 2
个顶点，“不够”组成 1 个图元
        {
            vi=RestartStripIndexArray[currentCurrentStartStripID]+1;
            ++ currentCurrentStartStripID;
            isOdd=0;
        }
```

```
            else if((vi+2)>=RestartStripIndexArray[currentCurrentStartStripID])//当前条带
中的最后 1 个图元
            {
                if(isOdd%2==1)
                {
                    primitiveToAppend.index[0]= VertexCountPerInstance *i+vi;
                    primitiveToAppend.index[1]= VertexCountPerInstance *i+vi+1;
                    primitiveToAppend.index[2]= VertexCountPerInstance *i+vi+2;
                }
                else//值得注意的是，对于拓扑形成的每一个条带，第偶数个图元的顶点的顺序与
IAOutputVertexArray 中的顺序相反
                {
                    primitiveToAppend.index[0]= VertexCountPerInstance *i+vi;
                    primitiveToAppend.index[1]= VertexCountPerInstance *i+vi+2;
                    primitiveToAppend.index[2]= VertexCountPerInstance *i+vi+1;
                }

                primitiveToAppend.SV_PRIMITIVEID= currentPrimitiveID;
                IAOutputPrimitiveArray.push_back(primitiveToAppend);
                ++currentPrimitiveID;
                isOdd=0;//重置奇偶性
                vi=RestartStripIndexArray[currentCurrentStartStripID]+1;
                ++ currentCurrentStartStripID;
            }
            else
            {
                if(isOdd%2==1)
                {
                    primitiveToAppend.index[0]= VertexCountPerInstance *i+vi;
                    primitiveToAppend.index[1]= VertexCountPerInstance *i+vi+1;
                    primitiveToAppend.index[2]= VertexCountPerInstance *i+vi+2;
                }
                else
                {
                    primitiveToAppend.index[0]= VertexCountPerInstance *i+vi;
                    primitiveToAppend.index[1]= VertexCountPerInstance *i+vi+2;
                    primitiveToAppend.index[2]= VertexCountPerInstance *i+vi+1;
                }

                primitiveToAppend.SV_PRIMITIVEID= currentPrimitiveID;
                IAOutputPrimitiveArray.push_back(primitiveToAppend);
                ++currentPrimitiveID;
                ++vi;
            }
        }
}
```

实际上，读者可以发现，如果对于直线条带每隔 2 个顶点插入 1 个 uint(-1)索引，就相当于是直线列表。同样地，对于三角形条带，如果每隔 3 个顶点插入 1 个 uint(-1)索引就相当是三角形列表。因此，列表拓扑类型实际上可以看作是对条带拓扑类型的封装，也就是说，列表拓扑类型可以用条带拓扑类型来实现。

并且，读者还可以发现，输入装配阶段的输入中需要指明图元拓扑类型（见 ID3D12GraphicsCommandList::IASetPrimitiveTopology 中的参数），而输入装配阶段的输出中只具有图元类型的信息，而不再具有拓扑类型的信息。由此可见，无论是列表拓扑类型，还是条带拓扑类型，在后续的图形流水线中的行为应当是相同的。

综上所述，我们可以认为，输入装配阶段主要有两个功能：分别是产生表示顶点信息的

Vertex_IA_OUT IAOutputVertexArray[ ]和表示图元信息的 list<PrimitiveType> IAOutputPrimitiveArray。

2. 顶点着色器（Vertex Shader）阶段

图形流水线针对 IAOutputVertexArray 中的每一个顶点执行一次顶点着色器，顶点着色器是一个用户自定义的程序（在 2.4.2 节中会介绍如何用 HLSL（High Level Shader Langugue，高级着色器语言）编写着色器程序）。每次执行顶点着色器时，图形流水线会将顶点所对应的 Vertex_IA_OUT 输入到顶点着色器。顶点着色器在每次执行后会输出一个表示顶点的结构体，为了方便讨论，我们将该结构体记作 Vertex_VS_OUT。Direct3D 12 规定，Vertex_VS_OUT 中必须包含 SV_POSITION 成员。该成员会在接下来的光栅化阶段中被用于产生顶点的坐标，当然顶点着色器完全可以在输出的结构体中附加其他的自定义的成员。

在对所有的顶点都执行了一次顶点着色器后，图形流水线得到了这么一个数组 Vertex_VS_OUT VSOutputVertexArray[ ]（数组的大小与 IAOutputVertexArray 相同）。随后图形流水线将输入装配阶段产生的 list<PrimitiveType> IAOutputPrimitiveArray 和顶点着色器阶段产生的 Vertex_VS_OUT VSOutputVertexArray[ ]输入到光栅化阶段。

细心的读者应该已经注意到，输入装配阶段产生的 IAOutputPrimitiveArray 直接被图形流水线传入光栅化阶段，不经过顶点着色器阶段，对顶点着色器而言是不可见的。

3. 光栅化（Rasterizer）阶段

总体上，光栅化阶段的功能是将输入的矢量图转换成像素图并输出。光栅化阶段是图形流水线中最能够体现出硬件加速的阶段，输出到光栅化阶段的数据和从光栅化阶段输出的数据可能是不在一个数量级上的。因此，Direct3D 12 又被称作基于光栅化的系统。

在 Direct3D 12 中，与光栅化有关的结构体有：D3D12_GRAPHICS_PIPELINE_STATE_DESC 中的 RasterizerState 成员的类型 D3D12_RASTERIZER_DESC 结构体；ID3D12GraphicsCommandList::RSSetViewports 中传入的 D3D12_VIEWPORT 结构体；ID3D12GraphicsCommandList::RSSetScissorRects 中传入的 D3D12_RECT 结构体。这 3 个结构体的定义如下。

```
struct D3D12_RASTERIZER_DESC
{
     D3D12_FILL_MODE FillMode;
     D3D12_CULL_MODE CullMode;
     BOOL FrontCounterClockwise;
     INT DepthBias;
     FLOAT DepthBiasClamp;
     FLOAT SlopeScaledDepthBias;
     BOOL DepthClipEnable;
     BOOL MultisampleEnable;
     BOOL AntialiasedLineEnable;
     UINT ForcedSampleCount;
     D3D12_CONSERVATIVE_RASTERIZATION_MODE ConservativeRaster;
}
struct D3D12_VIEWPORT
{
     FLOAT TopLeftX;
```

```
    FLOAT TopLeftY;
    FLOAT Width;
    FLOAT Height;
    FLOAT MinDepth;
    FLOAT MaxDepth;
}
struct D3D12_RECT
{
    LONG   left;
    LONG   top;
    LONG   right;
    LONG   bottom;
}
```

接下来，我们结合这 3 个结构体对光栅化阶段进行介绍。

（1）产生顶点坐标

光栅化阶段会根据 VSOutputVertexArray 中的每个顶点的 SV_POSITION 成员为每个顶点产生 1 个顶点坐标。在伪代码中，我们用以下结构体来描述来顶点坐标。

```
RS_Coord
{
    int x;
    int y;
    float z;
};
```

在求得每个顶点的坐标后，光栅化阶段得到了这么一个数组 RS_Coord RSInnerPositionArray[ ]（数组的大小与 VSOutputVertexArray 相同）。

- 剪辑（Clip）

首先光栅化阶段会对 VSOutputVertexArray 中的每个顶点的 SV_POSITION 成员进行剪辑。SV_POSITION 是一个 4 分量的浮点型向量，在伪代码中，我们用以下结构体来描述。

```
{
    float x;
    float y;
    float z;
    float w;
}SV_POSITION;
```

光栅化阶段会保证 SV_POSITION 的各个分量满足：

```
w>0
-w<=x<=w
-w<=y<=w
```

如果启用了深度剪辑（即 D3D12_RASTERIZER_DESC 结构体中的 DepthClipEnable 成员为 TRUE），那么光栅化阶段还会保证。

```
0<=z<=w
```

从而光栅化阶段保证了 x/w 和 y/w 在[-1.0f,1.0f]内，如果启用了深度剪辑，那么光栅化阶段还将保证 z/w 在[0.0f,1.0f]内。

- 视口（Viewport）变换

随后光栅化阶段会对 SV_POSITION 中的坐标进行视口变换，得到一个视口坐标系中的坐标。SV_POSITION 的几何意义是表示一个在归一化（Uniform）坐标系中的坐标(x/w,y/w,z/w)，如图 2-10 所示。

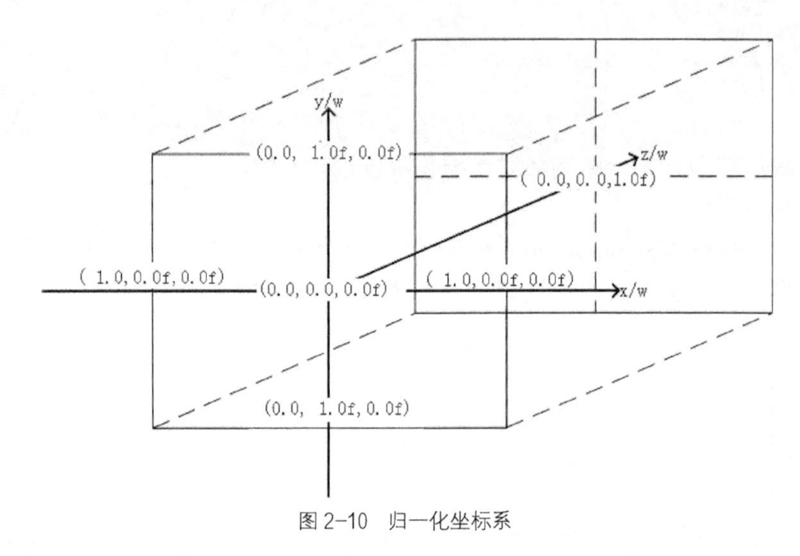

图 2-10　归一化坐标系

视口坐标的 x 和 y 分量实际上就是作为渲染目标的表面（详见第 4 章）中的位置，z 分量与深度测试有关（详见第 5 章）。

读者可以发现，视口坐标系中的 x 和 y 分量是整型，而 z 分量是浮点型，如图 2-11 所示。

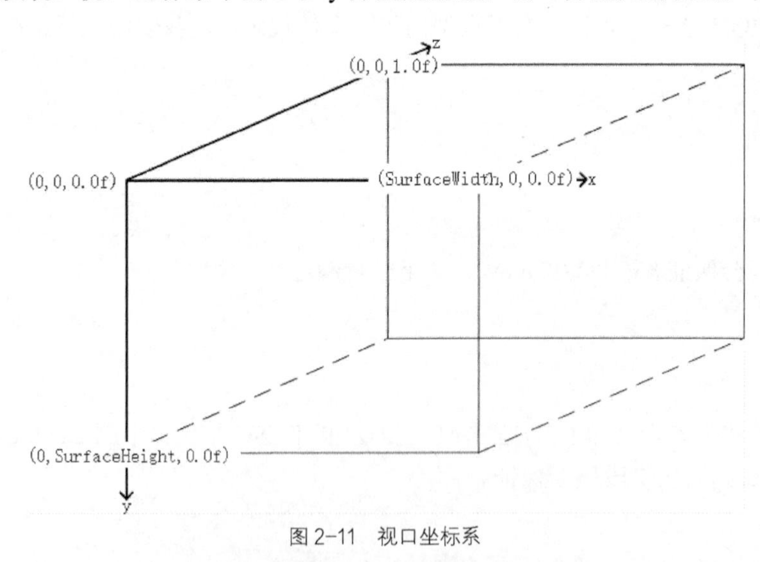

图 2-11　视口坐标系

在伪代码中，我们用以下结构体来描述来视口坐标。

```
RS_VP_Coord
{
    int x;
    int y;
    float z;
};
```

视口变换的过程与 D3D12_VIEWPORT 结构体有关。

```
struct D3D12_VIEWPORT
{
     FLOAT TopLeftX;
     FLOAT TopLeftY;
     FLOAT Width;
     FLOAT Height;
     FLOAT MinDepth;
     FLOAT MaxDepth;
}
```

Direct3D 12 对 MinDepth 和 MaxDepth 的取值进行了限制，规定 MinDepth 和 MaxDepth 必须都在[0.0f,1.0f]内。

在 ID3D12GraphicsCommandList::RSSetViewports 中可以传入 1 个 D3D12_VIEWPORT 数组，设置图形流水线的光栅化阶段的视口数组。可以在几何着色器中设置 SV_ViewportArrayIndex 的值，选择在光栅化阶段使用哪个 D3D12_VIEWPORT。如果没有启用几何着色器，那么光栅化阶段将使用传入的 D3D12_VIEWPORT 数组中的第 0 个 D3D12_VIEWPORT。

我们将光栅化阶段使用的 D3D12_VIEWPORT 记作 viewport，那么视口变换的过程可以用伪代码描述如下，如图 2-12 所示。

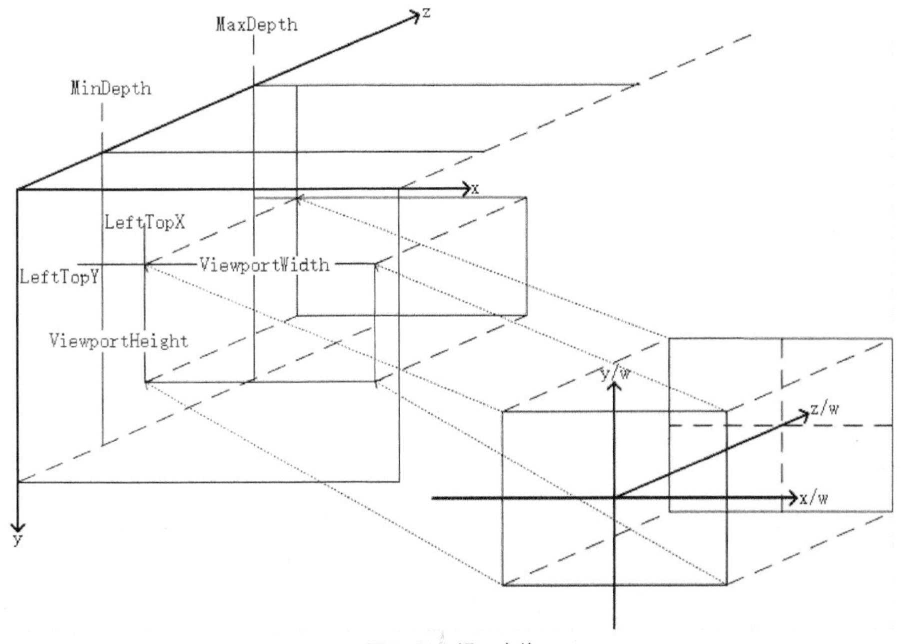

图 2-12 视口变换

```
Vertex_VS_OUT in;//伪代码输入
RS_VP_Coord out;//伪代码输出
out.x=viewport.TopLeftX+viewport.Width*(1.0f+in.SV_POSITION.x/ in.SV_POSITION.w)*0.5f;
out.y=viewport.TopLeftY+viewport.Height*(1.0f-in.SV_POSITION.y/
in.SV_POSITION.w)*0.5f;
out.z=viewport.MinDepth+(viewport.MaxDepth-Viewport.MinDepth) *(in.SV_POSITION.z/
in.SV_POSITION.w)
```

读者可以发现，视口坐标系和归一化坐标系中的 *y* 轴的方向正好相反。根据上文所述，在 Direct3D 12 中 MinDepth 和 MaxDepth 一定在[0.0f,1.0f]内。因此，如果启用了深度剪辑（即 0<=z<=w），那么视口坐标的 z 分量一定在[0.0f,1.0f]内。

- 深度偏移（Depth Bias）

深度偏移只有在两种情况下才会进行：图元类型是三角形；图元类型是直线，且光栅化阶段的填充模式为线框模式（D3D12_RASTERIZER_DESC 结构体的 FillMode 成员为 D3D12_FILL_MODE_WIREFRAME，下文中还会讨论该成员）。

如果不进行深度偏移，那么顶点坐标 RS_Coord 就是视口坐标 RS_VP_Coord。

如果进行深度偏移，那么顶点坐标 RS_Coord 的 x 和 y 分量就是视口坐标 RS_VP_Coord 的 x 和 y 分量，顶点坐标 RS_Coord 的 z 分量为视口坐标 RS_VP_Coord 的 z 分量加上 Bias，深度偏移即计算的得到 Bias 的过程。

深度偏移的过程与 D3D12_RASTERIZER_DESC 中的 DepthBias、SlopeScaledDepthBias 和 DepthBiasClamp 成员有关，可以用伪代码描述如下。

```
Bias = FloatUnit*DepthBias + max(DepthSlopeX,DepthSlopeY)*SlopeScaledDepthBias;
if(DepthBiasClamp > 0)
     Bias = min(DepthBiasClamp, Bias)
else if(DepthBiasClamp < 0)
     Bias = max(DepthBiasClamp, Bias)
```

FloatUnit 是计算机可识别的、两个不同的浮点数之间的最小的间隔。计算机不可能表示连续的实数区间，只可能用离散的值进行模拟，FloatUnit 即是这些离散的值之间的间隔。

DepthSlopeX 和 DepthSlopeY 分别是 X 方向和 Y 方向的深度斜率。根据上文所述，只有直线（必须线框模式）或三角形图元可以进行深度偏移。通过简单的数学证明可知，这两种类型的图元在视口坐标系中在平面 y=0 或平面 x=0 上的投影都是一条直线，该直线的斜率被定义为 x 方向或 y 方向的深度斜率。

正如上文所述，如果启用了深度剪辑，那么视口坐标的 z 分量一定在[0.0f,1.0f]内；但是如果进行了深度偏移，那么显然顶点坐标的 z 分量并不一定在[0.0f,1.0f]内。

（2）插值

光栅化阶段对 IAOutputPrimitiveArray 中的每个图元进行插值（Interpolation）转换为一个像素图。在插值过程中只会用到顶点坐标中的 x 和 y 分量，可以认为插值得到的像素图的几何意义是顶点坐标表示的几何体在平面 xOy 上的正交投影。

在伪代码中，我们用以下结构来描述像素图。

```
Primitive_RS_OUT
{
    list<{Vertex_VS_OUT;RS_Coord;}> pixelArrayInPrimitive;//不确定个像素，显然像素图不再区
分图元类型
    uint SV_PRIMITIVEID;
}
```

插值的过程中与 D3D12_RECT 结构体有关。

```
struct D3D12_RECT
{
    LONG   left;
    LONG   top;
    LONG   right;
    LONG   bottom;
}
```

ID3D12GraphicsCommandList:: RSSetScissorRects 中可以传入 1 个 D3D12_RECT 数组，设置图形流水线的光栅化阶段的剪裁矩形数组。可以通过在几何着色器中设置 SV_ViewportArrayIndex 的值，来选择在光栅化阶段使用哪个 D3D12_RECT。如果没有启用几何着色器，那么光栅化阶段将使用 D3D12_RECT 数组中的第 0 个 D3D12_RECT。

D3D12_RECT 定义了渲染目标视图坐标系中一个矩形区域，称为剪裁（Scissor）区域，如图 2-13 所示。

光栅化阶段将 IAOutputPrimitiveArray 中的图元转换为像素图时，会丢弃不在剪裁区域内的像素点。

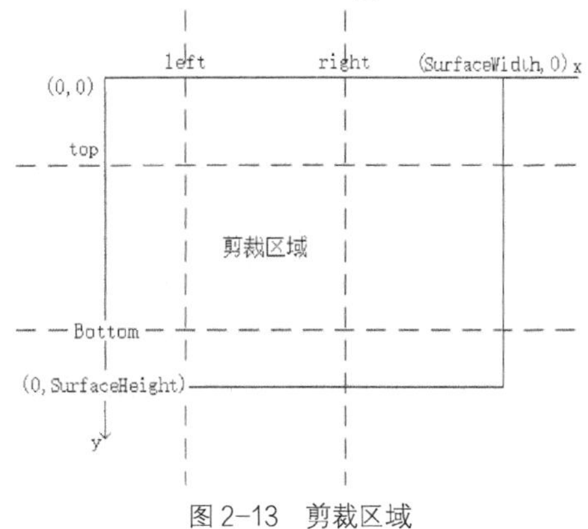

图 2-13 剪裁区域

接下来，我们对光栅化阶段根据每个 PrimitiveType 产生 Primitive_RS_OUT 的方式进行介绍。显然 Primitive_RS_OUT 中的 SV_PRIMITIVEID 即为各个 PrimiviteType 中的 SV_PRIMITIVEID。至于 Primitive_RS_OUT 中的 pixelArrayInPrimitive，则随着图元类型的不同而不同。接下来，我们对此进行介绍。

- 点图元

```
Point
{
    uint index;
    uint SV_PRIMITIVEID;
}
```

点是最简单的图元类型，光栅化阶段根据 Point 中 Index，确定顶点在 VSOutputVertexArray 中的 Vertex_VS_OUT 和在 RSInnerPositionArray 中的 RS_Coord。光栅化阶段根据 RS_Coord 的 x 和 y 分量确定顶点在渲染目标视图中的位置。

只有顶点对应的位置在剪裁区域内的情况下才产生像素。该顶点的 Vertex_VS_OUT 和 RS_Coord 即为像素的 Vertex_VS_OUT 和 RS_Coord，添加到 Primitive_RS_OUT 的 pixelArrayIn Primitive 中。

- 直线图元

```
Line
{
    uint Index[2] ;
    uint SV_PRIMITIVEID;
}
```

相对于点而言，直线要复杂得多。光栅化阶段根据 Line 中的 2 个 Index，确定这 2 个顶点在 VSOutputVertexArray 中的 Vertex_VS_OUT 和在 RSInnerPositionArray 中的 RS_Coord，为了方便讨论，我们将这两个点记作 A 和 B。

光栅化阶段根据 A 和 B 的 RS_Coord 中的 x 和 y 分量确定直线在渲染目标视图中的位置。光栅化阶段对直线覆盖的每一个像素点 P 进行测试，如果 P 不在剪裁区域内，那么不进行任何操作。只有当 P 在剪裁区域内的情况下，才会进行接下来的操作，产生该像素点。

根据高中数学中向量的相关知识可知，对于直线覆盖的像素点 P，一定有 **OP=xOA+yOB**，其中 x+y=1，并且 x 和 y 有唯一解，如图 2-14 所示。

光栅化阶段将解出 x 和 y，并计算 x*A.Vertex_VS_OUT+y*B.Vertex_VS_OUT 和 x*A.RS_Coord+ y*B.RS_Coord 得到像素的 Vertex_VS_OUT 和 RS_Coord 值，添加到 Primitive_RS_OUT 中的 pixelArrayInPrimitive 中。

上述表达式中涉及到对结构体进行数乘和加法运算，显然这只是一种简便的记法。因为 Vertex_VS_OUT 中的成员并不确定，读者应该很容易理解，实际上就是对 Vertex_VS_OUT 中的各个成员进行数乘和加法运算。

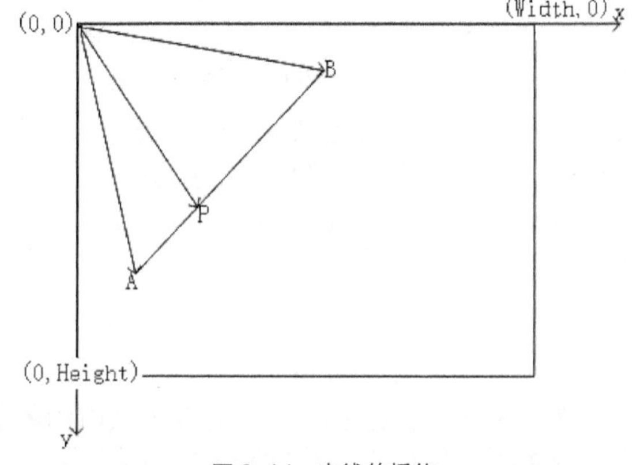

图 2-14　直线的插值

根据 **OP=xOA+yOB**，求解 x 和 y，并根据 x 和 y 的值，计算 x*A. Vertex_VS_OUT+y*B. Vertex_VS_OUT 和 x*A.RS_Coord+y*B.RS_Coord 的过程称为插值。可以理解为，在已有的 A 和 B 两个点之间“插”入了好多个新的点 P，因此被称作“插”值。

直线图元实际上并没有“填充模式”的概念，但是 D3D12_RASTERIZER_DESC 的 FillMode 成员是有意义的，这决定了光栅化阶段是否会进行深度偏移（见 2.4.1 节）。

- 三角形图元

```
Triangle
{
    uint Index[3] ;
    uint SV_PRIMITIVEID;
}
```

三角形图元的插值过程中还与以下 D3D12_RASTERIZER 结构体的以下成员有关：正背面（Front Back）、剔除模式（Cull Mode）和填充模式（Fill Mode）。

正背面通过 D3D12_RASTERIZER_DESC 的 FrontCounterClockwise 成员设置，共分为 2

种：TRUE 环绕方向逆时针表示正面；FALSE 环绕方向顺时针表示正面。

一般 OpenGL 程序员习惯用逆时针表示正面，而 Direct3D 程序员恰好相反，然而这并没有硬性的规定。

关于三角形图元的环绕方向的定义已经在 2.4.1 节输入装配阶段中介绍。

剔除模式通过 D3D12_RASTERIZER_DESC 中的 CullMode 成员设置，共分为 3 种：不剔除（D3D12_CULL_MODE_NONE）；剔除正面（D3D12_CULL_MODE_FRONT）；剔除背面（D3D12_CULL_MODE_BACK）。

填充模式通过 D3D12_RASTERIZER_DESC 中的 FillMode 成员设置，共分为 2 种：线框模式（D3D12_FILL_MODE_WIREFRAME）：只产生三角形边界所覆盖的像素；实心模式（D3D12_FILL_MODE_SOLID）：产生三角形边界和内部所覆盖的像素。

光栅化阶段根据 Triangle 中的 3 个 Index，确定这 3 个顶点在 VSOutputVertexArray 中对应的 Vertex_VS_OUT 和在 RSInnerPositionArray 中对应的 RS_Coord，为了方便讨论，我们将这 3 个点记作 A、B 和 C。

光栅化阶段根据这 3 个点的 RS_Coord 的 x 和 y 分量，确定三角形在渲染目标视图中的位置。

光栅化阶段根据三角形的环绕方向，确定三角形是正面还是背面，并根据剔除模式：如果三角形被剔除，那么直接跳过后续的步骤，不产生相应的 Primitive_RS_OUT；如果三角形没有被剔除，那么光栅化阶段根据光栅化阶段的剪裁矩形和填充模式确定需要产生的像素。

同样地，根据高中数学知识可知，对于产生的像素点 P，都有 **OP**=x**OA**+y**OB**+z**OC**，其中 x+y+z=1，并且 x、y 和 z 有唯一解，如图 2-15 所示。

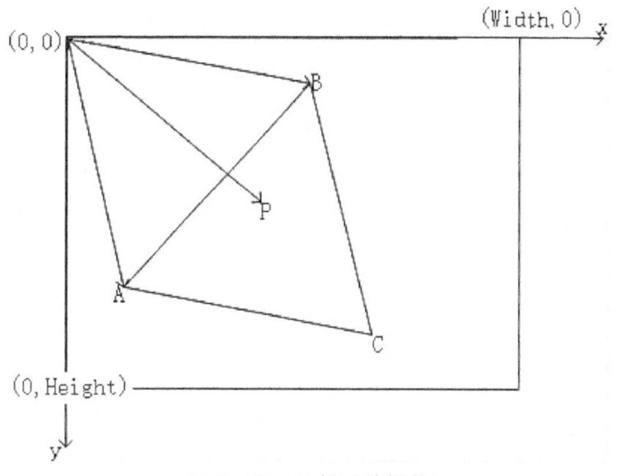

图 2-15 三角形的插值

光栅化阶段将解出 x、y 和 z，并计算 x*A.Vertex_VS_OUT+y*B.Vertex_VS_OUT+z*C.Vertex_VS_OUT 和 x*A.RS_Coord+y*B.RS_Coord+z*C.RS_Coord，得到像素的 Vertex_VS_OUT 和 RS_Coord 的值，添加到 Primitive_RS_OUT 中的 pixelArray InPrimitive 列表中。

对每个图元都插值后，光栅化阶段得到了这么一个数组 Primitive_RS_OUT RSOutputPrimitive Array[ ]（数组的大小与 RSOutputPrimitive Array 相同）。

4. 像素着色器（Pixel Shader）阶段

图形流水线对 RSOutputPrimitiveArray 中的每一个 Primitive_RS_OUT 中的每一个像素中执行一次像素着色器

像素着色器是一个用户自定义的程序（在 2.4.2 节中会介绍如何用 HLSL 编写着色器程序）。每次执行像素着色器时，图形流水线会将像素的 Vertex_VS_OUT 和像素所在的 Primitive_

RS_OUT 中的 SV_PRIMITIVEID 输入到像素着色器。像素着色器在每次执行后会输出一个结构体，为了方便讨论，我们将该结构体记作 Pixel_PS_OUT。

像素的 RS_Coord 不会被输入到像素着色器，但是像素着色器可以改变 RS_Coord 中的 z 成员。在每次执行像素着色器后，图形流水线会查看 Pixel_PS_OUT 中是否有 SV_DEPTH 成员。如果有，那么像素的 RS_Coord 的 z 成员会被设置为 Pixel_PS_OUT 中的 SV_DEPTH 成员的值。

在对所有的像素都执行了一次像素着色器后，图形流水线得到了这样一个数组{Pixel_PS_OUT;RS_Coord} PSOutputPixelArray[ ]（数组的大小为所有 Primitive_RS_OUT 中的 pixelArrayInPrimitive 中的像素的个数之和），该数组被传入到输出混合阶段。

5. 输出混合（Output Merger）阶段

在此，我们只对输出混合阶段进行简单的介绍，本书会在第 5 章中对输出混合阶段进行详细的介绍。

可以使用 ID3D12GraphicsCommandList 接口的 OMSetRenderTarget 方法设置渲染目标视图，图形流水线中至多有 8 个渲染目标视图。输出混合阶段会检查 PSOutputPixelArray 中的每个像素的 Pixel_PS_OUT 中是否有 SV_TARGET0、SV_TARGET1、……、SV_TARGET7 成员（分别对应于该 8 个渲染目标视图）。如果 Pixel_PS_OUT 中有成员 SV_TARGETn（n 的取值范围从 0 到 7），那么输出混合阶段会将该成员 SV_TARGETn 的值写入到第 n+1 个渲染目标视图中该像素的 RS_Coord 的 x 和 y 分量确定的位置。

2.4.2　绘制一个三角形

正如 2.4.1 节中所述，GPU 线程会为命令列表的每次执行维护一个状态集合，可以在命令列表中添加相关的命令设置集合中的相关状态，GPU 线程执行命令列表中 DrawInstanced 或 DrawIndexedInstanced 命令时，会使用状态集合中的相关状态。

在上一节中，我们已经详细介绍了图形流水线中本章会用到的各个状态。接下来，我们介绍用具体的 API 设置图形流水线的相关状态，并执行 DrawInstanced 命令绘制一个三角形，在本章我们只会用到 ID3D12GraphicsCommandList 接口中的以下方法。

（1）零碎的 API

- IASetPrimitiveTopology 设置输入装配阶段的图元拓扑类型。
- RSSetViewports 设置光栅化阶段的视口数组。
- RSSetScissorRects 设置光栅化阶段的剪裁矩形数组。
- OMSetRenderTargets 设置输出混合阶段的渲染目标。

（2）设置根签名

SetGraphicsRootSignature 控制是否启用 IA 阶段的输入布局和是否启用流输出阶段（见 2.4.1 节中的图 2-4）。

（3）设置图形流水线状态对象

SetPipelineState 包括对图形流水线中的大多数状态的设置。

1. 零碎的 API

（1）IASetPrimitiveTopology 用于设置输入装配阶段的图元拓扑类类型（见 2.4.1 节）。

```
pDirectCommandList->IASetPrimitiveTopology(D3D_PRIMITIVE_TOPOLOGY_TRIANGLESTRIP);//设置图元拓扑类型为三角形条带
```

（2）RSSetViewports 用于设置光栅化阶段的视口数组（见 2.4.1 节中的图 2-12）。

```
D3D12_VIEWPORT vp = { 0.0f,0.0f,800.0f,600.0f,0.0f,1.0f };//正如 2.4.1.3.1 节中所述,Direct3D 12 规定，MinDepth 和 MaxDepth 必须都在[0.0f,1.0f]内
pDirectCommandList->RSSetViewports(1, &vp);//将视口变换的效果设置为将整个归一化坐标系变换到整个渲染目标视图
```

（3）RSSetScissorRects 用于设置光栅化阶段的剪裁矩形数组（见 2.4.1 节中的图 2-13）。

```
D3D12_RECT sr = { 0,0,800,600 };
pDirectCommandList->RSSetScissorRects(1, &sr);//将剪裁区域设置为整个渲染目标视图
```

（4）OMSetRenderTargets 的原型如下。

```
   void STDMETHODCALLTYPE OMSetRenderTargets(
        UINT NumRenderTargetDescriptors,//[In]
        const D3D12_CPU_DESCRIPTOR_HANDLE *pRenderTargetDescriptors,//[In,opt]
        BOOL RTsSingleHandleToDescriptorRange,//[In]
        const D3D12_CPU_DESCRIPTOR_HANDLE *pDepthStencilDescriptor//[In,opt]
   )
NumRenderTargetDescriptors
```

指定的渲染目标视图的数量，在 Direct3D 12 中最多同时指定 8 个渲染目标视图（见 2.4.1 节）。

- RtsSingleHandleToDescriptorRange 和 pRenderTargetDescriptors

读者观察 D3D12_DESCRIPTOR_HEAP_DESC 结构体（见 2.2.2 节）可以发现，其中有一个 NumDescriptors 成员可以设置，也就是说，在创建描述符堆时，可以一次性创建多个在内存中连续的描述符。

RtsSingleHandleToDescriptorRange 为 True，表示在 pRenderTargetDescriptors 中传入的是在内存中连续的多个描述符的首地址，显然只需要传入一个地址即可。

RtsSingleHandleToDescriptorRange 为 False 表示在 pRenderTargetDescriptors 中为每个描述符传入一个地址，显然需要传入 NumRenderTargetDescriptors 个地址。

- pDepthStencilDescriptor

用于指定深度模板缓冲，在第 5 章会介绍，暂且传入 NULL，代码如下。

```
pDirectCommandList->OMSetRenderTargets(1,
&pRTVHeap->GetCPUDescriptorHandleForHeapStart(),FALSE,NULL);//设置渲染目标
```

2. 根签名

在此只对根签名进行简单的介绍，本书在第 4 章中会对根签名进行详细的介绍。

在介绍根签名之前，首先介绍 HLSL（High Level Shader Language，高级着色器语言）。实际上，在上文中介绍顶点着色器阶段和像素着色器阶段时，我们已经提到了 HLSL。HLSL 是编写 GPU 程

序的语言，HLSL 的语法与 C/C++极其相似，因此本书中不会有专门的章节对 HLSL 的语法进行介绍。

就像 C/C++可以编写 CPU 上执行的程序一样，HLSL 可以编写在 GPU 上执行的程序，顶点着色器和像素着色器实际上就是在 GPU 上执行的程序。与 C/C++不同的是，HLSL 编译生成的是字节码（就是 Java 中的字节码的含义），而不是在 GPU 上执行的本地代码。这是因为在不同 GPU 上执行的本地代码之间的差异很大，Direct3D 12 会在运行时将字节码解析成可以在特定的 GPU 上执行的本地代码。

在 2.1.2 节中指出，Direct3D 12 要求设备的功能级至少为 11.0。MSDN 上的 Direct3D 官方文档指出：功能级为 11.0 的设备在 Direct3D 12 运行环境下至少支持着色器模型 5.1，着色器模型的版本可以认为就是指 HLSL 的版本。

在着色器模型 5.1 中，引入了一种新的着色器类型——根签名对象，目前根签名对象的最新版本为 1.0，即（rootsig_1_0）。

我们可以用两种方式生成根签名对象的字节码：一种方式是用 D3D12_ROOT_SIGNATURE_DESC 描述根签名对象，并调用 D3D12SerializeRootSignature 函数序列化生成根签名对象的字节码；另一种方式是用 HLSL 描述根签名对象，并编译生成根签名对象的字节码。无论使用哪一种方式得到的根签名对象的字节码都是等效的。

通过观察 D3D12_ROOT_SIGNATURE_DESC 结构体的定义，我们可知，根签名对象的逻辑结构可以用 UML 描述，如图 2-16 所示。

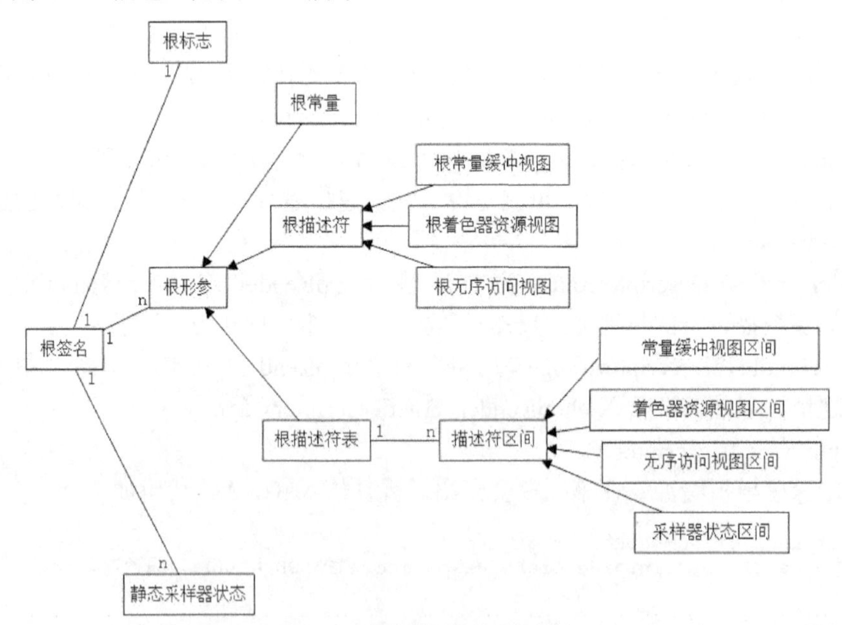

图 2-16　根签名对象的逻辑结构

在此，我们暂且不需要用到任何根形参或静态采样器，只需要用到根标志。

接下来我们对如何用 HLSL 编译生成根签名对象的字节码进行介绍：首先创建一个头文件“GRS.hlsli”，在其中添加根签名对象的定义的代码。右击“项目”中的“头文件”，在下拉菜单栏中选“择添加”→“新建项”，如图 2-17 所示。

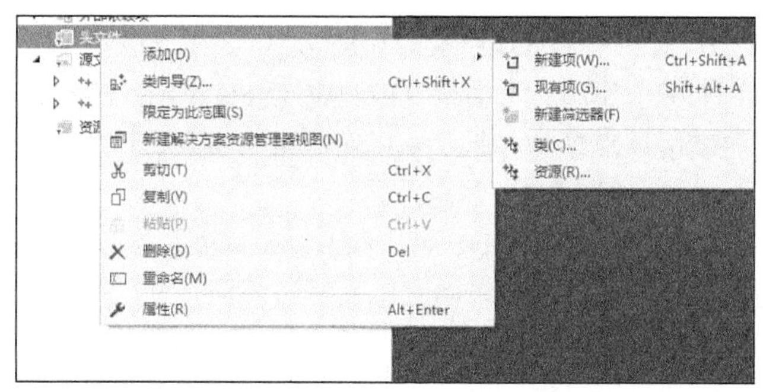

图 2-17　添加新建项

在“Visual C++”→“HLSL”中选择“HLSL 标头文件（.hlsli）”，并将名称设置为“GRS.hlsli”，如图 2-18 所示。

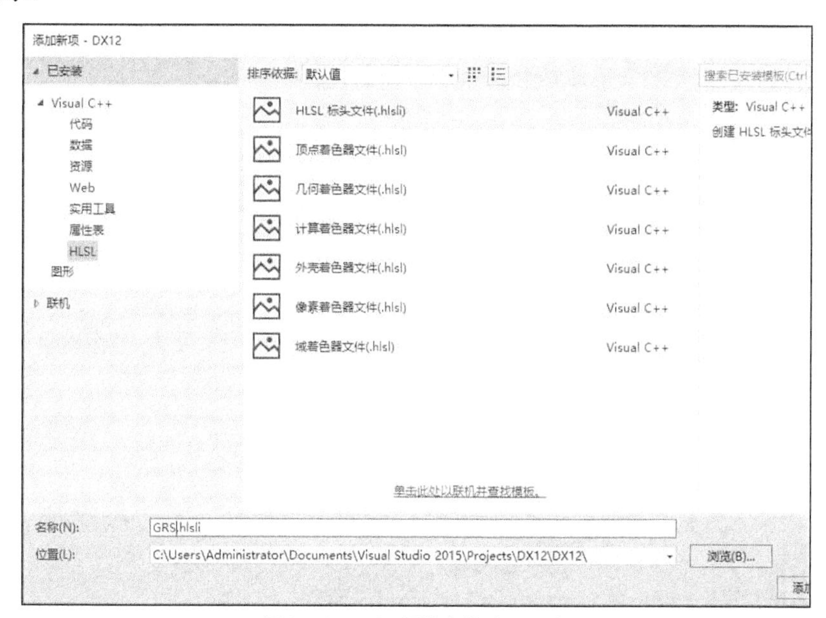

图 2-18　HLSL 标头文件（.hlsli）

在 GRS.hlsli 中以“#define 根签名对象名 字符串常量”的形式定义根签名对象，其中#define 的语法和 C/C++中#define 的语法相同，可以使用“\”将字符串常量分开写成多行。

字符串常量用于描述根签名对象的各个成员，大致的语法格式为“类型名（属性表）”，成员之间用逗号隔开，并且在字符串常量中不允许有制表符（即'\t'），否则会被视为错误。

在此，我们只需要用到根标志，在 GRS.hlsli 中添加的 HLSL 代码如下。

```
#define GRS "RootFlags(\
DENY_VERTEX_SHADER_ROOT_ACCESS\
|DENY_PIXEL_SHADER_ROOT_ACCESS\
|DENY_DOMAIN_SHADER_ROOT_ACCESS\
|DENY_HULL_SHADER_ROOT_ACCESS\
```

```
|DENY_GEOMETRY_SHADER_ROOT_ACCESS\
)"
```

RootFlags 为根标志，对应于 D3D12_ROOT_SIGNATURE_DESC 结构体的 Flags 成员。在此，根标志实际上起到了两个作用：不指定 ALLOW_INPUT_ASSEMBLER_INPUT_LAYOUT 标志禁用输入布局从而禁用顶点缓冲（见 2.4.1 节）；不指定 ALLOW_STREAM_OUTPUT 禁用流输出阶段（见 2.4.1 节中的图 2-4）。

同时 RootFlags 中还指定了一系列 DENY 标志，MSDN 上的 Direct3D 官方文档指出：将根签名的权限设置为“只允许真正需要访问它的着色器访问”可以提高性能。由于目前根签名中没有任何根形参或静态采样器，显然没有任何着色器需要访问根签名，因此全部禁用。

刚刚我们添加了一个头文件 GRS.hlsli，接下来添加一个源文件 GRS.hlsl，并编译生成根签名对象的字节码。右击“项目”中的“源文件”，在下拉菜单栏中选择“添加”→“新建项”，如图 2-19 所示。

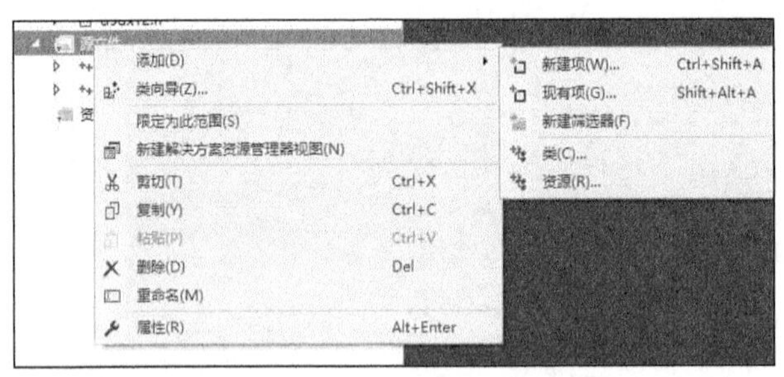

图 2-19　添加新建项

在“Visual C++”→“HLSL”中选择“HLSL 标头文件（.hlsli）”，并将名称设置为“GRS.hlsl”，如图 2-20 所示。

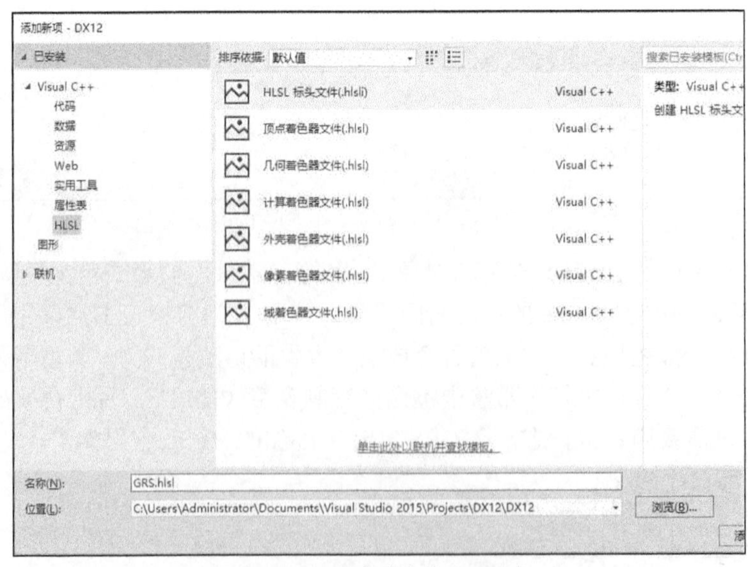

图 2-20　HLSL 标头文件（.hlsli）

右击“GRS.hlsl”，在下拉菜单栏中选择“属性”，如图 2-21 所示。

选择“配置”中的“所有配置”和“平台”中的“所有平台”，确保项类型是 HLSL 编译器，如图 2-22 所示。

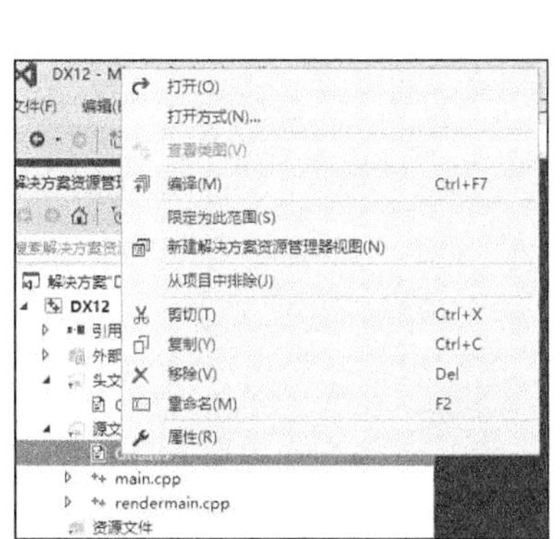

图 2-21 项属性

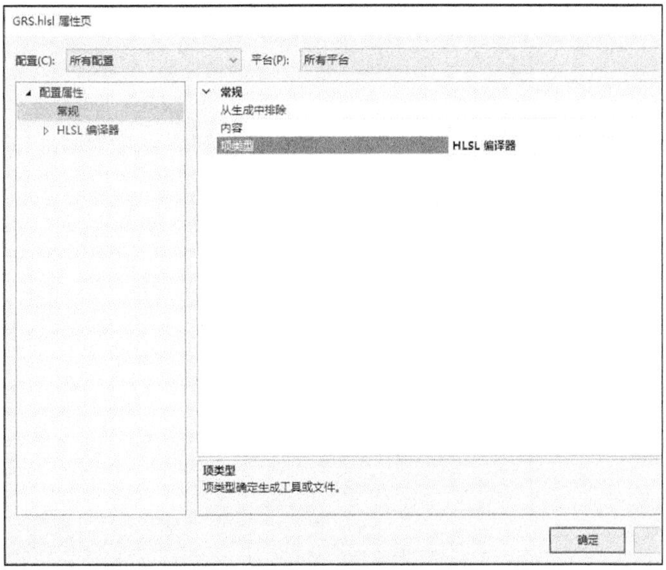

图 2-22 项类型

选择“配置”中的“所有配置”和“平台”中的“所有平台”，在“HLSL 编译器”→“常规”中，将“入口点名称”设置为之前在#define 中定义的根签名对象名“GRS”，“着色器类型”设置为“生成根签名对象”，“着色器模型”设置为“/rootsig_1_0”，如图 2-23 所示。

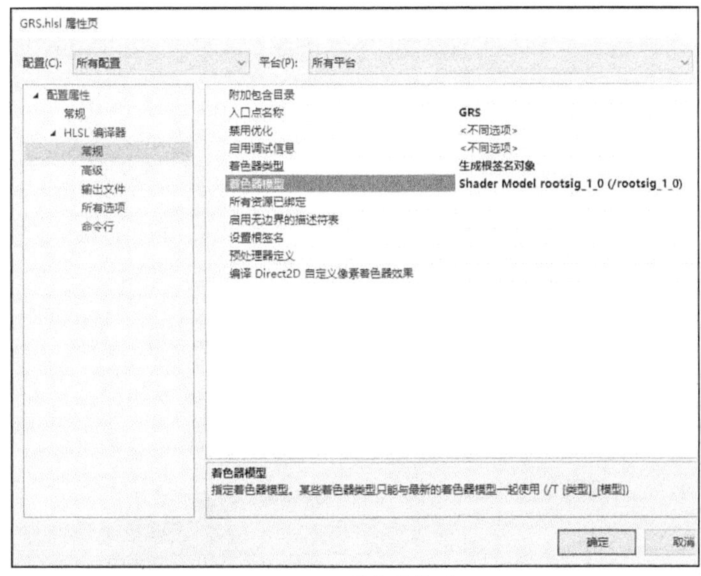

图 2-23 着色器模型

选择“配置”中的“所有配置”和“平台”中的“所有平台”，在“HLSL 编译器”→“输出文件”中，将“对象文件名”设置为“$(Local DebuggerWorkingDirectory)%(Filename).cso”，如图 2-24 所示。

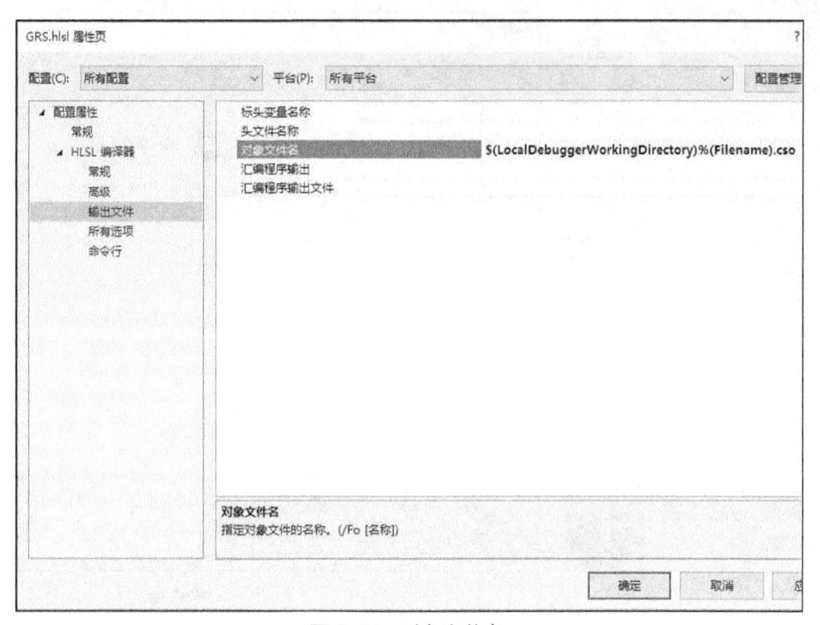

图 2-24　对象文件名

在 GRS.hlsl 中添加以下 HLSL 代码。

```
#include "GRS.hlsli"
```

接下来我们就可以编译生成根签名对象的字节码了，右击“GRS.hlsl”，在下拉菜单栏中选择“编译”，如图 2-25 所示。

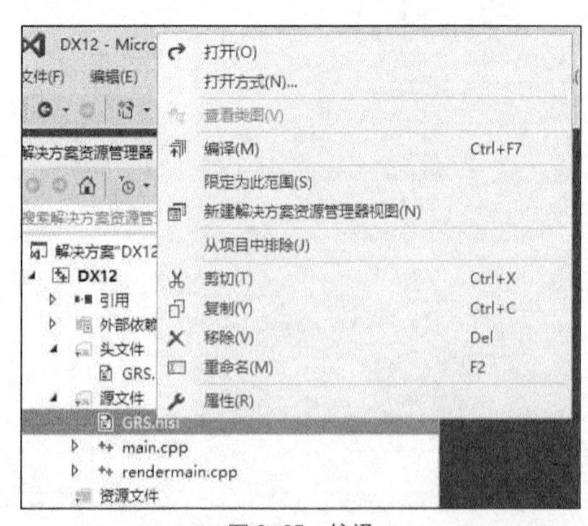

图 2-25　编译

输出编译成功的消息，如图 2-26 所示。

图 2-26　编译成功消息

在编译生成根签名对象的字节码后，我们就可以在 Direct3D 12 中创建根签名了，Direct3D 12 会在运行时将字节码解析成可以在特定的 GPU 上执行的本地代码。首先将字节码加载到系统内存中，为了方便，我使用了内存映射文件。如果读者想要更深入地了解内存映射文件，可以参阅《Windows 核心编程》（ISBN：9787302184003）。具体的代码如下。

```
HANDLE hGRSFile = CreateFileW(L"GRS.cso", GENERIC_READ, FILE_SHARE_READ, NULL,
OPEN_EXISTING, FILE_ATTRIBUTE_NORMAL, NULL);
LARGE_INTEGER szGRSFile;
GetFileSizeEx(hGRSFile, &szGRSFile);
HANDLE hGRSSection = CreateFileMappingW(hGRSFile, NULL, PAGE_READONLY, 0,
szGRSFile.LowPart, NULL);
void *pGRSFile = MapViewOfFile(hGRSSection, FILE_MAP_READ, 0, 0, szGRSFile.LowPart);
```

随后，用 ID3D12Device 接口的 CreateRootSignature 方法创建根签名，该方法会将根签名的字节码解析成可以在特定的 GPU 上执行的本地代码，该方法的原型如下。

```
HRESULT STDMETHODCALLTYPE CreateRootSignature(
                       UINT nodeMask,//[In]
                       const void *pBlobWithRootSignature,//[In,size_is(blobLengthInBytes)
                       SIZE_T blobLengthInBytes,//[In]
                       REFIID riid,//[In]
                       void **ppvRootSignature//[In]
                       )
```

（1）nodeMask

支持多 GPU 节点适配器，一般都传入 0X1 表示第 1 个 GPU 节点。

（2）pBlobWithRootSignature

系统内存中的根签名的字节码的首地址。

（3）blobLengthInBytes

系统内存中的根签名的字节码的大小。

（4）riid 和 ppvRootSignature

MSDN 上的 Direct3D 官方文档指出：根签名对象支持 ID3D12RootSignature 接口，可以使用 IID_PPV_ARGS 宏。

综上，代码如下。

```
ID3D12RootSignature *pGRS;
{
    //加载根签名字节码到内存中
    HANDLE hGRSFile = CreateFileW(L"GRS.cso", GENERIC_READ, FILE_SHARE_READ, NULL,
OPEN_EXISTING, FILE_ATTRIBUTE_NORMAL, NULL);
    LARGE_INTEGER szGRSFile;
```

```
    GetFileSizeEx(hGRSFile, &szGRSFile);
    HANDLE hGRSSection = CreateFileMappingW(hGRSFile, NULL, PAGE_READONLY, 0,
szGRSFile.LowPart, NULL);
    void *pGRSFile = MapViewOfFile(hGRSSection, FILE_MAP_READ, 0, 0, szGRSFile.LowPart);

    //创建根签名对象
    pD3D12Device->CreateRootSignature(0X1, pGRSFile, szGRSFile.LowPart,
IID_PPV_ARGS(&pGRS));

    //在完成了根签名对象的创建之后，相关的字节码的内存就可以释放
    UnmapViewOfFile(pGRSFile);
    CloseHandle(hGRSSection);
    CloseHandle(hGRSFile);
}
```

在完成了根签名对象的创建后，即可以使用 SetGraphicsRootSignature 设置图形流水线的根签名。

```
pDirectCommandList->SetGraphicsRootSignature(pGRS);
```

正如 2.4.1 节中所述，GPU 线程会为命令列表的每次执行维护一个状态集合。实际上，与根签名有关的状态有两个：图形流水线的根签名（SetGraphicsRootSignature）和计算流水线的根签名（SetComputeRootSignature）。本书会在第 6 章对计算流水线进行介绍。

3. 图形流水线状态对象

Direct3D 12 中大多数的图形流水线状态都通过图形流水线状态对象设置，可以用 ID3D12Device 接口的 CreateGraphicsPipelineState 方法创建图形流水线状态对象，该方法的原型如下。

```
HRESULT STDMETHODCALLTYPE CreateGraphicsPipelineState(
                        const D3D12_GRAPHICS_PIPELINE_STATE_DESC *pDesc,//[In]
                        REFIID riid,//[In]
                        void **ppvObject//[Out]
                        )
```

（1）pDesc

应用程序需要填充一个 D3D12_GRAPHICS_PIPELINE_STATE_DESC 来描述所要创建的图形流水线状态对象的属性，该结构体的定义如下。

```
struct D3D12_GRAPHICS_PIPELINE_STATE_DESC
{
    ID3D12RootSignature *pRootSignature;
    D3D12_SHADER_BYTECODE VS;
    D3D12_SHADER_BYTECODE PS;
    D3D12_SHADER_BYTECODE DS;
    D3D12_SHADER_BYTECODE HS;
    D3D12_SHADER_BYTECODE GS;
    D3D12_STREAM_OUTPUT_DESC StreamOutput;
    D3D12_BLEND_DESC BlendState;
    UINT SampleMask;
    D3D12_RASTERIZER_DESC RasterizerState;
    D3D12_DEPTH_STENCIL_DESC DepthStencilState;
    D3D12_INPUT_LAYOUT_DESC InputLayout;
    D3D12_INDEX_BUFFER_STRIP_CUT_VALUE IBStripCutValue;
```

```
    D3D12_PRIMITIVE_TOPOLOGY_TYPE PrimitiveTopologyType;
    UINT NumRenderTargets;
    DXGI_FORMAT RTVFormats[ 8 ];
    DXGI_FORMAT DSVFormat;
    DXGI_SAMPLE_DESC SampleDesc;
    UINT NodeMask;
    D3D12_CACHED_PIPELINE_STATE CachedPSO;
    D3D12_PIPELINE_STATE_FLAGS Flags;
}
```

- pRootSignature

正如 2.4.2 节中所述，图形流水线的根签名通过 SetGraphicsRootSignature 设置，此处的 pRootSignature 仅用于有效性检查(所谓的有效性检查是指检查与结构体中的其他成员的一 致性)。

- PrimitiveTopologyType

指定图元类型（不包括拓扑类型），根据上文，输入装配阶段的图元拓扑类型通过 IASetPrimitiveTopology 设置，这里的 PrimitiveTopologyType 仅用于有效性检查，但一般情况下都设置为与 IASetPrimitiveTopology 中设置的值一致。

```
IBStripCutValue
```

设置输入装配阶段的表示重启动条带的索引（见 2.4.1 节）。

D3D12_INDEX_BUFFER_STRIP_CUT_VALUE_DISABLED 表示禁用重启动条带。

D3D12_INDEX_BUFFER_STRIP_CUT_VALUE_0xFFFF 表示重启动条带的索引是 UINT16(-1)。

D3D12_INDEX_BUFFER_STRIP_CUT_VALUE_0xFFFFFFFF 表示重启动条带的索引是 UINT32(-1)。

- InputLayout

根据上文，由于根签名中没有设置 ALLOW_INPUT_ASSEMBLER_INPUT_LAYOUT 标志，因此输入装配阶段的输入布局被禁用，但是有效性检查是苛刻的，在这种情况下，必须将 InputLayout 的 NumElements 设置为 0，pInputElementDescs 设置为 NULL。

- VS PS HS DS GS

表示着色器的字节码，是一个 D3D12_SHADER_BYTECODE 结构体，该结构体的 pShader Bytecode 成员表示系统内存中的着色器的字节码的首地址，BytecodeLength 成员表示系统内存中的着色器字节码的大小。

本章禁用 HS（Hull Shader，外壳着色器）、DS（Domain Shader，域着色器）和 GS（Geometry Shader，几何着色器）（见 2.4.1 节中的图 2-3），因此将 pShaderByteCode 设置为 NULL，BytecodeLength 设置为 0。

- StreamOutput

根据上文，由于根签名中没有设置 ALLOW_STREAM_OUTPUT 标志，因此流输出阶段被禁用，但是有效性检查是苛刻的，在这种情况下，必须将 StreamOutput 的值全部设置为 0，在 C/C++中可以用“StreamOutput={};”方便地完成这个操作。

- RasterizerState

光栅化阶段的相关状态，D3D12_RASTERIZER_DESC 的定义如下。

```
struct D3D12_RASTERIZER_DESC
{
    D3D12_FILL_MODE FillMode;
    D3D12_CULL_MODE CullMode;
    BOOL FrontCounterClockwise;
    INT DepthBias;
    FLOAT DepthBiasClamp;
    FLOAT SlopeScaledDepthBias;
    BOOL DepthClipEnable;
    BOOL MultisampleEnable;
    BOOL AntialiasedLineEnable;
    UINT ForcedSampleCount;
    D3D12_CONSERVATIVE_RASTERIZATION_MODE ConservativeRaster;
}
```

DepthClipEnable：深度裁剪，见 2.4.1 节。

DepthBias、DepthBiasClamp 和 SlopeScaledDepthBias：深度偏移，见 2.4.1 节。

FrontCounterClockwise：三角形图元的正背面，见 2.4.1 节。

CullMode：三角形图元的剔除模式，见 2.4.1 节。

FillMode；直线图元是否深度偏移和三角形图元的填充模式，见 2.4.1 节。

MultisampleEnable，AntialiasedLineEnable 和 ForcedSampleCount：与多重采样有关，暂且设为 FALSE，FALSE 和 0 表示禁用。

ConservativeRaster：Direct3D 12 保守光栅化模式，暂且设为 D3D12_CONSERVATIVE_RASTERIZATION_MODE_OFF 表示禁用。

- NumRenderTargets、RTVFormats 和 DSVFormat

根据上文，输出混合阶段的渲染目标视图和深度模板视图通过 OMSetRenderTargets 进行设置。这里的 NumRenderTargets、RTVFormats 和 DSVFormat 仅用于有效性检查，但一般情况下都设置为与 OMSetRenderTargets 中设置的值一致。但是有效性检查是苛刻的，对于没有用到的渲染目标视图或深度模板视图的格式必须设置为 DXGI_FORMAT_UNKNOWN。

- SampleDesc

同样地，这也只是用于有效性检查，例如用交换链缓冲作为渲染目标的情形、多重采样已经在创建交换链时，由传入的 DXGI_SWAP_CHAIN_DESC 结构体中的 SampleDesc 成员进行设置。

但一般情况下都设置为与实际时的情形相同，这里将 SampleDesc 的 Count 成员设置为 1，Quality 成员设置为 0 表示禁用多重采样。

- SampleMask

与 MSAA（Multi Sample Anti Aliasing，多重采样反走样，见 2.1.4 节）有关，在此暂且设置为 0XFFFFFF。

- DepthStencilState

在此暂且将 DepthEnable 和 StencilEnable 成员设置为 FALSE，表示禁用深度测试和模板测试。同样地，有效性检查是苛刻的，必须将 DepthStencilState 中的其他的值全部设置为 0，在

C/C++中可以用“DepthStencilState={};”方便地完成这个操作。

- BlendState

在此暂且将 AlphaToCoverageEnable 和 IndependentBlendEnable 设置为 FALSE；将 RenderTarget[0]的 BlendEnable 和 LogicOpEnable 设置为 FALSE，表示禁用融合操作和逻辑操作，但是有效性检查是苛刻的，在这种情况下，必须将 BlendState 中的其他的值全部设置为 0，在 C/C++中可以用“BlendState={};”方便地完成这个操作；将 RenderTargetWriteMask 设置为 D3D12_COLOR_WRITE_ENABLE_ALL 表示根据 SV_TARGETn（见 2.4.1 节）的值写入到渲染目标时，所有的分量都会被写入，值得注意的是，RenderTargetWriteMask 始终生效，与融合是否被禁用无关。

- NodeMask

支持多 GPU 节点适配器，一般传入 0X1 表示使用适配器中的第 1 个 GPU 节点。

- CachedPSO

缓存的图形流水线状态对象，暂且将 pCachedBlob 设置为 NULL，CachedBlobSizeInBytes 设置为 0，表示不使用缓存的图形流水线状态对象。

- Flags

一般设置为 D3D12_PIPELINE_STATE_FLAG_NONE。

（2）riid 和 ppvObject

MSDN 上的 Direct3D 官方文档指出：图形流水线状态对象支持 ID3D12PipelineState 接口，可以使用 IID_PPV_ARGS 宏。

4. 顶点着色器和像素着色器

接下来介绍用 HLSL 编译生成顶点着色器和像素着色器的字节码的过程。

（1）顶点着色器

首先介绍如何用 HLSL 编译生成顶点着色器，右击项目中源文件，在下拉菜单栏中选择“添加”→“新建项”，如图 2-27 所示。

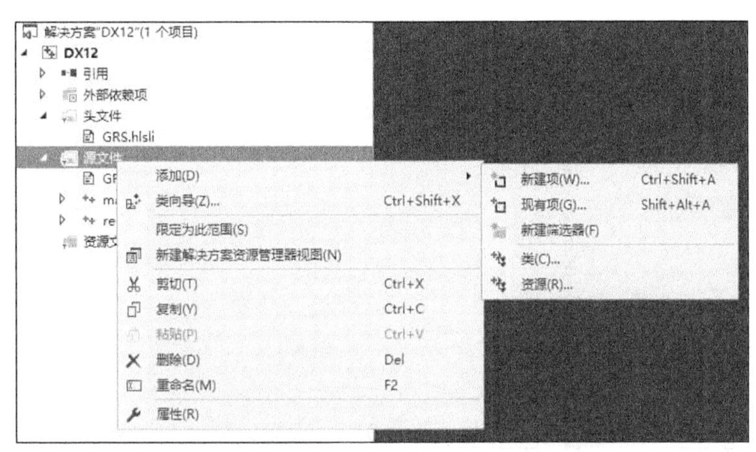

图 2-27　添加新建项

在“Visual C++”→“HLSL”中选择“顶点着色器文件（.hlsl）”，并将名称设置为“VS.hlsl”，如图 2-28 所示。

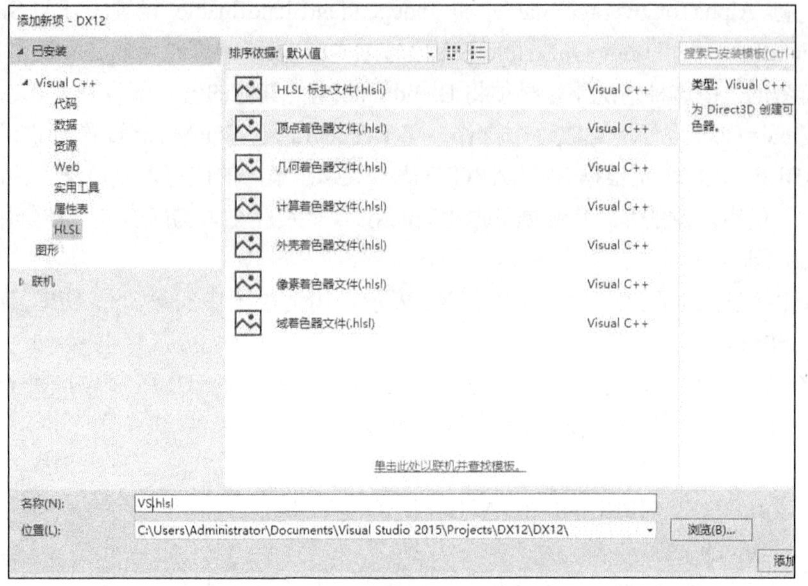

图 2-28　顶点着色器文件（.hlsl）

右击“VS.hlsl”，在下拉菜单栏中选择“属性”，如图 2-29 所示。

选择“配置”中的“所有配置”和“平台”中的“所有平台”，在“HLSL 编译器”→“常规”中，将“着色器模型”设置为“5.1”，如图 2-30 所示。

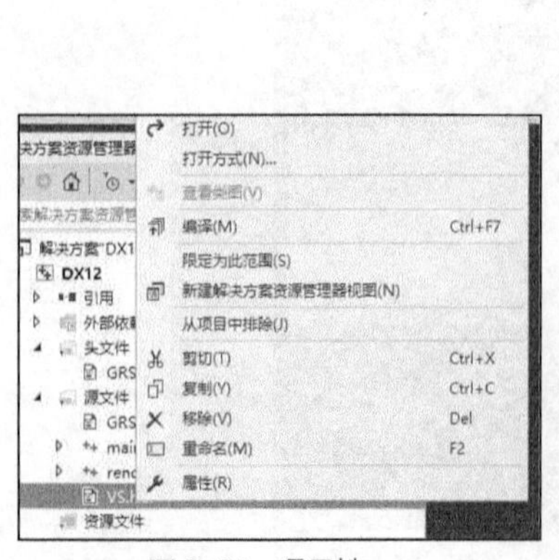

图 2-29　项属性

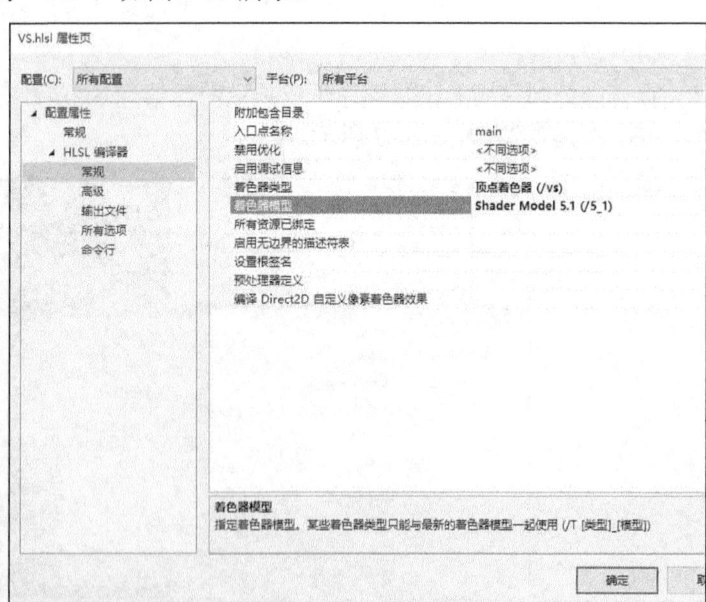

图 2-30　着色器模型

选择“配置”中的“所有配置”和“平台”中的“所有平台”，在“HLSL 编译器”→“输出文件”中，将“对象文件名”设置为“$(Local DebuggerWorkingDirectory)%(Filename).cso”，如图 2-31 所示。

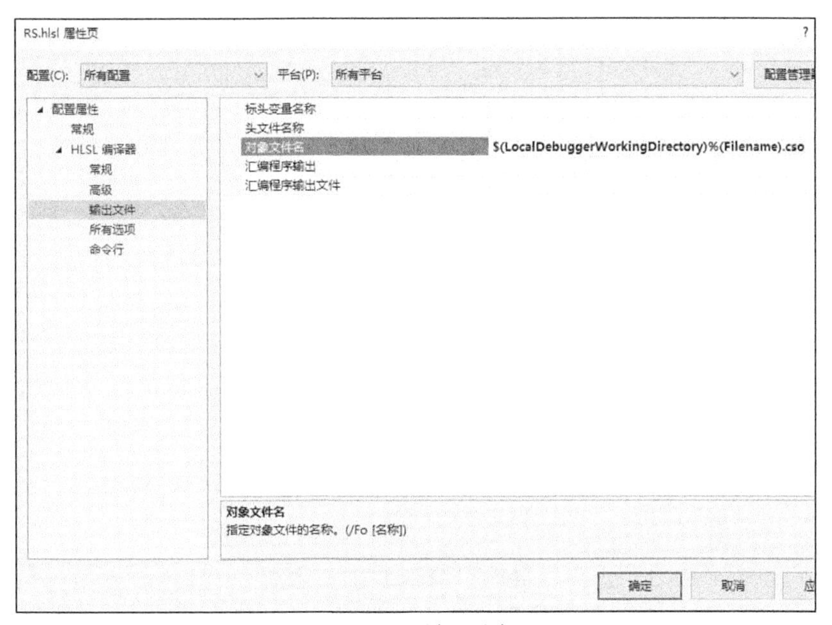

图 2-31　对象文件名

删去 VS.hlsl 中自动生成的代码并添加如下代码。

```
#include"GRS.hlsli"//根签名对象

struct Vertex_IA_OUT//见 2.4.1 节
{
    uint vid:SV_VERTEXID;
    uint iid:SV_INSTANCEID;
};

struct Vertex_VS_OUT//见 2.4.1 节
{
    float4 pos:SV_POSITION;
    float4 color:UserDefine0;//冒号后面的称为语义，用于指定变量的含义
                              //其中有 SV_前缀的一般都是系统预定义的，具有标准的含义（即 2.4.1 节
中所介绍的各种含义），类似 C/C++中的关键字
                              //UserDefine0 表明是应用程序自定义的变量
                              //其中 UserDefine 称为语义名，类似 C/C++中的标识符，可以随意定义，
但不能与系统预定义的 SV_前缀的语义名重名
                              //0 称为语义索引，当语义索引为 0 的情况下可以省略
                              //根据 2.4.1 节，这个结构体会被传入到像素着色器中
                              //因此像素着色器中的语义名必须与此相同，这样才可以正常链接
                              //也就是说顶点着色器和像素着色器的源代码中的相应结构体中的变量名可
以不同，但语义名必须相同
};

[RootSignature(GRS)]//为顶点着色器指定根签名
```

```
Vertex_VS_OUT main(Vertex_IA_OUT vertex)//正如 2.4.1 节中所述，图形流水线会对
IAOutputVertexArray 中的每一个顶点执行一次着色器
{
    //在后文中会调用 DrawInstanced(3,1,0,0)进行绘制，因此我们用顶点着色器为不同的顶点生成不同的
Vertex_VS_OUT
    Vertex_VS_OUT rtval;
    rtval.pos = float4(0.0f, 0.0f, 0.0f, 0.0f);
    rtval.color = float4(0.0f, 0.0f, 0.0f, 0.0f);
    if (vertex.iid == 0)
    {
          if (vertex.vid == 0)
          {
                rtval.pos = float4(0.0f, 0.5f, 0.5f, 1.0f);
                rtval.color = float4(1.0f, 0.0f, 0.0f, 1.0f);//红色
          }
          else if (vertex.vid == 1)
          {
                rtval.pos = float4(0.5f, -0.5f, 0.5f, 1.0f);
                rtval.color = float4(0.0f, 1.0f, 0.0f, 1.0f);//绿色
          }
          else if (vertex.vid == 2)
          {
                rtval.pos = float4(-0.5f, -0.5f, 0.5f, 1.0f);
                rtval.color = float4(0.0f, 0.0f, 1.0f, 1.0f);//蓝色
          }
    }
    return rtval;
}
```

接下来就可以编译生成顶点着色器的字节码了。

右击“VS.hlsl”，在下拉菜单栏中选择“编译”，如图 2-32 所示。

输出编译成功的消息，如图 2-33 所示。

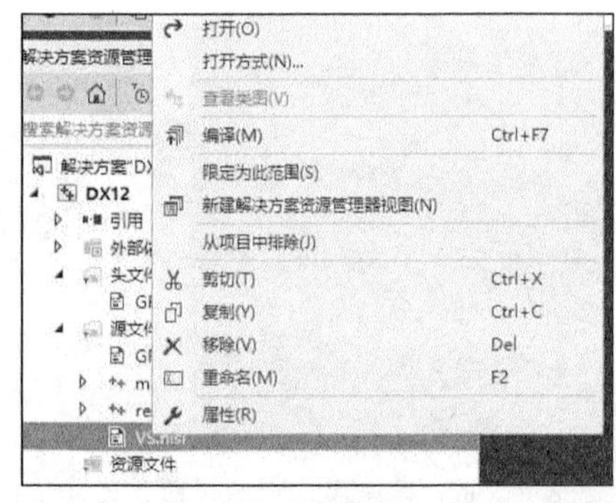

图 2-32　编译

图 2-33　编译成功消息

与根签名中一样，使用内存映射文件将顶点着色器字节码加载到系统内存中，相关的代码如下。

```
HANDLE hVSFile = CreateFileW(L"VS.cso", GENERIC_READ, FILE_SHARE_READ, NULL, OPEN_EXISTING,
FILE_ATTRIBUTE_NORMAL, NULL);
LARGE_INTEGER szVSFile;
GetFileSizeEx(hVSFile, &szVSFile);
HANDLE hVSSection = CreateFileMappingW(hVSFile, NULL, PAGE_READONLY, 0, szVSFile.LowPart,
NULL);
void *pVSFile = MapViewOfFile(hVSSection, FILE_MAP_READ, 0, 0, szVSFile.LowPart);
```

（2）像素着色器

首先介绍如何用 HLSL 编译生成像素着色器，具体的操作方式与顶点着色器的情形类似，只不过在“Visual C++”→“HLSL”中选择“像素着色器文件（.hlsl）”，并将“名称”设置为“PS.hlsl”，如图 2-34 所示。

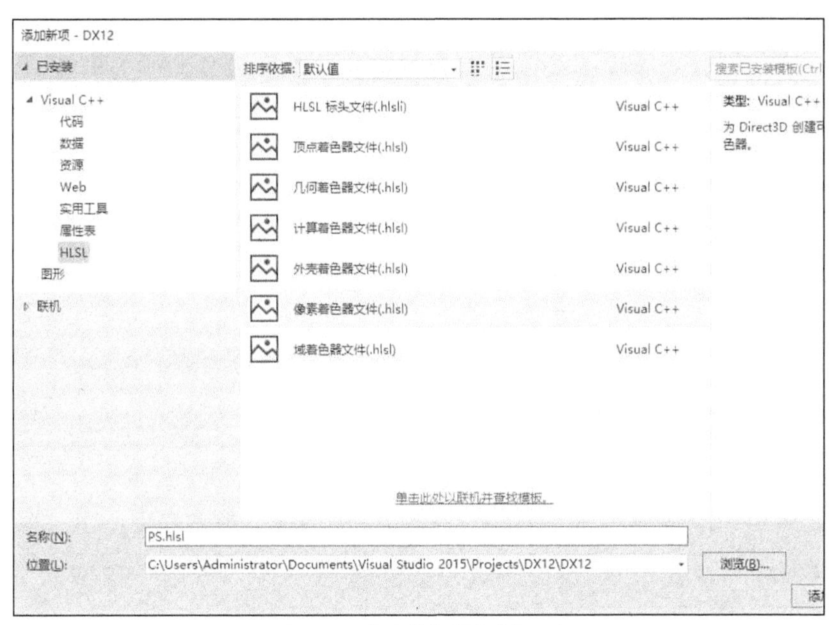

图 2-34 像素着色器文件(.hlsl)

同样地，选择“配置”中的“所有配置”和“平台”中的“所有平台”，在“HLSL 编译器”→“常规”中，将“着色器模型”设置为“5.1”，在“HLSL 编译器”→“输出文件”中，将“对象文件名”设置为“$(LocalDebuggerWorkingDirectory)%(Filename).cso”。

删去 PS.hlsl 中自动生成的代码并添加如下代码。

```
#include"GRS.hlsli"

struct Vertex_VS_OUT//应当与顶点着色器中的定义一致，见 2.4.1 节
{
    float4 pos:SV_POSITION;
    float4 color:UserDefine0;//经过了光栅化阶段的插值，见 2.4.1 节
};

struct Pixel_PS_OUT
{
    float4 color:SV_TARGET0;//表示写入到第 1 个渲染目标视图，见 2.4.1 节
};

[RootSignature(GRS)]//为像素着色器指定根签名
Pixel_PS_OUT main(Vertex_VS_OUT pixel//,uint pid:SV_PRIMITIVEID)
                                    )//根据 2.4.1 节，图形流水线还会输入 SV_PRIMITIVEID，
实际上这个值是可选的，如果像素着色器不使用这个值，那么图形流水线也不会将该值输入到像素着色器，实际上顶
点着色器中的 SV_VERTEXID 和 SV_INSTANCEID 也是如此
{
```

```
    Pixel_PS_OUT rtval;
    rtval.color = pixel.color;//输入到像素着色器中的 Vertex_VS_OUT 中的 color 值是经过光栅化阶段插值的到的，见 2.4.1 节
    return rtval;
}
```

接下来就可以编译生成像素着色器的字节码了，右击“PS.hlsl”，在下拉菜单栏中选择“编译”，如图 2-35 所示。

输出编译成功的消息，如图 2-36 所示。

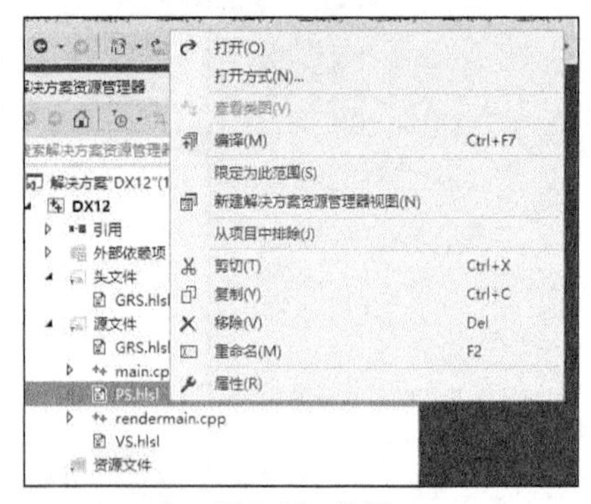

图 2-35　编译

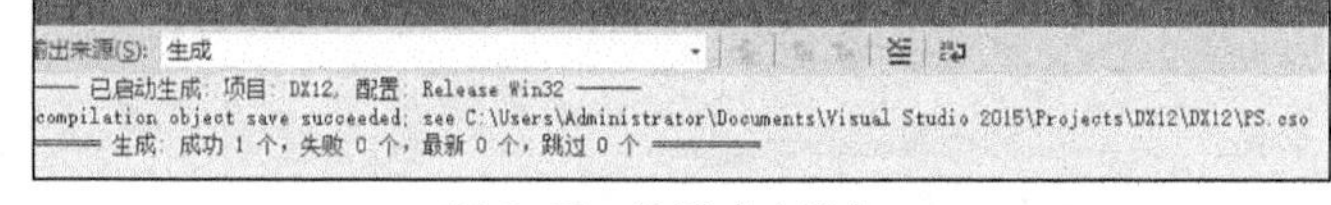

图 2-36　编译成功消息

同样地，使用内存映射文件将顶点着色器字节码加载到系统内存中，相关的代码如下。

```
HANDLE hPSFile = CreateFileW(L"PS.cso", GENERIC_READ, FILE_SHARE_READ, NULL, OPEN_EXISTING, FILE_ATTRIBUTE_NORMAL, NULL);
LARGE_INTEGER szPSFile;
GetFileSizeEx(hPSFile, &szPSFile);
HANDLE hPSSection = CreateFileMappingW(hPSFile, NULL, PAGE_READONLY, 0, szPSFile.LowPart, NULL);
void *pPSFile = MapViewOfFile(hPSSection, FILE_MAP_READ, 0, 0, szPSFile.LowPart);
```

综上，代码如下。

```
ID3D12PipelineState *pGraphicPipelineState;
{
    HANDLE hVSFile = CreateFileW(L"VS.cso", GENERIC_READ, FILE_SHARE_READ, NULL, OPEN_EXISTING, FILE_ATTRIBUTE_NORMAL, NULL);
    LARGE_INTEGER szVSFile;
    GetFileSizeEx(hVSFile, &szVSFile);
    HANDLE hVSSection = CreateFileMappingW(hVSFile, NULL, PAGE_READONLY, 0, szVSFile.LowPart, NULL);
    void *pVSFile = MapViewOfFile(hVSSection, FILE_MAP_READ, 0, 0, szVSFile.LowPart);

    HANDLE hPSFile = CreateFileW(L"PS.cso", GENERIC_READ, FILE_SHARE_READ, NULL, OPEN_EXISTING, FILE_ATTRIBUTE_NORMAL, NULL);
    LARGE_INTEGER szPSFile;
    GetFileSizeEx(hPSFile, &szPSFile);
    HANDLE hPSSection = CreateFileMappingW(hPSFile, NULL, PAGE_READONLY, 0, szPSFile.LowPart, NULL);
    void *pPSFile = MapViewOfFile(hPSSection, FILE_MAP_READ, 0, 0, szPSFile.LowPart);

    D3D12_GRAPHICS_PIPELINE_STATE_DESC psoDesc;
    psoDesc.pRootSignature = pRS;
```

```
    //在根签名没有指定 ALLOW_INPUT_ASSEMBLER_INPUT_LAYOUT 标志的情况下，InputLayout 必须为空
    psoDesc.InputLayout.NumElements = 0;
    psoDesc.InputLayout.pInputElementDescs = NULL;

    //禁用重启动条带
    psoDesc.IBStripCutValue = D3D12_INDEX_BUFFER_STRIP_CUT_VALUE_DISABLED;
    //用于有效性检查，一般和 IASetPrimitiveTopology 中设置的值一致
    psoDesc.PrimitiveTopologyType = D3D12_PRIMITIVE_TOPOLOGY_TYPE_TRIANGLE;

    //顶点着色器和像素着色器
    psoDesc.VS.pShaderBytecode = pVSFile;
    psoDesc.VS.BytecodeLength = szVSFile.LowPart;
    psoDesc.PS.pShaderBytecode = pPSFile;
    psoDesc.PS.BytecodeLength = szPSFile.LowPart;
    //以下着色器暂时不使用
    psoDesc.HS.pShaderBytecode = NULL;
    psoDesc.HS.BytecodeLength = 0;
    psoDesc.DS.pShaderBytecode = NULL;
    psoDesc.DS.BytecodeLength = 0;
    psoDesc.GS.pShaderBytecode = NULL;
    psoDesc.GS.BytecodeLength = 0;

    //在根签名没有指定 ALLOW_STREAM_OUTPUT 标志的情况下，StreamOutputr 必须全部赋值为 0
    psoDesc.StreamOutput = {};

    //光栅化阶段
    psoDesc.RasterizerState.FillMode = D3D12_FILL_MODE_SOLID;
    psoDesc.RasterizerState.CullMode = D3D12_CULL_MODE_NONE;
    psoDesc.RasterizerState.FrontCounterClockwise = FALSE;
    psoDesc.RasterizerState.DepthBias = 0;
    psoDesc.RasterizerState.DepthBiasClamp = 0.0f;
    psoDesc.RasterizerState.SlopeScaledDepthBias = 0.0f;
    psoDesc.RasterizerState.DepthClipEnable = FALSE;
    psoDesc.RasterizerState.MultisampleEnable = FALSE;
    psoDesc.RasterizerState.AntialiasedLineEnable = FALSE;
    psoDesc.RasterizerState.ForcedSampleCount = 0U;
    psoDesc.RasterizerState.ConservativeRaster = D3D12_CONSERVATIVE_RASTERIZATION_MODE_OFF;

    //有效性检查
    psoDesc.NumRenderTargets = 1;
    psoDesc.RTVFormats[0] = DXGI_FORMAT_R8G8B8A8_UNORM;
    psoDesc.RTVFormats[1] = DXGI_FORMAT_UNKNOWN;//没有用到的渲染目标，要求全部设置为
DXGI_FORMAT_UNKNOWN
    psoDesc.RTVFormats[2] = DXGI_FORMAT_UNKNOWN;
    psoDesc.RTVFormats[3] = DXGI_FORMAT_UNKNOWN;
    psoDesc.RTVFormats[4] = DXGI_FORMAT_UNKNOWN;
    psoDesc.RTVFormats[5] = DXGI_FORMAT_UNKNOWN;
    psoDesc.RTVFormats[6] = DXGI_FORMAT_UNKNOWN;
    psoDesc.RTVFormats[7] = DXGI_FORMAT_UNKNOWN;

    psoDesc.DSVFormat = DXGI_FORMAT_UNKNOWN;//在没有用到深度模板缓冲的情况下，要求设置为
DXGI_FORMAT_UNKNOWN

    //多重采样状态，与渲染目标视图中一致
    psoDesc.SampleDesc.Count = 1;
    psoDesc.SampleDesc.Quality = 0;

    //采样掩码
    psoDesc.SampleMask = 0XFFFFFFFF;

    //禁用深度测试和模板测试
    psoDesc.DepthStencilState = {};//有效性检查要求其他成员全部赋值为 0
```

```
    psoDesc.DepthStencilState.DepthEnable = FALSE;
    psoDesc.DepthStencilState.StencilEnable = FALSE;

    //禁用融合操作
    psoDesc.BlendState = D3D12_BLEND_DESC{};//有效性检查要求其他成员全部赋值为 0
    psoDesc.BlendState.AlphaToCoverageEnable = FALSE;
    psoDesc.BlendState.IndependentBlendEnable = FALSE;
    psoDesc.BlendState.RenderTarget[0].BlendEnable = FALSE;
    psoDesc.BlendState.RenderTarget[0].LogicOpEnable = FALSE;
    psoDesc.BlendState.RenderTarget[0].RenderTargetWriteMask =
D3D12_COLOR_WRITE_ENABLE_ALL;

    psoDesc.NodeMask = 0X1;

    psoDesc.CachedPSO.pCachedBlob = NULL;
    psoDesc.CachedPSO.CachedBlobSizeInBytes = 0;

    psoDesc.Flags = D3D12_PIPELINE_STATE_FLAG_NONE;

    //创建图形流水线状态对象
    pD3D12Device->CreateGraphicsPipelineState(&psoDesc, IID_PPV_ARGS(&pGraphicPipelineState));

    //在完成了图形流水线状态对象的创建之后，相关的字节码的内存就可以释放
    UnmapViewOfFile(pVSFile);
    CloseHandle(hVSSection);
    CloseHandle(hVSFile);

    UnmapViewOfFile(pPSFile);
    CloseHandle(hPSSection);
    CloseHandle(hPSFile);
}
```

在完成了图形流水线状态对象的创建后，设置图形流水线的图形流水线状态对象的方法有以下两种。

- 在创建命令列表时，可以在 ID3D12Device:: CreateCommandList 的 pInitialState 中传入图形流水线状态对象初始化图形流水线的图形流水线状态对象，这种方式效率相对较高。
- 可以在命令列表中添加 SetPipelineState 命令改变图形流水线的图形流水线状态对象：pDirectCommandList->SetPipelineState(pGraphicPipelineState);。

5. 小结

以上我们已经完成了对图形流水线的各个状态的设置，与以归零方式渲染到交换链缓冲（见 2.3.1 节）时一样，以绘制方式渲染到交换链缓冲时，同样涉及到子资源的权限的问题。

在 GPU 线程直接命令队列上执行 DrawInstance 或 DrawIndexedInstanced 命令时，作为渲染目标的子资源（即用 OMSetRenderTargets 设置的渲染目标视图的底层的子资源）对图形/计算类的权限必须可作为渲染目标（D3D12_RESOURCE_STATE_RENDER_TARGET）。

可以用 ID3D12GraphicsCommandList 接口的 ResourceBarrier 方法，在命令列表中添加 ResourceBarrier 命令来转换子资源对该命令所在的命令列表、所在的命令队列、所属的类的权限，本书已经在 2.3.1 节中对该方法的原型进行了详尽的介绍，在此不再赘述。

同样地，在 GPU 线程执行命令队列中 IDXGISwapChain::Present 命令之前，需要再次执行转换

资源屏障，将资源相对图形/计算类的权限转换为公共（D3D12_RESOURCE_STATE_COMMON）。

在此，我们将之前介绍的所有代码进行整合。综上所述，rendermain.cpp 中的代码如下。

```
#include <sdkddkver.h>
#define WIN32_LEAN_AND_MEAN
#include <Windows.h>
#include <dxgi.h>
#include <d3d12.h>

DWORD WINAPI RenderThreadMain(LPVOID lpThreadParameter)
{

     HWND hWnd = static_cast<HWND>(lpThreadParameter);//即我们在 main.cpp 中传入的窗口句柄

//启用调试层
#if defined(_DEBUG)
     {
          ID3D12Debug *pD3D12Debug;
          if(SUCCEEDED(D3D12GetDebugInterface(IID_PPV_ARGS(&pD3D12Debug))))
          {
               pD3D12Debug->EnableDebugLayer();
          }
          pD3D12Debug->Release();
     }
#endif


//创建设备
     IDXGIFactory *pDXGIFactory;
     CreateDXGIFactory(IID_PPV_ARGS(&pDXGIFactory));

     ID3D12Device *pD3D12Device = NULL;
     {
          IDXGIAdapter *pDXGIAdapter;
          //遍历所有的适配器进行尝试，优先尝试主适配器
          for (UINT i = 0U; SUCCEEDED(pDXGIFactory->EnumAdapters(i, &pDXGIAdapter)); ++i)
          {
               if (SUCCEEDED(D3D12CreateDevice(pDXGIAdapter, D3D_FEATURE_LEVEL_11_0,
IID_PPV_ARGS(&pD3D12Device))))
               {
                    pDXGIAdapter->Release();//实际上，在完成创建设备对象以后，DXGI 适配器对象就可以释放
                    break;
               }
               pDXGIAdapter->Release();
          }
     }

//创建命令队列
     ID3D12CommandQueue *pDirectCommandQueue;
     {
       D3D12_COMMAND_QUEUE_DESC cqdc;
       cqdc.Type = D3D12_COMMAND_LIST_TYPE_DIRECT;//创建一个直接命令队列，因为
IDXGISwapChain::Present 只能在直接命令队列上执行
       cqdc.Priority = D3D12_COMMAND_QUEUE_PRIORITY_NORMAL;
       cqdc.Flags = D3D12_COMMAND_QUEUE_FLAG_NONE;
       cqdc.NodeMask = 0X1;
       pD3D12Device->CreateCommandQueue(&cqdc, IID_PPV_ARGS(&pDirectCommandQueue));
     }

//创建交换链
     IDXGISwapChain *pDXGISwapChain;
```

```
    {
      DXGI_SWAP_CHAIN_DESC scdc;
      scdc.BufferDesc.Width = 0U;
      scdc.BufferDesc.Height = 0U;
      scdc.BufferDesc.RefreshRate.Numerator = 60U;
      scdc.BufferDesc.RefreshRate.Denominator = 1U;
      scdc.BufferDesc.Format = DXGI_FORMAT_R8G8B8A8_UNORM;
      scdc.BufferDesc.ScanlineOrdering = DXGI_MODE_SCANLINE_ORDER_UNSPECIFIED;
      scdc.BufferDesc.Scaling = DXGI_MODE_SCALING_UNSPECIFIED;
      scdc.SampleDesc.Count = 1U;//注意 多重采样的设置方式
      scdc.SampleDesc.Quality = 0U;
      scdc.BufferUsage = DXGI_USAGE_BACK_BUFFER|DXGI_USAGE_RENDER_TARGET_OUTPUT;
      scdc.BufferCount = 2;
      scdc.OutputWindow = hWnd;//即我们在 main.cpp 中传入的窗口句柄
      scdc.Windowed = TRUE;//设置为窗口模式更加友好
      scdc.SwapEffect = DXGI_SWAP_EFFECT_FLIP_SEQUENTIAL;//读者也可以使用
    DXGI_SWAP_EFFECT_FLIP_DISCARD
      scdc.Flags = 0U;
      pDXGIFactory->CreateSwapChain(pDirectCommandQueue, &scdc, &pDXGISwapChain);
    }
    pDXGIFactory->Release();//实际上，在完成创建交换链对象以后，DXGI 类厂对象就可以释放

//创建渲染目标视图
    ID3D12Resource *pFrameBuffer;
    pDXGISwapChain->GetBuffer(0, IID_PPV_ARGS(&pFrameBuffer ));

    ID3D12DescriptorHeap *pRTVHeap;
    {
      D3D12_DESCRIPTOR_HEAP_DESC RTVHeapDesc
    ={ D3D12_DESCRIPTOR_HEAP_TYPE_RTV ,1,D3D12_DESCRIPTOR_HEAP_FLAG_NONE,0X1 };
      pD3D12Device->CreateDescriptorHeap(&RTVHeapDesc, IID_PPV_ARGS(&pRTVHeap));
    }
    pD3D12Device->CreateRenderTargetView(pFrameBuffer, NULL,
pRTVHeap->GetCPUDescriptorHandleForHeapStart());

//创建根签名
    ID3D12RootSignature *pGRS;
    {
      //加载根签名字节码到内存中
      HANDLE hGRSFile = CreateFileW(L"GRS.cso", GENERIC_READ, FILE_SHARE_READ, NULL,
OPEN_EXISTING, FILE_ATTRIBUTE_NORMAL, NULL);
      LARGE_INTEGER szGRSFile;
      GetFileSizeEx(hGRSFile, &szGRSFile);
      HANDLE hGRSSection = CreateFileMappingW(hGRSFile, NULL, PAGE_READONLY, 0,
szGRSFile.LowPart, NULL);
      void *pGRSFile = MapViewOfFile(hGRSSection, FILE_MAP_READ, 0, 0,
szGRSFile.LowPart);

      //创建根签名对象
      pD3D12Device->CreateRootSignature(0X1, pGRSFile, szGRSFile.LowPart, IID_PPV_
ARGS(&pGRS));

      //在完成了根签名对象的创建之后，相关的字节码的内存就可以释放
      UnmapViewOfFile(pGRSFile);
      CloseHandle(hGRSSection);
      CloseHandle(hGRSFile);
    }

//创建图形流水线状态对象
    ID3D12PipelineState *pGraphicPipelineState;
    {
      HANDLE hVSFile = CreateFileW(L"VS.cso", GENERIC_READ, FILE_SHARE_READ, NULL,
OPEN_EXISTING, FILE_ATTRIBUTE_NORMAL, NULL);
```

```
        LARGE_INTEGER szVSFile;
        GetFileSizeEx(hVSFile, &szVSFile);
        HANDLE hVSSection = CreateFileMappingW(hVSFile, NULL, PAGE_READONLY, 0,
szVSFile.LowPart, NULL);
        void *pVSFile = MapViewOfFile(hVSSection, FILE_MAP_READ, 0, 0, szVSFile.LowPart);

        HANDLE hPSFile = CreateFileW(L"PS.cso", GENERIC_READ, FILE_SHARE_READ, NULL,
OPEN_EXISTING, FILE_ATTRIBUTE_NORMAL, NULL);
        LARGE_INTEGER szPSFile;
        GetFileSizeEx(hPSFile, &szPSFile);
        HANDLE hPSSection = CreateFileMappingW(hPSFile, NULL, PAGE_READONLY, 0,
szPSFile.LowPart, NULL);
        void *pPSFile = MapViewOfFile(hPSSection, FILE_MAP_READ, 0, 0, szPSFile.LowPart);

        D3D12_GRAPHICS_PIPELINE_STATE_DESC psoDesc;
        psoDesc.pRootSignature = pGRS;

        //在根签名没有指定 ALLOW_INPUT_ASSEMBLER_INPUT_LAYOUT 标志的情况下，InputLayout 必须为空
        psoDesc.InputLayout.NumElements = 0;
        psoDesc.InputLayout.pInputElementDescs = NULL;

        //禁用重启动条带
        psoDesc.IBStripCutValue = D3D12_INDEX_BUFFER_STRIP_CUT_VALUE_DISABLED;
        //用于有效性检查，一般和 IASetPrimitiveTopology 中设置的值一致
        psoDesc.PrimitiveTopologyType = D3D12_PRIMITIVE_TOPOLOGY_TYPE_TRIANGLE;

        //顶点着色器和像素着色器
        psoDesc.VS.pShaderBytecode = pVSFile;
        psoDesc.VS.BytecodeLength = szVSFile.LowPart;
        psoDesc.PS.pShaderBytecode = pPSFile;
        psoDesc.PS.BytecodeLength = szPSFile.LowPart;
        //以下着色器暂时不使用
        psoDesc.HS.pShaderBytecode = NULL;
        psoDesc.HS.BytecodeLength = 0;
        psoDesc.DS.pShaderBytecode = NULL;
        psoDesc.DS.BytecodeLength = 0;
        psoDesc.GS.pShaderBytecode = NULL;
        psoDesc.GS.BytecodeLength = 0;

        //在根签名没有指定 ALLOW_STREAM_OUTPUT 标志的情况下，StreamOutputr 必须全部赋值为 0
        psoDesc.StreamOutput = {};

        //光栅化阶段
        psoDesc.RasterizerState.FillMode = D3D12_FILL_MODE_SOLID;
        psoDesc.RasterizerState.CullMode = D3D12_CULL_MODE_NONE;
        psoDesc.RasterizerState.FrontCounterClockwise = FALSE;
        psoDesc.RasterizerState.DepthBias = 0;
        psoDesc.RasterizerState.DepthBiasClamp = 0.0f;
        psoDesc.RasterizerState.SlopeScaledDepthBias = 0.0f;
        psoDesc.RasterizerState.DepthClipEnable = FALSE;
        psoDesc.RasterizerState.MultisampleEnable = FALSE;
        psoDesc.RasterizerState.AntialiasedLineEnable = FALSE;
        psoDesc.RasterizerState.ForcedSampleCount = 0U;
        psoDesc.RasterizerState.ConservativeRaster = D3D12_CONSERVATIVE_RASTERIZATION_MODE_OFF;

        //有效性检查
        psoDesc.NumRenderTargets = 1;
        psoDesc.RTVFormats[0] = DXGI_FORMAT_R8G8B8A8_UNORM;
        psoDesc.RTVFormats[1] = DXGI_FORMAT_UNKNOWN;//没有用到的渲染目标，要求全部设置为
DXGI_FORMAT_UNKNOWN
        psoDesc.RTVFormats[2] = DXGI_FORMAT_UNKNOWN;
        psoDesc.RTVFormats[3] = DXGI_FORMAT_UNKNOWN;
        psoDesc.RTVFormats[4] = DXGI_FORMAT_UNKNOWN;
        psoDesc.RTVFormats[5] = DXGI_FORMAT_UNKNOWN;
        psoDesc.RTVFormats[6] = DXGI_FORMAT_UNKNOWN;
        psoDesc.RTVFormats[7] = DXGI_FORMAT_UNKNOWN;
```

```
        psoDesc.DSVFormat = DXGI_FORMAT_UNKNOWN;//在没有用到深度模板缓冲的情况下，要求设置为
DXGI_FORMAT_UNKNOWN

        //多重采样状态，与渲染目标视图中一致
        psoDesc.SampleDesc.Count = 1;
        psoDesc.SampleDesc.Quality = 0;

        //采样掩码
        psoDesc.SampleMask = 0XFFFFFFFF;

        //禁用深度测试和模板测试
        psoDesc.DepthStencilState = {};//有效性检查要求其他成员全部赋值为 0
        psoDesc.DepthStencilState.DepthEnable = FALSE;
        psoDesc.DepthStencilState.StencilEnable = FALSE;

        //禁用融合操作
        psoDesc.BlendState = D3D12_BLEND_DESC{};//有效性检查要求其他成员全部赋值为 0
        psoDesc.BlendState.AlphaToCoverageEnable = FALSE;
        psoDesc.BlendState.IndependentBlendEnable = FALSE;
        psoDesc.BlendState.RenderTarget[0].BlendEnable = FALSE;
        psoDesc.BlendState.RenderTarget[0].LogicOpEnable = FALSE;
        psoDesc.BlendState.RenderTarget[0].RenderTargetWriteMask = D3D12_COLOR_WRITE_ENABLE_ALL;

        psoDesc.NodeMask = 0X1;

        psoDesc.CachedPSO.pCachedBlob = NULL;
        psoDesc.CachedPSO.CachedBlobSizeInBytes = 0;

        psoDesc.Flags = D3D12_PIPELINE_STATE_FLAG_NONE;

        //创建图形流水线状态对象
        pD3D12Device->CreateGraphicsPipelineState(&psoDesc, IID_PPV_ARGS(&pGraphicPipelineState));

        //在完成了图形流水线状态对象的创建之后，相关的字节码的内存就可以释放
        UnmapViewOfFile(pVSFile);
        CloseHandle(hVSSection);
        CloseHandle(hVSFile);

        UnmapViewOfFile(pPSFile);
        CloseHandle(hPSSection);
        CloseHandle(hPSFile);
    }

//创建命令分配器和命令列表
    ID3D12CommandAllocator *pDirectCommandAllocator;
    pD3D12Device->CreateCommandAllocator(D3D12_COMMAND_LIST_TYPE_DIRECT,
    IID_PPV_ARGS(&pDirectCommandAllocator));

    ID3D12GraphicsCommandList *pDirectCommandList;
    pD3D12Device->CreateCommandList(0X1, D3D12_COMMAND_LIST_TYPE_DIRECT,
    pDirectCommandAllocator, NULL, IID_PPV_ARGS(&pDirectCommandList));

//零碎的 API
    pDirectCommandList->IASetPrimitiveTopology(D3D_PRIMITIVE_TOPOLOGY_TRIANGLESTRIP)
;//设置图元拓扑类型为三角形条带
    D3D12_VIEWPORT vp = { 0.0f,0.0f,800.0f,600.0f,0.0f,1.0f };//正如 2.4.1 节中所述，
Direct3D 12 规定，MinDepth 和 MaxDepth 必须都在[0.0f,1.0f]内
    pDirectCommandList->RSSetViewports(1, &vp);//将视口变换的效果设置为将整个归一化坐标系变
换到整个整个渲染目标视图
    D3D12_RECT sr = { 0,0,800,600 };
    pDirectCommandList->RSSetScissorRects(1, &sr);//将剪裁区域设置为整个渲染目标视图
```

```
    pDirectCommandList->OMSetRenderTargets(1, &pRTVHeap->GetCPUDescriptorHandleFor
HeapStart(),FALSE,NULL);//设置渲染目标

//设置根签名
    pDirectCommandList->SetGraphicsRootSignature(pGRS);

//设置图形流水线状态对象
    pDirectCommandList->SetPipelineState(pGraphicPipelineState);

//资源权限
    D3D12_RESOURCE_BARRIER CommonToRendertarget =
{ D3D12_RESOURCE_BARRIER_TYPE_TRANSITION ,D3D12_RESOURCE_BARRIER_FLAG_NONE,{
pFrameBuffer,0,D3D12_RESOURCE_STATE_COMMON ,D3D12_RESOURCE_STATE_RENDER_TARGET } };
    pDirectCommandList->ResourceBarrier(1, &CommonToRendertarget);

//绘制
    pDirectCommandList->DrawInstanced(3, 1, 0, 0);

    D3D12_RESOURCE_BARRIER RendertargetToCommon =
{ D3D12_RESOURCE_BARRIER_TYPE_TRANSITION ,D3D12_RESOURCE_BARRIER_FLAG_NONE,{
pFrameBuffer,0,D3D12_RESOURCE_STATE_RENDER_TARGET ,D3D12_RESOURCE_STATE_COMMON } };
    pDirectCommandList->ResourceBarrier(1, &RendertargetToCommon);

//执行命令列表
    pDirectCommandList->Close();
    pDirectCommandQueue->ExecuteCommandLists(1, reinterpret_cast<ID3D12CommandList
**>(&pDirectCommandList));

//呈现
    pDXGISwapChain->Present(0, 0);

    return 0U;
}
```

再次调试程序，可以看到以下三角形，如图 2-37 所示。读者可以根据实验的结果体会光栅化阶段的插值（见 2.4.1 节）。

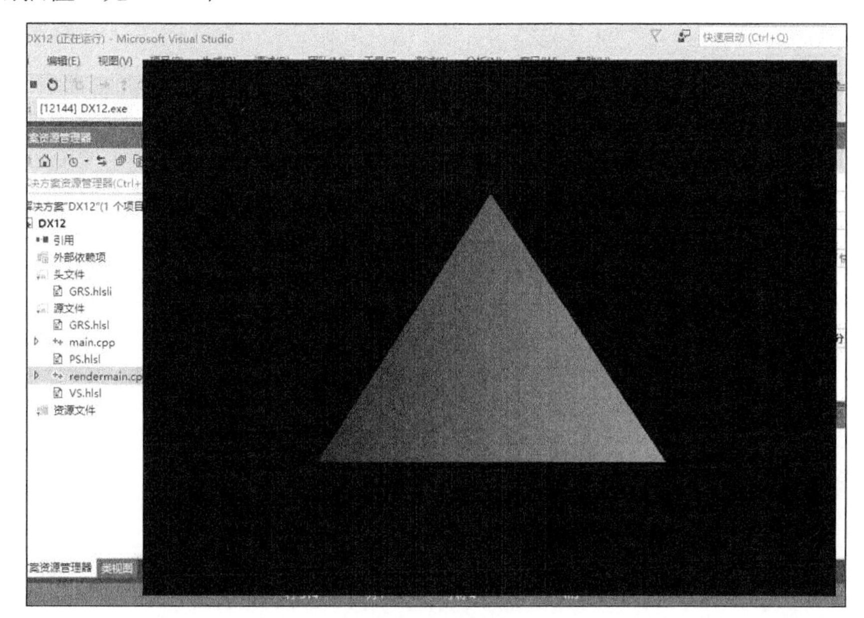

图 2-37　绘制三角形

章末小结

本章介绍了用 Direct3D 12 渲染到窗口表面的两种方式——归零和绘制，并分别给出了一个示例程序。尽管示例程序非常简单，但还是涉及到了较多的概念。本章只对这些概念进行了简单的介绍，本书会在后面章节中对这些概念进行详细的介绍。

第3章　多线程

在前一章中，我们已经对命令队列、命令分配器、命令列表和资源屏障进行了简单的介绍，接下来，我们将进行更详细的介绍。在本章中，希望读者特别注意区分命令队列中的命令和命令列表中的命令这两个不同的概念。

3.1 命令队列

命令队列实际上类似于 Windows 中的消息队列，唯一对应于一个 GPU 线程。该 GPU 线程不断地从命令队列中取出命令并执行，类似于具有消息泵的 CPU 线程不断地从消息队列中取出窗口消息，并调用窗口过程进行处理。

为了行文简洁，有时也称命令队列执行某个命令，实际上就是指该命令队列所对应的 GPU 线程从命令队列中取出该命令并执行。可以用 ID3D12Device:: CreateCommandQueue 创建命令队列对象，命令队列对象支持 ID3D12CommandQueue 接口供应用程序访问，本书在 2.1.3 节中已经对该方法的原型进行了详尽的介绍，在此不再赘述。

命令队列中的命令一共有 6 种（可以类比为窗口过程只处理 6 种窗口消息）。其中 5 种分别对应于 ID3D12CommandQueue 接口的 5 个方法：ExecuteCommandLists、Signal、Wait、UpdateTileMapping 和 CopyTileMappings；第 6 种是 ISwapChain::Present，该命令在创建交换链时所指定的命令队列上执行（见 2.1.4 节）。

CPU 线程调用以上 6 种方法时是将相关的命令添加到命令队列中，与 GPU 线程是否完成对该命令的执行无关，显然 CPU 线程肯定是立即返回，不会进行任何等待（可以类比 Win32 API 中的 PostMessageW）。

3.1.1 不同命令之间的原子性

MSDN 上的 Direct3D 官方文档指出：ID3D12CommandQueue 中的 5 个方法都可以被并发访问。实际上，命令队列还具有这么一个作用，将并发访问串行化。也就是说，即使有多个 CPU 线程并发地向命令队列中添加命令，由于只有一个 GPU 线程从命令队列中取出命令并执行。因此，这些命令也肯定是被串行地执行的，同一命令队列上的不同命令之间的执行不可能重叠。

这就像即使有多个 CPU 线程并发地用 PostMessageW 向同一个 CPU 线程的消息队列中添加窗口消息，这些窗口消息也肯定是被串行地处理，应用程序完全不用担心窗口过程的执行会重叠。

在 MSDN 上的 Direct3D 官方文档中将“同一命令队列中的不同命令之间的执行不可能重叠”称为原子性。

3.1.2　同一命令内部的并发性

在上文中，我们指出了同一命令队列上的不同命令之间的执行不可能重叠，但是同一命令内部的执行是可能存在并发的。

类比 Win32 中的窗口消息，虽然同一线程中的窗口过程的执行是不可能重叠的，但是在窗口过程处理某个消息时，完全可能创建多个线程并发地对该消息进行处理，并等待所有这些创建的线程都终止后，窗口过程才返回，这样就导致窗口过程内部对该窗口消息的处理实际上是并发的。

尤其针对 ExecuteCommandLists 命令，MSDN 上的 Direct3D 官方文档指出：GPU 线程在执行 ExecuteCommandLists 命令时，会串行地执行其中的各个不同的命令列表。也就是说，不同命令列表之间的执行不会重叠，但是同一命令列表中的命令并不一定会按序执行，而是有可能并发执行。

在硬件层面上，GPU 中有 3 个可以并行执行的引擎：复制引擎、计算引擎和图形引擎（注意此处用词是“并行”而不是“并发”，是真正意义上的“同时”执行）。为了提高性能，GPU 线程会充分利用硬件层面的并行性，同时在这 3 个引擎上并行地执行同一命令列表中的命令。就像 CPU 线程，在窗口过程内部创建了 3 个线程，并发地对窗口消息进行处理一样。

这也是在 Direct3D 12 中命令队列被分为 3 种类型的原因（见 2.1.3 节），Direct3D 12 的设计初衷就是希望应用程序为这 3 个引擎各自创建一个相应的命令队列，以充分利用硬件层面的并行性。

（1）复制命令队列中的命令只能在复制引擎上执行。

（2）计算命令队列中的命令只能可以在计算引擎或复制引擎上执行。

（3）直接命令队列中的命令可以在任意（包括复制、计算和图形）引擎上执行。

UpdateTileMapping 命令和 CopyTileMappings 命令在计算引擎上执行，只有计算或直接类型的命令队列才允许调用 ID3D12CommandQueue 接口的 UpdateTileMapping 和 CopyTile Mappings 方法。

对于 ExecuteCommandLists 命令，复制命令队列的 ID3D12CommandQueue 接口的 Execute CommandLists 方法只能传入复制命令列表，复制命令列表中只能存放可以在复制引擎上执行的命令，如下。

```
CopyBufferRegion
CopyTextureRegion
CopyResource
CopyTiles
```

```
ResourceBarrier
```

计算命令队列的 ID3D12CommandQueue 接口的 ExecuteCommandLists 方法只能传入计算命令列表，计算命令列表中只能存放可以在复制引擎或计算引擎上执行的命令，如下。

```
CopyBufferRegion
CopyTextureRegion
CopyResource
CopyTiles
ResourceBarrier
ClearState
DiscardResource
SetPredication
ClearUnorderedAccessViewUint
ClearUnorderedAccessViewFloat
SetDescriptorHeaps
SetComputeRootSignature
SetComputeRoot32BitConstant
SetComputeRoot32BitConstants
SetComputeRootConstantBufferView
SetComputeRootShaderResourceView
SetComputeRootUnorderedAccessView
SetComputeRootDescriptorTable
SetPipelineState //只能设置计算流水线状态对象
Dispatch
ExecuteIndirect //只能间接执行 Dispatch
EndQuery//只能查询时间戳类型
ResolveQueryData//只能解析时间戳类型的查询
```

直接命令队列的 ID3D12CommandQueue 接口的 ExecuteCommandLists 方法只能传入直接命令列表，直接命令列表中可以存放任意命令。但有时，我们可能希望对同一命令内部的并发性进行控制，为此，Direct3D 12 中提供了资源屏障（见 3.4 节）。

3.2 围栏

围栏可用于控制命令队列中不同命令之间的同步，但是命令队列中的同一命令内部的并发性对围栏而言是不可见的，并且围栏还可以被 CPU 访问，可用于 GPU 线程和 CPU 线程之间的同步。每个围栏都关联了一个值（UINT64 类型）。

可以使用 ID3D12Fence 接口的 CreateFence 方法创建一个围栏，该方法的函数原型如下。

```
HRESULT STDMETHODCALLTYPE CreateFence(
                    UINT64 InitialValue,//[In]
                    D3D12_FENCE_FLAGS Flags,//[In]
                    REFIID riid,//[In]
                    void **ppvObject//[Out]
                    )
```

1. InitialValue

指定所创建的围栏内部的 UINT64 的初始值。

2. Flags

用于支持跨进程或跨显示适配器共享，一般都指定 D3D12_FENCE_FLAG_NONE 表示不共享。

3. riid 和 ppvObject

MSDN 上的 Direct3D 官方文档指出：围栏对象支持 ID3D12Fence 接口，可以使用 IID_PPV_ARGS 宏。

CPU 线程或 GPU 线程都可以写入围栏的值，将围栏的值设置为新的值。调用 ID3D12Fence 接口的 Signal 方法，CPU 线程会将围栏的值设置为新的值；调用 ID3D12CommandQueue 接口的 Signal 方法，会将 Signal 命令添加到命令队列中，当 GPU 线程执行该 Signal 命令时，会写入围栏的值，将围栏的值设置为新的值。

CPU 线程或 GPU 线程都可以等待围栏，直到围栏的值大于或等于某个指定的值时，等待结束（CPU 线程更加灵活，是通过一个 Win32 事件对象（关于 Win32 事件对象的介绍，可以参阅《Windows 核心编程》（ISBN：978730218400）在围栏的值大于或等于某个指定的值时得到提示，并不一定等待，见下文）。CPU 线程可以使用 ID3D12Fence 接口的 SetEventOnCompletion 方法，传入一个 Win32 事件对象，并设定一个值，当围栏的值大于或等于该设定的值时，传入的 Win32 事件对象会触发。

GPU 线程可以使用 ID3D12CommandQueue 接口的 Wait 方法，将 Wait 命令添加到命令队列中。当 GPU 线程执行该 Wait 命令时会等待，直到围栏的值大于或等于 Wait 命令中设定的值时，GPU 线程结束等待，对该 Wait 命令的执行完成。

显然，GPU 线程对同一命令队列中的 Signal 命令或 Wait 命令的处理适用于前文中提到的规则"不同命令之间的原子性"，这也是围栏可以用于控制命令队列中的不同命令之间的同步或 GPU 线程和 CPU 线程之间的同步的根本原因。同样地，这也解释了为什么命令队列中的同一命令内部的并发性对围栏而言是不可见的。如果要控制命令队列中的同一命令内部的并发性，那么应当使用资源屏障（见 3.4 节）。

为了方便读者理解围栏的作用，我设计了以下示例程序，在 2.4.2 节的基础上对 rendermain.cpp 进行以下修改。

```
//首先需要创建一个围栏对象
ID3D12Fence *pTestFence;
pD3D12Device->CreateFence(5U, D3D12_FENCE_FLAG_NONE, IID_PPV_ARGS(&pTestFence));//例如将围栏的初始值设置为 5

//不同的是，在 ExecuteCommandList 命令之前添加了 Wait 命令，因此 GPU 线程会由于执行 Wait 命令而等待，但是，正如 3.1 节中所述，CPU 线程调用相关方法时只是向命令队列中添加命令，并不会等待 GPU 线程完成对该命令的执行，因此 CPU 线程继续执行
pDirectCommandQueue->Wait(pTestFence, 7U);
pDirectCommandQueue->ExecuteCommandLists(1, reinterpret_cast<ID3D12CommandList **>(&pDirectCommandList));
pDXGISwapChain->Present(0, 0);
//CPU 线程一共向命令队列中添加了 3 个命令，Wait、ExecuteCommandList 和 Present（隐式指定命令队列，见 2.1.4 节），目前，GPU 由于执行 Wait 命令而等待，后 2 个命令留在命令队列中
```

```
//显示一个模态对话框（关于模态对话框的介绍，可以参考《Windows 程序设计》一书），直到用户关闭对话框后，
CPU 线程才会执行之后的代码
MessageBoxW(
            hWnd,//即在 main.cpp 中传入的窗口句柄，
            L"关闭对话框后继续",
            L"围栏测试",
            MB_OK
);

//CPU 线程将围栏设置为新的值，GPU 线程结束等待，从而执行命令队列中的后 2 个命令
pTestFence->Signal(7U);
```

生成并调试程序后，会先显示一个模态对话框，如图 3-1 所示。

直到用户关闭了模态对话框，才会显示 2.4.2 节中的图像。

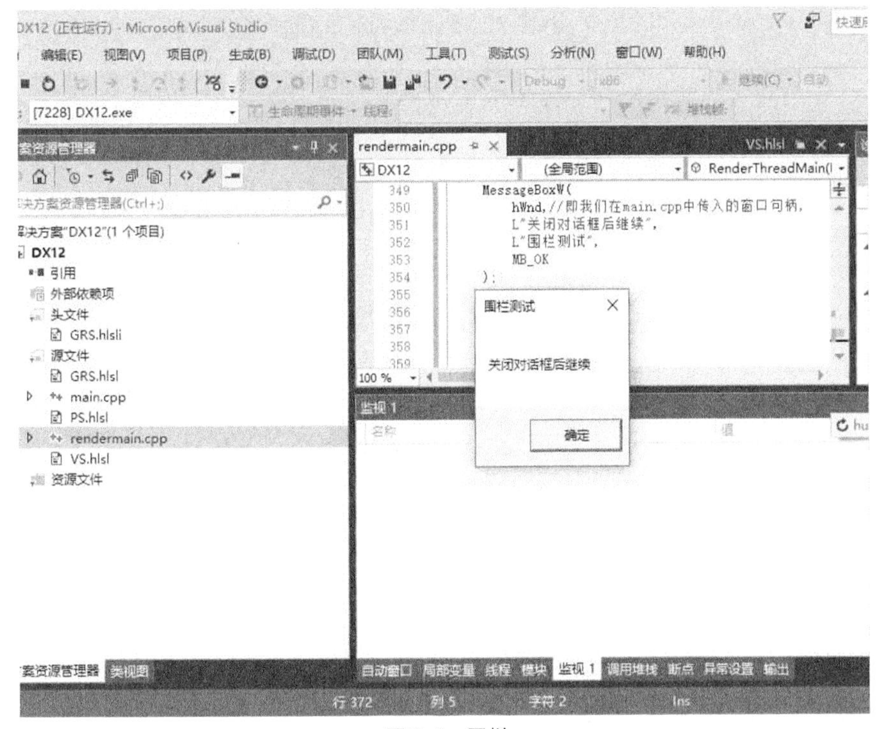

图 3-1　围栏

3.3 命令分配器和命令列表

3.3.1　复习并深入

本书在 2.2.3 节和 2.3.2 节中已经对命令分配器和命令列表进行了简单的介绍。

在创建命令列表时需要指定一个关联的命令分配器，当我们调用 ID3D12Graphics CommandList 接口的相关方法向命令列表中添加命令时，命令列表会在其所关联的命令分配器

中为新添加的命令分配内存。命令分配器对象用 ID3D12Device 接口的 CreateCommandAllocator 方法创建，命令对象用 ID3D12Device 接口 CreateCommandList 方法创建。本书已经在 2.2.3 节中对相关方法的原型进行了详尽的介绍，在此不再赘述。

命令列表是不允许 CPU 线程和 GPU 线程并发访问的。为此，命令列表被分为记录和关闭两种状态。只有当命令列表处于记录状态时，才允许向其中添加命令；只有当命令列表处于关闭状态时，才允许将其作为 ID3D12CommandQueue::ExecuteCommandLists 的实参。命令列表在创建时处于记录状态，可以用命令列表对象暴露的 ID3D12GraphicsCommandList 接口的 Close 方法将命令列表从记录状态转换为关闭状态，但是没有任何途径可以将命令列表从关闭状态转换为记录状态。

这保证了在 GPU 线程执行命令队列中的 ExecuteCommandLists 命令访问命令列表中的命令时，命令列表一定处于关闭状态，不会有 CPU 线程同时向命令列表中添加命令，即 CPU 线程和 GPU 线程之间不会并发访问命令列表。

接下来，本书将对命令分配器和命令列表进行详细的介绍。

实际上，命令列表并不允许被 CPU 线程并发访问。为此，Direct3D 12 规定：ID3D12GraphicsCommandList 接口的方法不允许被并发访问。

当向命令列表中添加命令时，命令列表会在命令分配器中分配内存。但是，命令列表并不会维护其在命令分配器中所分配的内存的相关信息。也就是说，命令列表在销毁时并不会释放其在命令分配器中所分配的内存，需要由应用程序负责释放命令列表在命令分配器中所分配的内存。

可以用 ID3D12CommandAllocator 接口的 Reset 方法释放命令分配器中的所有内存。显然，一旦调用了该方法，所有在命令分配器中占用内存的命令列表将失效，不再允许被 CPU 线程或 GPU 线程访问。

一般情况下，我们在 GPU 线程完成对 ExecuteCommandLists 命令的执行后释放命令分配器中的内存，随后，销毁失效的命令列表并创建一个新的命令列表以用于下一次执行，相关的代码大致如下。

```
ID3D12CommandQueue *pDirectCommandQueue;
ID3D12CommandAllocator *pDirectCommandAllocator;
ID3D12GraphicsCommandList *pDirectCommandList;
//创建命令列表
pDirectCommandAllocator->CreateCommandAllocator(...&*pDirectCommandList);
//在命令列表中添加命令并传入 ExecuteCommandList 命令中执行
......
//GPU 线程已经完成对 ExecuteCommandList 命令的执行（可以用围栏（见 3.2 节）进行同步）
......
//释放命令分配器中的内存
pDirectCommandAllocator->Reset()
//显然，由于占用的内存被释放，命令列表失效，因此将其销毁
pDirectCommandList->Release();
//创建一个新的命令列表以用于执行
pDirectCommandAllocator->CreateCommandAllocator(...&*pDirectCommandList);
//在新的命令列表中添加命令并传入到 ExecuteCommandList 命令中执行
......
```

重复进行以上过程，也就是说，代码会被多次连续地调用 pDirectCommandList->Release() 和 pDirectCommandAllocator->CreateCommandAllocator(...&*pDirectCommandList)；这两个方法。

因此，Direct3D 12 提供了 ID3D12GraphicsCommandList::Reset 以减少代码量，该方法相当于连续调用 ID3D12GraphicsCommandList::Release 和 ID3D12Device::CreateCommandAllocator 这两个方法。Direct3D 12 规定：只有当命令列表处于关闭状态时，才允许调用 ID3D12Graphics CommandList 接口的 Reset 方法。

并且，Direct3D 12 缓存了在调用 ID3D12Device::CreateCommandAllocator 时指定的 ID3D12Device 的接口指针、nodeMask 和 type。因此，在 ID3D12GraphicsCommandList::Reset 中不需要再次指定这 3 个值。但是，在调用 ID3D12Device::CreateCommandAllocator 时指定的 pAllocator 并没有被缓存。因此，在 ID3D12GraphicsCommandList::Reset 需要再次指定该值，但是指定的值必须和在调用 ID3D12Device::CreateCommandAllocator 时指定的相同。

实际上，命令分配器的分配内存操作也不允许被并发访问。为此，Direct3D 12 规定：在同一时刻与同一命令分配器关联的命令列表中至多有一个处于记录状态，只有当命令列表处于记录状态时，才允许向其中添加命令，并且 ID3D12GraphicsCommandList 接口的方法不允许被 CPU 线程并发访问（见上文）。这保证了命令分配器的分配内存操作不会被并发访问。

由于命令列表在创建时处于记录状态，因此，在用 ID3D12Device 接口的 CreateCommandList 方法或 ID3D12GraphicsCommandList 接口的 Reset 方法创建命令列表时，与命令分配器关联的所有命令列表都必须处于关闭状态。

3.3.2 捆绑包

正如上文中所述，命令列表不允许被 CPU 线程和 GPU 线程之间并发访问，也不允许被 CPU 线程并发访问。但是对于 GPU 线程，捆绑包允许被 GPU 线程并发访问，而直接命令列表、计算命令列表和复制命令列表不允许被 GPU 线程并发访问。

不仅捆绑包可以被 GPU 线程并发访问，而且捆绑包中的命令是经过优化的。捆绑包中的命令在执行时比直接命令列表更高效，但是优化的过程需要额外的开销，在捆绑包中添加命令的效率低于直接命令列表。因此，应用程序应当将重复执行的命令添加到捆绑包中，并尽可能地重复使用捆绑包，而将一次性执行的命令添加到直接命令列表中，并一次性地使用直接命令列表，以获得最佳的性能。

相对于直接命令列表而言，捆绑包具有额外的限制。捆绑包不能直接在命令队列上执行，而只能在直接命令列表中添加 ExecuteBundle 命令执行捆绑包，并且捆绑包中只能存放以下命令（其中不包括 ExecuteBundle，即不能在捆绑包中再次执行捆绑包）。

```
SetDescriptorHeaps
SetComputeRootSignature
SetComputeRoot32BitConstant
SetComputeRoot32BitConstants
SetComputeRootConstantBufferView
SetComputeRootShaderResourceView
SetComputeRootUnorderedAccessView
```

```
SetComputeRootDescriptorTable
SetPipelineState
Dispatch
ExecuteIndirect
SetGraphicsRootSignature
SetGraphicsRoot32BitConstant
SetGraphicsRoot32BitConstants
SetGraphicsRootConstantBufferView
SetGraphicsRootShaderResourceView
SetGraphicsRootUnorderedAccessView
SetGraphicsRootDescriptorTable
IASetPrimitiveTopology
IASetVertexBuffers
IASetIndexBuffer
OMSetBlendFactor
OMSetStencilRef
DrawInstanced
DrawIndexedInstanced
```

正如 2.4.1 节中所述，GPU 线程会为命令列表的每次执行维护一个状态集合。GPU 线程在执行直接命令列表时，会为直接命令列表维护一个状态集合。当 GPU 线程处理命令列表中的 ExecuteBundle 命令执行捆绑包时，又会为捆绑包维护一个新的状态集合，并且 GPU 线程会将直接命令列表的状态集合中，除了用 IASetPrimitiveTopology 和 SetPipelineState 设置的状态以外的状态都复制到捆绑包的状态集合中。

一般情况下，应用程序将建模工具（例如 3D Studio Max）生成的一个文件中的所有图形抽象为一个模型，将模型在每次绘制时都保持不变的命令存放到捆绑包中，将模型在不同次绘制间会改变的命令存放到直接命令列表中。为了方便讨论，我们将在 2.4.2 节中绘制的三角形认为是一个"三角形模型"，显然，这相对于实际工程中用建模工具生成的模型而言显得过于简单，但是在原理上并没有多大的差异。

在 2.1.5 节中，介绍了当前后台缓冲索引的概念，当命令队列执行 IDXGISwapChain::Present 时，当前后台缓冲中的内容会被呈现到窗口表面，并且当前后台缓冲索引会加 1（如果超过了交换链中缓冲的总个数，那么会回到 0）。一般情况下，每次呈现前需要绘制到交换链中的当前后台缓冲，在每次呈现交换链后，交换链的当前后台缓冲会改变，需要改变命令列表中的相关命令。

不妨在 2.4.2 节的基础上对 rendermain.cpp 进行以下修改。

```
//创建渲染目标视图
ID3D12Resource *pFrameBuffer[2];
pDXGISwapChain->GetBuffer(0, IID_PPV_ARGS(&pFrameBuffer[0]));
pDXGISwapChain->GetBuffer(1, IID_PPV_ARGS(&pFrameBuffer[1]));

ID3D12DescriptorHeap *pRTVHeap;
D3D12_CPU_DESCRIPTOR_HANDLE hRTV[2];
{
    //创建了一个可以容纳 2 个描述符的描述符堆，本书在第 4 章中会对渲染目标视图进行详细的介绍
    D3D12_DESCRIPTOR_HEAP_DESC RTVHeapDesc =
{ D3D12_DESCRIPTOR_HEAP_TYPE_RTV ,2,D3D12_DESCRIPTOR_HEAP_FLAG_NONE,0X1 };
    pD3D12Device->CreateDescriptorHeap(&RTVHeapDesc, IID_PPV_ARGS(&pRTVHeap));
    hRTV[0] = pRTVHeap->GetCPUDescriptorHandleForHeapStart();
    hRTV[1].ptr = hRTV[0].ptr +
pD3D12Device->GetDescriptorHandleIncrementSize(D3D12_DESCRIPTOR_HEAP_TYPE_RTV);
```

```
    }
    pD3D12Device->CreateRenderTargetView(pFrameBuffer[0], NULL, hRTV[0]);
    pD3D12Device->CreateRenderTargetView(pFrameBuffer[1], NULL, hRTV[1]);

//捆绑包用于存放在每次绘制时都保持不变的命令
    ID3D12CommandAllocator *pBundleCommandAllocator;
    pD3D12Device->CreateCommandAllocator(D3D12_COMMAND_LIST_TYPE_BUNDLE,
IID_PPV_ARGS(&pBundleCommandAllocator));
    ID3D12GraphicsCommandList *pBundle;
    pD3D12Device->CreateCommandList(0X1, D3D12_COMMAND_LIST_TYPE_BUNDLE,
pBundleCommandAllocator, NULL, IID_PPV_ARGS(&pBundle));
    pBundle->IASetPrimitiveTopology(D3D_PRIMITIVE_TOPOLOGY_TRIANGLESTRIP);
    pBundle->SetGraphicsRootSignature(pRS);
    pBundle->SetPipelineState(pGraphicPipelineState);
    pBundle->DrawInstanced(3, 1, 0, 0);
    pBundle->Close();


    D3D12_VIEWPORT vp;
    vp.TopLeftX = 0.0f;
    vp.TopLeftY = 0.0f;
    vp.Width = 800.0f;
    vp.Height = 600.0f;
    vp.MinDepth = 0.0f;
    vp.MaxDepth = 1.0f;
    D3D12_RECT sr;
    sr.left = 0;
    sr.top = 0;
    sr.right = 800;
    sr.bottom = 600;
    D3D12_RESOURCE_BARRIER CommonToRendertarget;
    CommonToRendertarget.Type = D3D12_RESOURCE_BARRIER_TYPE_TRANSITION;
    CommonToRendertarget.Flags = D3D12_RESOURCE_BARRIER_FLAG_NONE;
    CommonToRendertarget.Transition.Subresource = 0;
    CommonToRendertarget.Transition.StateBefore = D3D12_RESOURCE_STATE_COMMON;
    CommonToRendertarget.Transition.StateAfter = D3D12_RESOURCE_STATE_RENDER_TARGET;
    D3D12_RESOURCE_BARRIER RendertargetToCommon;
    RendertargetToCommon.Type = D3D12_RESOURCE_BARRIER_TYPE_TRANSITION;
    RendertargetToCommon.Flags = D3D12_RESOURCE_BARRIER_FLAG_NONE;
    RendertargetToCommon.Transition.Subresource = 0;
    RendertargetToCommon.Transition.StateBefore = D3D12_RESOURCE_STATE_RENDER_TARGET;
    RendertargetToCommon.Transition.StateAfter = D3D12_RESOURCE_STATE_COMMON;

    ID3D12CommandAllocator *pDirectCommandAllocator;
    pD3D12Device->CreateCommandAllocator(D3D12_COMMAND_LIST_TYPE_DIRECT,
IID_PPV_ARGS(&pDirectCommandAllocator));

    //用围栏和事件对象进行同步，以确定可以释放直接命令分配器中的内存的时机
    ID3D12Fence *pD3D12Fence;
    pD3D12Device->CreateFence(0U, D3D12_FENCE_FLAG_NONE, IID_PPV_ARGS(&pD3D12Fence));
    HANDLE hEvent;
    hEvent = CreateEventW(NULL, FALSE, FALSE, NULL);

    //直接命令列表用于存放在不同次绘制间会改变的命令（或者虽然不改变但是不允许存放在捆绑包中的命令）
    ID3D12GraphicsCommandList *pDirectCommandList;
    pD3D12Device->CreateCommandList(0X1, D3D12_COMMAND_LIST_TYPE_DIRECT,
pDirectCommandAllocator, NULL, IID_PPV_ARGS(&pDirectCommandList));
    pDirectCommandList->RSSetViewports(1, &vp);
    pDirectCommandList->RSSetScissorRects(1, &sr);
    //添加绘制到交换链中索引为 0 的缓冲的相关命令
    pDirectCommandList->OMSetRenderTargets(1, &hRTV[0], FALSE, NULL);
    CommonToRendertarget.Transition.pResource = pFrameBuffer[0];
```

```
    pDirectCommandList->ResourceBarrier(1, &CommonToRendertarget);
    pDirectCommandList->ExecuteBundle(pBundle);
    RendertargetToCommon.Transition.pResource = pFrameBuffer[0];
    pDirectCommandList->ResourceBarrier(1, &RendertargetToCommon);
    pDirectCommandList->Close();
    pDirectCommandQueue->ExecuteCommandLists(1, reinterpret_cast<ID3D12CommandList
**>(&pDirectCommandList));
    //在 ExecuteCommandLists 命令之后插入围栏
    pDirectCommandQueue->Signal(pD3D12Fence, 1U);
    //呈现后交换链的当前后台缓冲会改变
    pDXGISwapChain->Present(0, 0);

    //CPU 线程会等待
    pD3D12Fence->SetEventOnCompletion(1U, hEvent);
    WaitForSingleObject(hEvent, INFINITE);

    //CPU 线程结束等待，表明 GPU 线程已经完成了对命令队列中的 ExecuteCommandLists 命令的执行（严格
地说是完成了对 Signal 命令的执行）

    //释放直接命令分配器中的内存
    pDirectCommandAllocator->Reset();
    //销毁失效的命令列表并创建一个新的命令列表以用于执行
    pDirectCommandList->Reset(pDirectCommandAllocator, NULL);
    pDirectCommandList->RSSetViewports(1, &vp);
    pDirectCommandList->RSSetScissorRects(1, &sr);
    //添加绘制到交换链中索引为 1 的缓冲的相关命令
    pDirectCommandList->OMSetRenderTargets(1, &hRTV[1], FALSE, NULL);
    CommonToRendertarget.Transition.pResource = pFrameBuffer[1];
    pDirectCommandList->ResourceBarrier(1, &CommonToRendertarget);
    pDirectCommandList->ExecuteBundle(pBundle);
    RendertargetToCommon.Transition.pResource = pFrameBuffer[1];
    pDirectCommandList->ResourceBarrier(1, &RendertargetToCommon);
    pDirectCommandList->Close();
    pDirectCommandQueue->ExecuteCommandLists(1, reinterpret_cast<ID3D12CommandList
**>(&pDirectCommandList));
    pDXGISwapChain->Present(0, 0);
```

再次调试程序，可以看到和图 2-37 中相同的运行结果。在此，对交换链中两个缓冲分别进行绘制并呈现到窗口表面，在每次绘制时都保持不变的命令被存放到了捆绑包中，以获得最佳的性能。

3.4 资源屏障

本书在 3.2 节中介绍了围栏，围栏可用于控制命令队列中的不同命令之间的同步，但是对围栏而言，命令队列中的同一命令内部的并发性是不可见的。为此，Direct3D 12 提供了资源屏障（但是转换资源屏障也可以用于控制命令队列中的不同命令之间的同步）。

本书在 2.3.1 节中已经对资源屏障进行了简单的介绍，可以用 ID3D12GraphicsCommandList 接口的 ResourceBarrier 方法在命令列表中添加 ResourceBarrier 命令，该方法的原型已经在 2.2.3 节中进行了详尽的介绍，在此不再赘述。该方法的原型表明，可以在同一个 ResourceBarrier 命令中同时传入多个资源屏障，MSDN 上的 Direct3D 官方文档指出：GPU 线程会串行地执行其中的各个不同的资源屏障。

资源屏障用 D3D12_RESOURCE_BARRIER 结构体描述，该结构体的 Type 成员表明资源屏障分为 3 种类型：转换资源屏障（D3D12_RESOURCE_BARRIER_TYPE_TRANSITION）、

别名资源屏障（D3D12_RESOURCE_BARRIER_TYPE_ALIASING）和无序访问视图资源屏障（D3D12_ RESOURCE_BARRIER_TYPE_UAV）。

接下来，本书对每一种类型的资源屏障分别进行详细的介绍。

3.4.1 转换资源屏障

本书在 2.3.1 节中已经对转换资源屏障进行了简单的介绍。

在 Direct3D 12 中，所有的直接命令队列和计算命令队列被分为一类，称为图形/计算类；所有的复制命令队列被分为一类，称为复制类。上述的图形/计算类和复制类都被称为命令队列类，命令队列类有且仅有图形/计算类和复制类两个实例。

任何一种类型的资源都可以按照某种标准看作是一个子资源的序列（本书会在第 4 章中对该过程进行详细的介绍），每个子资源都关联了两份权限，分别对应于图形/计算类和复制类。一般而言，子资源对图形/计算类的权限在 CPU 线程执行直接命令队列或计算命令队列中的命令访问子资源时得到体现，子资源对复制类的权限在 CPU 线程执行复制命令队列中的命令访问子资源时得到体现。当然也有例外，例如 CPU 线程访问子资源时的权限要求（因为 CPU 线程并不与任何命令队列类相对应）。

接下来，本书将对转换资源屏障进行详细的介绍。

1. 子资源的权限

D3D12_RESOURCE_BARRIER 中的 Transition 成员的 StateBefore 和 StateAfter 成员表明子资源对命令队列类的权限用 D3D12_RESOURCE_STATES 表示。

（1）子资源对复制类的权限只能是以下 3 种。

- D3D12_RESOURCE_STATE_COMMON 公共（可写）
- D3D12_RESOURCE_STATE_COPY_DEST 可作为复制宿（可写）
- D3D12_RESOURCE_STATE_COPY_SOURCE 可作为复制源（只读）

（2）子资源对图形/计算类的权限可以是任意一种权限，除以上 3 种外还有：

- D3D12_RESOURCE_STATE_RESOLVE_DEST 可作为解析宿（可写）
- D3D12_RESOURCE_STATE_RESOLVE_SOURCE 可作为解析源（只读）
- D3D12_RESOURCE_STATE_STREAM_OUT 可作为流输出（可写）
- D3D12_RESOURCE_STATE_DEPTH_WRITE 可作为深度模板（可写）
- D3D12_RESOURCE_STATE_RENDER_TARGET 可作为渲染目标（可写）
- D3D12_RESOURCE_STATE_INDIRECT_ARGUMENT 可作为间接参数（只读）
- D3D12_RESOURCE_STATE_VERTEX_AND_CONSTANT_BUFFER 可作为顶点或常量缓冲（只读）
- D3D12_RESOURCE_STATE_INDEX_BUFFER 可作为索引缓冲（只读）
- D3D12_RESOURCE_STATE_NON_PIXEL_SHADER_RESOURCE 可作为非像素着色器资源（只读）

- D3D12_RESOURCE_STATE_PIXEL_SHADER_RESOURCE 可作为像素着色器资源（只读）
- D3D12_RESOURCE_STATE_UNORDERED_ACCESS 可作为无序访问（可写）
- D3D12_RESOURCE_STATE_DEPTH_READ 可作为只读深度模板（只读）

子资源的权限被分为可写和只读两大类，子资源对命令队列类的权限可以是只有一个可写权限也可以是同时有多个只读权限，并且 Direct3D 12 还定义了一个通用读权限：D3D12_RESOURCE_STATE_GENERIC_READ=D3D12_RESOURCE_STATE_COPY_SOURCE|D3D12_RESOURCE_STATE_INDIRECT_ARGUMENT|D3D12_RESOURCE_STATE_VERTEX_AND_CONSTANT_BUFFER|D3D12_RESOURCE_STATE_INDEX_BUFFER|D3D12_RESOURCE_STATE_NON_PIXEL_SHADER_RESOURCE|D3D12_RESOURCE_STATE_PIXEL_SHADER_RESOURCE。

以上权限的具体含义会在介绍相关的命令时进行介绍，目前我们只介绍过其中的两个权限。

D3D12_RESOURCE_STATE_COMMON 公共：GPU 线程在执行命令队列中的 IDXGISwapChain::Present 命令时，交换链缓冲中的所有子资源对图形/计算类的权限必须有公共（见 2.3.1 节）。

D3D12_RESOURCE_STATE_RENDER_TARGET 可作为渲染目标：GPU 线程在执行直接命令队列中的 ExecuteCommandLists 命令，执行命令列表中的 ClearRender TargetView 命令、DrawInstanced 命令或 DrawIndexedInstanced 命令时，访问的渲染目标视图的底层的子资源对图形/计算类的权限必须有可作为渲染目标的权限（见 2.3.1 节和 2.4.2 节）。

正如上文所述，每个子资源都关联了两种权限，分别对应于图形/计算类和复制类。但是，在用 ID3D12Device 接口的 CreatePlacedResource 方法（见 4.2.3 节）创建资源时，只需要传入一个参数 InitialState，用于初始化资源中的所有子资源对命令队列类的权限，并且 InitialState 可以设置为任意一种权限。

显然，InitialState 不可能同时表示子资源对复制类和图形/计算类的权限，否则当 InitialState 取值涉及到复制类支持的 3 种权限以外的权限时，对复制类而言是未定义的。

实际上，InitialState 的值表示对图形/计算类的权限。而对复制类的权限，如果 InitialState 的值只涉及可作为复制宿、可作为复制源、可作为顶点或常量缓冲、可作为索引缓冲、可作为非像素着色器资源、可作为像素着色器资源和可作为无序访问，那么对复制类的权限为公共，否则资源对复制类是不可见的（注意，“不可见”和 3.4.1 节中的“临时无权限”是两个完全不同的概念）。

2. 转换资源屏障对并发性的控制

以上我们介绍了转换资源屏障对资源权限的转换，但是并没有介绍转换资源屏障对命令列表中的同一命令内部的并发性的控制。实际上，转换资源屏障对资源权限的转换在某种程度上影响了命令列表中的同一命令内部的并发性，例如，我们在同一命令列表中依次添加了以下命令。

（1）绘制到渲染目标视图（DrawInstanced）。

（2）将相关子资源对命令队列类的权限从可作为渲染目标转换为可作为复制源（Resource Barrier）。

（3）将渲染目标视图的底层资源复制到某一个纹理中（CopyTextureRegion），本书第4章会对纹理进行详细的介绍，在此，我们只需要将纹理看作是一个可以被访问的数据。

正如3.1.2节中所述，DrawInstanced在图形引擎上执行，CopyTextureRegion在复制引擎上执行。如果没有转换资源屏障，那么为了提高性能，GPU线程很可能会充分利用硬件层面的并行性。在图形引擎和复制引擎上并行地执行这两个命令，这显然不符合我们的需求。正是由于转换资源屏障的使用，才保证了DrawInstanced在转换资源屏障之前执行，CopyTextureRegion在转换资源屏障之后执行。

在面向CPU编程时，CPU高速缓存一定是相干的，也就是说，一个CPU核心对内存的写入可以立即被其他的CPU核心察觉到。但在面向GPU编程时，GPU高速缓存并不一定是相干的，即一个GPU核心对内存的写入并不一定会立即被其他的GPU核心察觉到。具体的细节随着GPU的不同而不同，例如，不同的操作使用不同的GPU高速缓存，GPU完成执行写入操作只是将数据写入到GPU高速缓存中，GPU后续执行的读取操作将无法从内存中访问到相关的数据。

资源屏障可以认为是在面向GPU编程时特有的一种内存同步原语，保证了在资源屏障之前的GPU命令对内存的写入一定会被在资源屏障之后的GPU命令察觉到。

3. 分离资源屏障

正如上文所述，子资源对命令队列类的权限可以是只有一个可写权限，也可以是同时有多个只读权限。实际上，子资源对命令队列类的权限还可以是临时无权限，可以用分离资源屏障将子资源对命令队列类的权限转换为临时无权限。

分离资源屏障由开始和结束两个资源屏障构成，分离资源屏障是转换资源屏障的一种。描述开始资源屏障和结束资源屏障的D3D12_RESOURCE_BARRIER结构体的Type成员应当设置为D3D12_RESOURCE_BARRIER_TYPE_TRANSITION。描述开始资源屏障的D3D12_RESOURCE_BARRIER结构体的Flags成员应当设置为D3D12_RESOURCE_BARRIER_FLAG_BEGIN_ONLY；描述结束资源屏障的D3D12_RESOURCE_BARRIER结构体的Flags成员应当设置为D3D12_RESOURCE_BARRIER_FLAG_END_ONLY。描述开始资源屏障和结束资源屏障的D3D12_RESOURCE_ BARRIER结构体的StateBefore和StateAfter成员应当相同。

开始资源屏障将子资源对命令队列类的权限从StateBefore转换到临时无权限，结束资源屏障将子资源对命令队列类的权限从临时无权限转换到StateAfter。

值得注意的是，此处的“临时无权限”和上文中的“不可见”是两个完全不同的概念。“不可见”是复制类特有的概念，图形/计算类中并不存在这个概念，子资源对复制类“不可见”是指子资源永远不可能被复制命令队列所对应的GPU线程访问。“临时无权限”同时适用于复制类和图形/计算类，应用程序完全可以用结束资源屏障将子资源对命令队列类的权限从“临时无权限”转换为StateAfter中设置的权限，从而可以被GPU线程访问。

分离资源屏障对GPU线程执行同一命令列表中的命令的并发性具有很强的暗示作用，在语义上，在开始资源屏障和结束资源屏障之间的命令完全可以和在开始资源屏障之前，或在结束资源屏障之后的命令并发执行。

4. 提升和衰退

提升和衰退实际上是隐式地执行转换资源屏障。

当子资源对命令队列类的权限为公共时，可能发生提升。当 GPU 线程执行命令队列中的 ExecuteCommandLists 命令时，如果要求相关的子资源具有以下权限：可作为复制宿、可作为复制源、可作为非像素着色器资源和可作为像素着色器资源，并且相关的子资源对相关的命令所在的命令列表、所在命令队列、所属的类的权限为公共，那么资源对该命令队列类的权限会被隐式地转换为所要求的权限，相当于隐式地在相关的命令之前执行了转换资源屏障。

当 GPU 线程完成对子资源的访问时，可能发生衰退。当 GPU 线程完成对命令队列中 ExecuteCommandLists 命令列表中的所有命令的执行时，如果命令队列是复制命令队列，那么在该次执行中被访问的所有子资源对复制类的权限会被隐式地转换为公共；如果命令队列是图形或计算命令队列，那么在该次执行中被访问的所有的缓冲类型的子资源和设置了 D3D12_RESOURCE_FLAG_ALLOW_SIMULTANEOUS_ACCESS 标志（见 3.4.1 节）的纹理类型的子资源对图形计算类的权限会被隐式地转换为公共。这相当于在 ExecuteCommandLists 命令中最后一个的命令列表中的最后一个命令之后隐式地执行了转换资源屏障。

MSDN 上的 Direct3D 官方文档指出：显式地执行转换资源屏障具有一定开销，应用程序应当尽可能使用提升和衰退来提升性能。

3.4.2　别名资源屏障

别名资源屏障与定位资源有关，本书在第 4 章会对定位资源进行详细的介绍。在此，我们只需要将定位资源看作是一个指针，不同的定位资源所指向的内存区域之间可能存在重叠。

显然，如果两个定位资源所指向的内存区域之间存在重叠，那么一般情况下我们并不希望它们被 GPU 线程并发访问。但是，正如前文所述，GPU 线程在处理 ExecuteCommandLists 命令时，可能并发执行同一命令列表中的命令，而命令列表中的命令可能访问指向的内存区域之间存在重叠的定位资源，为此，Direct3D 12 提供了别名资源屏障。

用 D3D12_RESOURCE_BARRIER 结构体描述别名资源屏障时，Flags 成员应当设置为 D3D12_ RESOURCE_BARRIER_FLAG_NONE（Flags 成员只对转换资源屏障有意义，见 3.4.1 节），Type 成员应当设置为 D3D12_RESOURCE_BARRIER_TYPE_ALIASING 并使用联合体中的 Aliasing 成员，该成员又是一个 D3D12_RESOURCE_ALIASING_BARRIER 结构体，该结构体的定义如下。

```
struct D3D12_RESOURCE_ALIASING_BARRIER
{
    ID3D12Resource *pResourceBefore;
    ID3D12Resource *pResourceAfter;
}
```

1. pResourceBefore

GPU 线程将保证命令列表中在该别名资源屏障之前的所有访问 pResourceBefore 表示的别名资源的命令在该别名资源屏障之前执行。

可以设置为 NULL，那么 GPU 线程将保证命令列表中在该别名资源屏障之前的所有访问任意别名资源的命令在该别名资源屏障之前执行。

2. pResourceAfter

GPU 线程将保证命令列表中在该别名资源屏障之后的所有访问 pResourceAfter 表示的别名资源的命令在该别名资源屏障之后执行。

可以设置为 NULL，那么 GPU 线程将保证命令列表中在该别名资源屏障之后的所有访问任意别名资源的命令在该别名资源屏障之后执行。

3.4.3 无序访问视图资源屏障

无序访问视图资源屏障与无序访问视图有关，本书在第 6 章会对无序访问视图进行详细的介绍，在此，我们只需要将无序访问视图看作是一个可以被访问的数据，可以用无序访问视图资源屏障对同一命令列表中的不同命令对无序访问视图的访问进行控制。

用 D3D12_RESOURCE_BARRIER 结构体描述别名资源屏障时，显然，Flags 成员应当设置为 D3D12_RESOURCE_BARRIER_FLAG_NONE（Flags 成员只对转换资源屏障有意义，见 3.4.1 节），Type 成员应当设置为 D3D12_RESOURCE_BARRIER_TYPE_UAV 并使用联合体中的 UAV 成员，该成员又是一个 D3D12_RESOURCE_UAV_BARRIER 结构体，该结构体的定义如下。

```
struct D3D12_RESOURCE_UAV_BARRIER
{
    ID3D12Resource *pResource;
}
```

pResource

GPU 线程将保证命令列表中，在该无序访问视图资源屏障之前的，所有通过无序访问视图访问 pResource 表示的资源的命令在该无序访问视图资源屏障之前执行，并且在该无序访问视图资源屏障之后的，所有通过无序访问视图访问 pResource 表示的资源的命令在该无序访问视图资源屏障之后执行。

3.5 Draw Call

在应聘 3D 引擎工程师时，Draw Call 可以认为是一个必考的知识点。接下来，本书将结合 Direct3D 12 的新特性来深入分析 Draw Call。

读者不妨回忆一下 CPU 与磁盘交互的发展历史。

早期的操作系统只支持同步IO（Input Output，输入输出）。CPU线程调用相关的API进行磁盘IO后，会切换到内核模式等待，直到磁盘IO完成。对于需要实时响应用户输入的UI线程而言，这显然是不可接受的。传统的解决方案是创建一个新的IO线程，IO线程会调用相关的API进行磁盘IO，并在磁盘IO完成时通知UI线程。同步IO会导致IO线程切换到内核模式等待，但这并不会影响到UI线程，从而避免了UI线程切换到内核模式等待。

随着操作系统的发展，异步IO开始被系统支持。CPU线程调用相关的API进行磁盘IO，只是将IO请求添加到设备驱动程序的队列中，CPU线程总是立即返回的，与磁盘IO是否完成无关。操作系统提供了相关的API供CPU线程检测磁盘IO的完成情况，从而达到在磁盘IO完成时通知CPU线程的目的。上述传统的解决方案可以在UI线程中使用异步IO，从而避免了创建一个新的IO线程的麻烦。

在冯·诺伊曼体系结构中，GPU和磁盘一样，都属于外围设备，CPU与GPU交互的发展历史在很大程度上类似于CPU与磁盘交互的发展历史。

在Direct3D 11中，CPU线程在调用ID3D11DeviceContext接口的DrawInstanced或DrawIndexedInstanced方法进行绘制时会切换到内核模式等待，直到CPU完成准备命令列表并将其添加到命令队列中。这个过程类似于同步IO，目前被很多款商用引擎称作Draw Call。传统的解决方案（这也是UnrealEngine4的解决方案）是创建一个新的渲染线程，Draw Call会导致渲染线程切换到内核模式等待，但这并不会影响到游戏性线程，游戏性线程会继续计算下一帧的数据，从而达到提升帧率的目的。

在Direct3D 11中，CPU线程可以调用延迟设备环境提供的ID3D11DeviceContext接口的FinishCommandList方法来显式地完成准备命令列表。CPU线程在调用立即设备环境提供的ID3D11DeviceContext接口的ExecuteCommandList方法时，只是将已完成准备的命令列表添加到命令队列中，CPU线程总是立即返回的，不会切换到内核模式等待。这个过程类似于异步IO，但目前没有被任何一款商业引擎采用。

在Direct3D 12中，同步IO被弃用，操作系统只支持异步IO。

章末小结

本章对Direct3D 12中的多线程进行了详细的介绍，应用程序可以使用命令队列并发地执行命令，并可以使用围栏或资源屏障对并发性进行控制。

第4章　资源

读者一定都知道“程序=指令+数据”。Direct3D 12 中的资源可以认为是 GPU 程序访问的数据的来源。在本章中，我们将对 Direct3D 12 中的资源进行详细的介绍。

4.1 资源的结构

4.1.1 逻辑结构

1. 资源类型

在 Direct3D 12 中，资源被分为 4 类：缓冲、1D 纹理数组、2D 纹理数组和 3D 纹理。

为了能够以一种统一的方式访问任何类型的资源，Direct3D 12 中定义了子资源的概念，任何类型的资源都可以按照某种标准看作一个 1 维的子资源的序列。

（1）缓冲

缓冲是最简单的资源，只具有 1 个属性：宽度（Width）（单位：字节）。宽度即缓冲的大小，整个缓冲被看作一个子资源，它的索引是 0。

（2）1D 纹理数组

1D 纹理数组实际上可以看作高度（Height）为 1 的 2D 纹理数组。

（3）2D 纹理数组

严格意义上，这里讨论的是不启用 MSAA（Multi Sample Anti Aliasing，多重采样反走样，见 2.1.4 节）时的情形，下文中将讨论启用 MSAA 时的情形。

相对于缓冲而言，2D 纹理数组要复杂得多，具有以下属性。

- 宽度（Width）（单位：像素）。
- 高度（Height）（单位：像素）。
- Mip 等级（MipLevel）。
- 数组大小（ArraySize）。
- 平面数（PlaneCount）。

2D 纹理数组中共 PlaneCount 个平面，每个平面中有 ArraySize 个纹理，每个纹理中又有

MipLevel 个子资源。显然，共涉及平面索引、数组索引和 Mip 索引 3 个维度。子资源索引的计算先以平面索引为主序，再以数组索引为主序，即子资源索引= MipLevel*ArraySize*平面索引+MipLevel*数组索引+Mip 索引。这样，2D 纹理数组就可以看作一个 1 维的的子资源的序列。

每个子资源具有宽度和高度 2 个属性，Mip 索引为 0 的子资源的宽度、高度为 2D 纹理数组的宽度和高度。相同平面索引和数组索引的子资源中，随着 Mip 索引的递增，子资源的宽度和高度不断减半（向下取整，如果为 0，则取 1）。Direct3D 12 规定：允许为 2D 纹理数组指定的 MipLevel 的最大值为$\lfloor \log2(\max(\text{Width},\text{Height})) \rfloor$+1（其中$\lfloor \ \rfloor$表示向上取整）。也就是说，当子资源的宽度和高度都为 1 时，Mip 索引不可能再递增。

在 2D 纹理数组中，每个子资源只具有一个表面，表面宽度和高度即为子资源的宽度和高度，如图 4-1 所示。

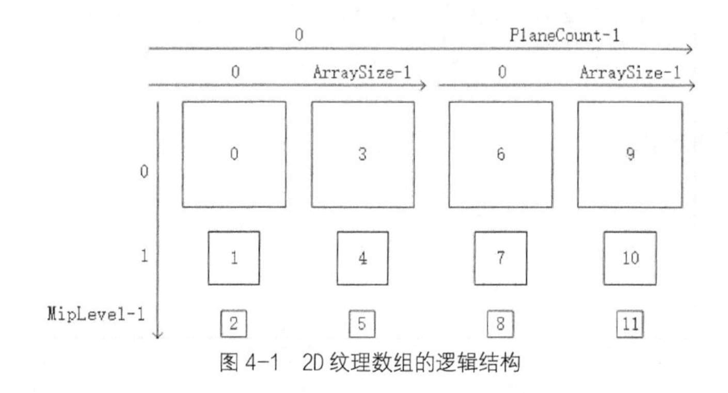

图 4-1　2D 纹理数组的逻辑结构

（4）3D 纹理

3D 纹理具有以下属性。

- 宽度（Width）（单位：像素）。
- 高度（Height）（单位：像素）。
- 深度（Depth）。
- Mip 等级（MipLevel）。
- 平面数（PlaneCount）。

3D 纹理中共有 PlaneCount 个平面，每个平面中有 MipLevel 个子资源，如图 4-2 所示。显然，共涉及平面索引和 Mip 索引两个维度，子资源索引的计算以平面索引为主序，即子资源索引=MipLevel*平面索引+Mip 索引。这样，3D 纹理就可以看作一个 1 维的的子资源的序列。

每个子资源具有宽度、高度和深度 3 个属性，Mip 索引为 0 的子资源的宽度、高度和深度为 3D 纹理的宽度、高度和深度。随着 Mip 索引的递增，子资源的宽度、高度和深度不断减半（向下取整，如果

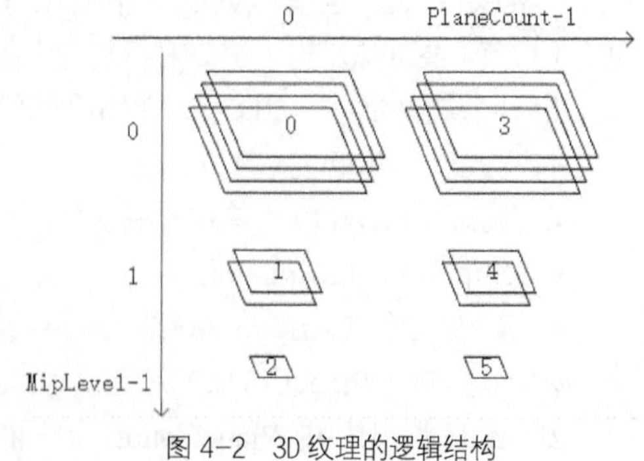

图 4-2　3D 纹理的逻辑结构

为0，则取1）。Direct3D 12规定：允许为3D纹理指定的MipLevel的最大值为$\lfloor \log2(\max(Width,Height,Depth)) \rfloor+1$。也就是说，当子资源的宽度、高度和深度都为1时，Mip索引不可能再递增。

每个子资源具有深度个表面，深度值即表面在子资源中的索引。3D纹理中表面的定义和2D纹理数组中的相同，每个表面具有宽度和高度两个属性，并且宽度和高度都为子资源的宽度和高度。

2. 纹理的平面数

上文中我们提到了平面数这个概念，纹理的平面数实际上是由纹理的格式决定。可以用ID3D12Device接口的CheckFeatureSupport方法确定格式的平面数，该方法的原型如下。

```
HRESULT STDMETHODCALLTYPE CheckFeatureSupport(
                    D3D12_FEATURE Feature,//[In]
                    void *pFeatureSupportData,// [In,Out]
                    UINT FeatureSupportDataSize//[In]
                         )
```

（1）Feature

表示在pFeatureSupportData传入的结构体的类型，其中，D3D12_FEATURE_DATA_FORMAT_INFO结构体对应的枚举值是D3D12_FEATURE_FORMAT_INFO。

（2）FeatureSupportDataSize

表示在pFeatureSupportData中传入的结构体的大小，可以用sizeof运算符方便地获取这个值。

（3）pFeatureSupportData

查询格式的平面数应当传入D3D12_FEATURE_DATA_FORMAT_INFO结构体，该结构体的定义如下。

```
struct D3D12_FEATURE_DATA_FORMAT_INFO
{
    DXGI_FORMAT Format;//[In]
    UINT8 PlaneCount;//[Out]
};
```

- Format

输入要查询的格式。

- PlaneCount

格式的平面数会在该成员中输出。

在Direct3D 12中，大多数纹理格式都只有一个平面（即平面数为1），只有用作深度模板的纹理格式或平面格式（一般用于视频的编码/解码）有多个平面（即平面数大于1）。纹理中的每一个表面都有一个像素格式，同一平面中的各个表面的像素格式（即表面中的每个像素的格式）相同。

对于只有一个平面的纹理格式，纹理中唯一的平面中的各个表面的像素格式即为该纹理格式；对于有多个平面的纹理格式，纹理中的每一个平面都对应于一个像素格式，平面中的各个表面的像素格式即为该格式。一般情况下，应用程序并不会用到平面格式（一般用于视频的编码/解码），因此本书只介绍用作深度模板的格式。

Direct3D 12 中适配器的功能级至少为 11.0（见 2.1.2 节），MSDN 上的 Direct3D 官方文档指出：功能级为 11.0 的显示适配器一定支持 DXGI_FORMAT_D24_UNORM_S8_UINT 格式。一般都使用该格式作为深度模板格式，该格式有 2 个平面：第 1 个平面中的表面的像素格式为 DXGI_FORMAT_R32_TYPELESS（对应于纹理格式中的 D24_UNORM）用作深度；第 2 个平面中的表面的像素格式为 DXGI_FORMAT_R8_TYPELESS（对应于纹理格式中的 S8_UINT）用作模板。

下面介绍 MSAA（Multi Sample Anti Aliasing（多重采样反走样））。在 2.1.4 节中我们已经提到过多重采样反走样，本书会在 4.4.2 节中对 MSAA 进行更详细的介绍。

MSAA 是一种抗锯齿的技术，当我们在渲染目标视图中绘制非水平或竖直的直线时，会出现明显的锯齿状。例如，在我们之前的绘制三角形的实验中，三角形中的两条边出现了明显的锯齿状，如图 4-3 所示。

图 4-3 三角形中的两条非水平边出现了明显的锯齿状

MSAA 的解决方案是同时维护多个表面。当一个像素被输入到输出混合阶段时，按照某种算法，将像素的位置偏移到多个不同的位置，产生多个采样点，分别写入到这多个表面，最后将这多个表面中的数据合成为一个表面，再呈现到窗口中显示。MSAA 同时维护的表面的个数称为 MSAA 的倍数，一般有 4 倍（记作 4X）、8 倍（记作 8X）等。

在 Direct3D 12 中，只有 2D 纹理数组可以启用 MSAA，并且启用 MSAA 的 2D 纹理数组的 Mip 等级必须为 1。对于启用 MSAA 的 2D 纹理数组，子资源中的表面个数不再为 1，n 倍 MSAA 的 2D 纹理数组中，一个子资源含有 n 个表面，如图 4-4 所示。

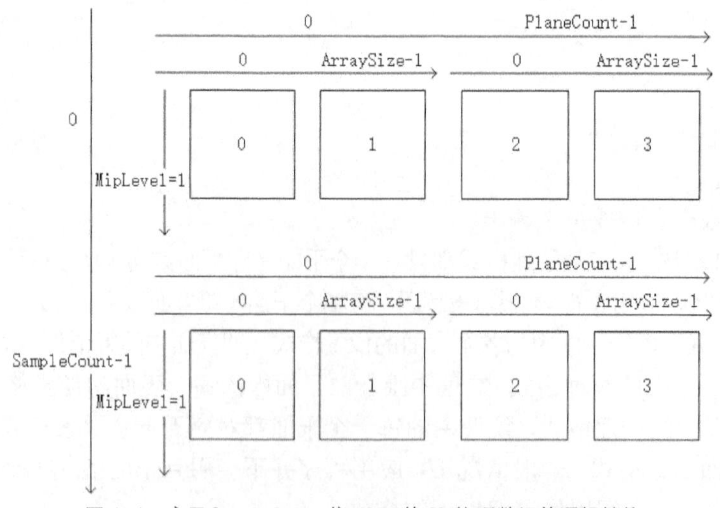

图 4-4 启用 SampleCount 倍 MSAA 的 2D 纹理数组的逻辑结构

在 2.2.2 节中，我们知道了交换链缓冲支持 ID3D12Resource 接口，实际上可以用该 ID3D12Resource 接口的 GetDesc 方法得到一个描述交换链缓冲的属性的 D3D12_RESOURCE_DESC 结构体（见 4.2.3 节）。通过观察该结构体，可以确定交换链缓冲实际上就是一个允许作为渲染目标的数组大小为 1、且 Mip 等级为 1 的 2D 纹理数组（值得注意的是，交换链“缓冲”的资源类型是 2D 纹理数组而不是“缓冲”，交换链“缓冲”这个叫法实际上具有误导性）。

4.1.2　物理结构

在介绍物理结构之前，我们先介绍一下内存对齐的概念，内存对齐实际上是 C/C++中的概念，而不是 Direct3D 12 中的概念。当且仅当数据的地址可以被 n 整除时，我们称数据是 n 字节对齐的。当数据的地址可以被数据的大小整除时，我们又称数据是自然对齐的。当 CPU 访问不是自然对齐的数据时，CPU 的速度会明显地下降。

在默认情况下，编译器生成的线程栈中的 C/C++变量都是自然对齐的，然而在某些情况下，我们有可能需要自定义线程栈中的 C/C++变量的内存对齐。在 Visual C++中，可以在结构体或类的定义前加上__declspec(align(n))，自定义为 n 字节对齐。在 C++11 中引入了 alignas 关键字对不同编译器中自定义内存对齐的方式进行统一，但是，只有 2015 及以后版本的 Visual C++编译器才支持该关键字。

1. 内存布局

我们知道，内存空间中的地址是 1 维的，讨论资源的内存布局，主要是讨论如何将多维的资源映射到 1 维的地址空间中。显然，缓冲的内存布局没有任何值得讨论的地方，即是一个长度为缓冲的宽度的连续的区域。接下来我们重点讨论纹理的内存布局（严格意义上，这里讨论的是当纹理数据存放在布局类型为 D3D12_TEXTURE_LAYOUT_ROW_MAJOR 的资源中时的内存布局，见 4.2.3 节）。

Direct3D 12 中的任何一种纹理（1D 纹理数组、2D 纹理数组或 3D 纹理）都可以看作一个 1 维的表面的序列。我们先讨论不启用 MSAA 的情形，在不启用 MSAA 的 2D 纹理数组中，一个子资源中只有一个表面，即各个表面按照子资源索引排列成序列。在 3D 纹理中，涉及到子资源索引（即 Mip 索引）和表面在子资源中的索引（即深度值）两个维度，各个表面在序列中的索引是按照子资源索引为主序计算的，如图 4-5 所示。

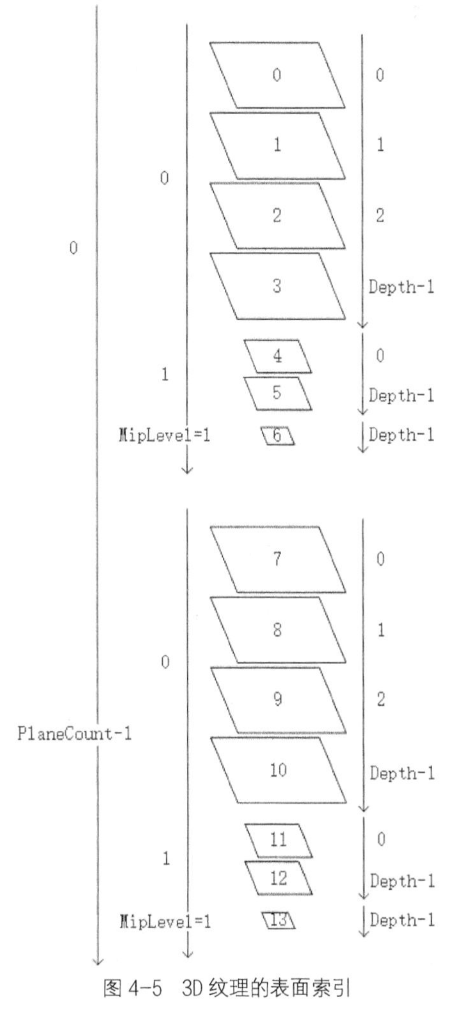

图 4-5　3D 纹理的表面索引

显然，我们只要确定了各个表面的内存布局，即可确定整个纹理的内存布局。

上文中我们提到，表面具有宽度和高度两个属性，在讨论表面的内存布局时，我们又引入 4 种属性，分别为：像素格式（Format），行数（RowNum），行大小（RowSize）（单位：字节），行间距（RowPitch）（单位：字节）。

正如前文所述，纹理中的每个表面都有一个像素格式。例如，DXGI_FORMAT_R8G8B8A8_UINT 表示表面中的每个像素是一个 4 分量的向量，每个分量是一个 8 位的 UINT 类型，当然还有更复杂的格式。其中，RGBA 的命名实际上具有误导性，RGBA 仅仅表示向量中的分量个数为 4，而与红（Red）、绿（Green）、蓝（Green）和透明度（Alpha）并没有任何关系，个人认为改成 XYZW 更符合逻辑。

对于每种像素格式，都有特定的计算公式，可以根据表面的宽度和高度计算出表面的行大小和行数。微软提供了开源的 DirectXTex 库对 DDS 文件格式（见 4.1.2 节）提供支持，读者可以在 http://directxtex.codeplex.com 上下载该库，在 4.3.1 节中，我们还会用到该库。

在 DirectXTex 库中的 DDSTextureLoader.cpp 中的 GetSurfaceInfo 函数中给出了相关的计算公式，我将相关代码复制了过来，并添加了注释以便读者学习。

```
static void GetSurfaceInfo(
                    DXGI_FORMAT fmt,//[In]
                    size_t Width,//[In]
                    size_t Height,//[in]
                    size_t* outRowSize,//[Out,opt]
                    size_t* outNumRow//[Out,opt]
                    )
{
      size_t RowSize = 0;
      size_t NumRow = 0;

      bool bc = false;//块压缩格式
      bool packed = false;//打包格式
      bool planar = false;//平面格式(一般用于视频的编码/解码，见 4.1.1 节)
      size_t bpe = 0;//块大小
      switch (fmt)
      {
      case DXGI_FORMAT_BC1_TYPELESS:
      case DXGI_FORMAT_BC1_UNORM:
      case DXGI_FORMAT_BC1_UNORM_SRGB:
      case DXGI_FORMAT_BC4_TYPELESS:
      case DXGI_FORMAT_BC4_UNORM:
      case DXGI_FORMAT_BC4_SNORM:
          bc = true;
          bpe = 8;
      break;

      case DXGI_FORMAT_BC2_TYPELESS:
      case DXGI_FORMAT_BC2_UNORM:
      case DXGI_FORMAT_BC2_UNORM_SRGB:
      case DXGI_FORMAT_BC3_TYPELESS:
      case DXGI_FORMAT_BC3_UNORM:
      case DXGI_FORMAT_BC3_UNORM_SRGB:
      case DXGI_FORMAT_BC5_TYPELESS:
      case DXGI_FORMAT_BC5_UNORM:
      case DXGI_FORMAT_BC5_SNORM:
      case DXGI_FORMAT_BC6H_TYPELESS:
```

```
        case DXGI_FORMAT_BC6H_UF16:
        case DXGI_FORMAT_BC6H_SF16:
        case DXGI_FORMAT_BC7_TYPELESS:
        case DXGI_FORMAT_BC7_UNORM:
        case DXGI_FORMAT_BC7_UNORM_SRGB:
            bc = true;
            bpe = 16;
        break;

        case DXGI_FORMAT_R8G8_B8G8_UNORM:
        case DXGI_FORMAT_G8R8_G8B8_UNORM:
        case DXGI_FORMAT_YUY2:
            packed = true;
            bpe = 4;
        break;

        case DXGI_FORMAT_Y210:
        case DXGI_FORMAT_Y216:
            packed = true;
            bpe = 8;
        break;

        case DXGI_FORMAT_NV12:
        case DXGI_FORMAT_420_OPAQUE:
            planar = true;
            bpe = 2;
        break;

        case DXGI_FORMAT_P010:
        case DXGI_FORMAT_P016:
            planar = true;
            bpe = 4;
        break;
        }

        if (bc)//块压缩格式
        {
            size_t numBlocksWide = (Width + 3) / 4;
            size_t numBlocksHigh = (Height + 3) / 4;
            RowSize = numBlocksWide * bpe;
            NumRow = numBlocksHigh;
        }
        else if (packed) //打包格式
        {
            RowSize = ((Width + 1) >> 1) * bpe;
            NumRow = Height;
        }
        else if (fmt == DXGI_FORMAT_NV11)//平面格式，一般用于视频的编码/解码
        {
            RowSize = ((Width + 3) >> 2) * 4;
            NumRow = Height * 2;
        }
        else if (planar) //平面格式，一般用于视频的编码/解码
        {
            RowSize = ((Width + 1) >> 1) * bpe;
            NumRow = Height + ((Height + 1) >> 1);
        }
        else
        {
            size_t bpp = BitsPerPixel(fmt); //BitsPerPixel 的实现相当简单，例如，
DXGI_FORMAT_R8G8B8A8_UNORM 的每个像素的二进制位数为 8(Red)+8(Green)+8(Blue)+8(Alpha)=32
            RowSize = (Width * bpp + 7) / 8;
            NumRow = Height;
        }
```

```
        if (outRowSize != NULL)
        {
            *outRowSize = RowSize;
        }
        if (outNumRow != NULL)
        {
            *outNumRow = NumRow;
        }
}
```

读者在 GetSurfaceInfo 函数中可以发现一些有趣的信息，例如，行数并不一定等于高度（块压缩格式就是如此）。

GetSurfaceInfo 函数是为 Direct3D11 设计的，在 Direct3D 12 中，我们不再需要用到该函数。ID3D12Device 接口提供更便利的方法 GetCopyableFootprints，我们会在下文中对此进行介绍。

上文中，我们还提到了表面的一个属性——行间距（RowPitch）（单位：字节）。

Direct3D 12 保证表面中的每一行 256 字节对齐，每一行实际占用的内存空间为 256*⌈RowSize/256⌉（其中⌈ ⌉表示向上取整），被定义为行间距，即 RowPitch=256*⌈RowSize/256⌉。在此基础上，Direct3D 12 还保证每个表面 512 字节对齐，每一个表面实际占用的内存空间为 512*⌈（RowPitch*RowNum）/512⌉，即表面的大小。

也就是说，Direct3D 12 会为每一行会填充 256*⌈RowSize/256⌉-RowSize 个不使用的字节基础。在此基础上，Direct3D 12 还会为每个表面填充 512*⌈（RowPitch*RowNum）/512⌉-RowPitch*RowNum 个不使用的字节。

Direct3D 12 为上文中的常量 256 和 512 提供了宏定义。

```
#define  D3D12_TEXTURE_DATA_PITCH_ALIGNMENT        (256)
#define  D3D12_TEXTURE_DATA_PLACEMENT_ALIGNMENT    (512 )
```

在启用 MSAA 的 2D 纹理数组中，涉及子资源索引（由于 MipLevel 为 1，即数组索引）和表面在子资源中的索引（最大为 SampleCount-1）两个维度。与上文 3D 纹理中不同的是，各个表面在序列中的索引是按照表面在子资源中的索引为主序计算的，也就是说，同一子资源中的各个表面在内存中是不连续的，如图 4-6 所示。

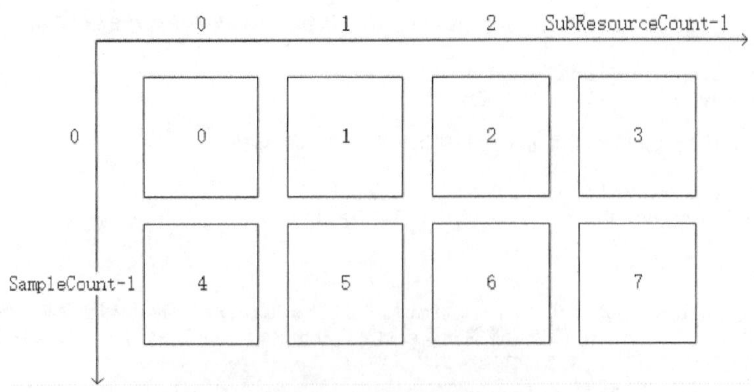

图 4-6 启用 MSAA 的 2D 纹理数组的表面索引

启用 MSAA 的 2D 纹理数组中的表面的内存布局没有标准的定义，随着显示适配器的不同而不同，必须在运行时通过调用相关的 API 来确定表面的大小。

正如上文所述，GetSurfaceInfo 函数是为 Direct3D 11 设计的，在 Direct3D 12 中，我们不再需要用到该函数。ID3D12Device 接口提供更便利的方法 GetCopyableFootprints，该方法的原型如下。

```
void STDMETHODCALLTYPE GetCopyableFootprints(
               const D3D12_RESOURCE_DESC *pResourceDesc,//[In]
               UINT FirstSubresource,        //[In]
               UINT NumSubresources,         //[In]
               UINT64 BaseOffset,            //[In]
D3D12_PLACED_SUBRESOURCE_FOOTPRINT *pLayouts,//[Out,size_is(NumSubresources),opt]
               UINT *pNumRows,//[Out,size_is(NumSubresources),opt]
               UINT64 *pRowSizeInBytes,      //[Out,size_is(NumSubresources),opt]
               UINT64 *pTotalBytes           //[Out,opt]
               )
```

该方法会计算资源中子资源索引在区间[FirstSubresource, FirstSubresource+NumSubresources]内的各个子资源的相关信息。

对于不启用 MSAA 的情形，该方法根据调用者会传入的描述资源的结构体 D3D12_RESOURCE_DESC，计算出各个子资源中的各个表面的行数和行大小并由此计算出行间距和表面大小。在假定索引为 FirstSubresource 的子资源的地址为调用者传入 BaseOffset 的情况下，根据求得的各个表面的大小，计算得到各个子资源的地址。

对于启用 MSAA 的情形，该方法向显示适配器查询各个表面的大小。由于同一子资源中的各个表面在内存中是不连续的，因此不存在“子资源的地址”的概念。该方法在假定索引为 FirstSubresource 的子资源中的第一个表面的地址为调用者传入 BaseOffset 的情况下，根据查询得到的各个表面的大小，计算得到各个子资源中的第一个表面的地址。并且该方法还会对传入的描述资源的 D3D12_RESOURCE_DESC 结构体的有效性进行检查，如果传入的结构体是无效的，那么该方法不会输出任何结果。

（1）pResourceDesc

用于描述资源的结构体，本书会在 4.2.3 节中对此进行介绍。

（2）FirstSubresource 和 NumSubresources

指定需要计算的子资源的范围是子资源索引在区间[FirstSubresource, FirstSubresource+NumSubresources]内。

（3）BaseOffset

正如上文所述，该方法在计算地址时需要用到该值。

（4）pLayout

用于描述子资源的内存布局的结构体，该结构体的定义如下。

```
struct D3D12_PLACED_SUBRESOURCE_FOOTPRINT
{
     UINT64 Offset;
     D3D12_SUBRESOURCE_FOOTPRINT Footprint;
}
```

其中，Footprint 又是一个 D3D12_SUBRESOURCE_FOOTPRINT 结构体，该结构体的定义如下。

```
struct D3D12_SUBRESOURCE_FOOTPRINT
{
    DXGI_FORMAT Format;
    UINT Width;
    UINT Height;
    UINT Depth;
    UINT RowPitch;
}
```

- Width、Height 和 Depth 是逻辑结构，Width、Height 即子资源的宽度和高度，Depth 即 3D 纹理中的子资源的深度，对 2D 纹理数组中的子资源而言，该成员没有意义。
- Format 即纹理的像素格式。
- Offset 和 RowPitch。

对于不启用 MSAA 的情形，Offset 即在假定索引为 FirstSubresource 的子资源的地址为调用者传入的 BaseOffset 的情况下，计算得出的子资源的地址；RowPitch 即子资源中的表面的行间距，根据上文，行间距=256*⌈行大小/256⌉。

对于启用 MSAA 的情形，Offset 即在假定索引为 FirstSubresource 的子资源的地址为调用者传入的 BaseOffset 的情况下，计算得出的子资源中的第一个表面的地址。正如上文所述，启用 MSAA 的 2D 纹理数组中的表面的内存布局没有标准的定义，因此，RowPitch 没有意义。

（5）pNumRows 和 pRowSizeInBytes

对于不启用 MSAA 的情形，pNumRows 中输出各个子资源中的表面的行数：pRowSizeInBytes 中输出各个子资源中的表面的行大小。正上文所述，对于每种像素格式，都有特定的计算公式，可以根据表面的宽度和高度计算出表面的行大小和行数，上文中的 GetSurfaceInfo 给出了相关的计算公式。

对于启用 MSAA 的情形，正如上文所述，启用 MSAA 的 2D 纹理数组中的表面的内存布局没有标准的定义。因此，pNumRows 和 pRowSizeInBytes 中输出的值没有意义。

（6）pTotalBytes

对于不启用 MSAA 的情形，输出子资源索引在区间[FirstSubresource, FirstSubresource+NumSubresources]内的各个子资源的大小的总和。

对于启用 MSAA 的情形，输出子资源索引在区间[FirstSubresource, FirstSubresource+NumSubresources]内的各个子资源中的第一个表面的大小的总和。显然如果要得到子资源中所有表面的大小的总和，还需要乘以 MSAA 的倍数。

但是，整个资源所占用的内存空间还受到资源的内存对齐的影响，假定当传入的区间[FirstSubresource, FirstSubresource+NumSubresources]包含资源中所有的子资源时，上述函数的 pTotalBytes 的输出为 TotalBytes，那么整个资源所占用的内存空间如下。

对于不启用 MSAA 的情形：Alignment*⌈TotalBytes/ Alignment⌉。

对于启用 MSAA 的情形：Alignment*⌈(TotalBytes*n)/ Alignment⌉。

其中，n 指 MSAA 的倍数，Alignment 指整个资源的内存对齐。ID3D12Device 接口提供便利的方法 GetResourceAllocationInfo 进行上述计算。

在 Direct3D 12 中，资源的内存对齐只有以下 3 种可能：4096 字节（4KB）对齐，65536 字节（64KB）对齐和 4194304 字节（4MB）对齐 Direct3D 12 为常量 65536 和 4194304 提供了宏定义。

```
#define   D3D12_DEFAULT_RESOURCE_PLACEMENT_ALIGNMENT      ( 65536 )
#define   D3D12_DEFAULT_MSAA_RESOURCE_PLACEMENT_ALIGNMENT( 4194304 )
```

对于缓冲，在内存中一定是 64KB 对齐的。

对于纹理，在没有启用 MSAA 的情形下，一定可以指定 64KB 对齐；在启用 MSAA 的情形下，一定可以指定 4MB 对齐。

特别地，当纹理的布局选项为 D3D12_TEXTURE_LAYOUT_UNKNOWN 时（一般情况下都为该选项，见 4.2.3 节），对于没有启用 MSAA 的情形，如果纹理不允许作为渲染目标或深度模板（D3D12_RESOURCE_DESC 的 Flags 成员，见 4.2.3 节），且纹理中的所有平面中的一个 Mip 索引为 0 的子资源的大小的和小于或等于 64KB，那么还可以指定 4KB 对齐；对于启用 MSAA 的纹理的情形，如果纹理中的所有平面中的一个 Mip 索引为 0 的子资源的大小（包括其中的所有表面）的和小于或等于 4MB，那么还可以指定 64KB 对齐。

2. DDS 文件布局

DDS（Direct Draw Surface）文件格式起源于 DirectDraw，目前可用于存放 Direct3D 中不启用 MSAA 的纹理类型的资源，即我们平时在建模工具（例如 3ds Max）中所说的“贴图”。微软提供了开源的 DirectXTex 库（见 4.1.2 节）对 DDS 文件格式提供支持。

DDS 文件的布局由首部和数据两部分组成，其中首部部分可能是 128 或 148 个字节，详情见 MSDN 上的 DDS 官方文档（http://msdn.microsoft.com/en-us/library/bb943991）。DDS 文件的数据部分即是资源中如上文中所述的各个表面的 1 维的序列。

在 DDS 文件中，表面的中的行不要求 256 字节对齐，同时整个表面也不要求 512 字节对齐。因此表面的布局即是 RowNum 个大小为 RowSize 的行，行与行之间或表面与表面之间都不存在间隙，并且整个资源也不要求字节对齐，即整个 DDS 文件中的数据部分的大小即为资源中各个表面的大小之和。

4.2 资源的创建

4.2.1 GPU 架构

在介绍资源的创建之前，我们先介绍 GPU 架构的概念，GPU 架构一共可以分为 3 种，分别为 NUMA（Non Unified Memory Access，非统一内存访问），NCC-UMA（Non Cache Coherence Unified Memory Access，非高速缓存相干统一内存访问）和 CC-UMA（Cache Coherence Unified Memory Access，高速缓存相干统一内存访问）。如图 4-7 所示。

其中，NUMA 即平时所说的“独显”，UMA 即平时所说的“集显”。

虽然在前文中已经强调过了（见 2.1.3 节），但是，在此我们再次强调，“内存”这个术语既可以指系统内存，也可以指显示内存。

1. NUMA

在 NUMA 中，内存分为显示内存和系统内存两种类型。

显示内存可以被 GPU 高速访问，但不能被 CPU 访问，因此，将数据从系统内存传输到显示内存的工作只能由 GPU 完成。GPU 访问系统内存是低速的，并且 GPU 访问系统内存是受限的，显然 GPU 并不能像 CPU 那样任意地访问 CPU 进程的虚拟地址空间，仅限于用 Direct3D 12 中特定的接口提供的特定的方法让 GPU 访问系统内存中的 Direct3D 资源。因此，需要由 CPU 将数据从系统内存中的任意位置传输到 Direct3D 资源所在的位置，才允许被 GPU 访问。

系统内存分为普通和写入合并两种类型。

CPU 在访问普通的系统内存时会经过 CPU 高速缓存，这意味着，只有 CPU 写入到 CPU 高速缓存中的数据被写入到系统内存中后，才可能在 GPU 读取系统内存时被访问到。同样地，只有 CPU 丢弃 CPU 高速缓存中的数据并从系统内存中读取，才可能访问到 GPU 写入到系统内存的数据。写入合并是专门为 CPU 写 GPU 读而优化的系统内存，CPU 写入到写入合并的系统内存时不会经过 CPU 高速缓存，CPU 写入的数据可以立即被 GPU 访问到，并且在同样不使用 CPU 高速缓存的情况下，CPU 写入到写入合并的系统内存比写入到普通的系统内存要快（在图 4-8 中，写入合并为“中速”而普通为“低速”）。

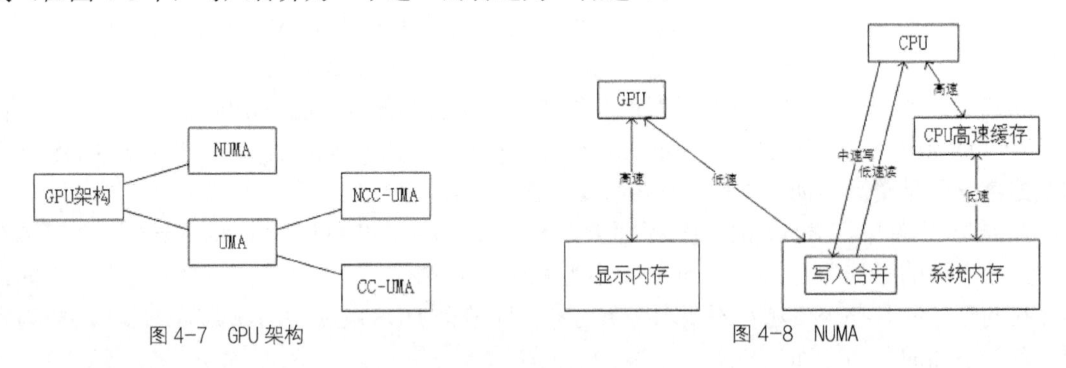

图 4-7 GPU 架构

图 4-8 NUMA

2. NCC-UMA

在 NCC-UMA 中，内存只有系统内存一种类型，如图 4-9 所示。GPU 可以和 CPU 一样高速地访问系统内存。系统内存分为普通和写入合并两种类型，具体的行为与 NUMA 中相同，在此不再赘述。

3. CC-UMA

在 CC-UMA 中，GPU 和 CPU 共享高速缓存，当 CPU 和 GPU 借助系统内存进行通信时，没有将数据从高速缓存同步到系统内存中的必要，应当尽可能地使数据存放在高速缓存中以提升性能，如图 4-10 所示。

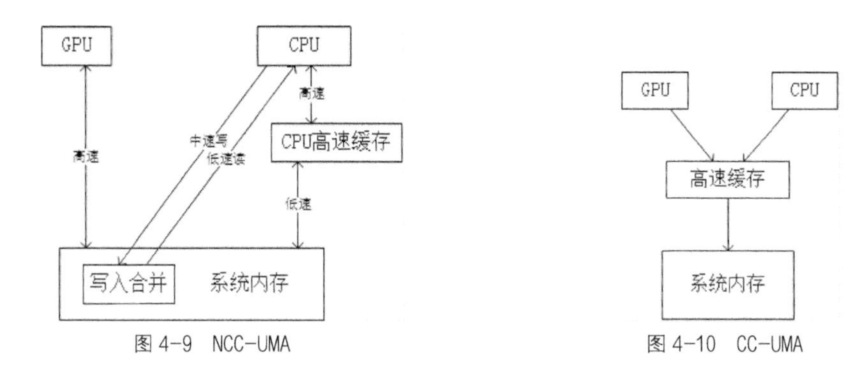

图 4-9　NCC-UMA　　　　图 4-10　CC-UMA

可以用 ID3D12Device 接口的 CheckFeatureSupport 方法并传入 D3D12_FEATURE_DATA_ARCHITECTURE 结构体来查询 GPU 架构，本书已经在 4.1.1 节中对该方法的原型进行了详细的介绍，在此不再赘述。

结构体 D3D12_FEATURE_DATA_ARCHITECTURE 的定义如下。

```
struct D3D12_FEATURE_DATA_ARCHITECTURE
{
     UINT NodeIndex;//[In]
     BOOL TileBasedRenderer;//[Out]
     BOOL UMA;//[Out]
     BOOL CacheCoherentUMA;//[Out]
}
```

（1）NodeIndex

支持多 GPU 节点适配器，一般都传入 0X1 表示适配器中的第一个 GPU 节点。

（2）TileBasedRenderer

与预订资源有关，本书不介绍预订资源。

（3）UMA

TRUE 表示 UMA 架构，FALSE 表示 NUMA 架构。

（4）CacheCoherentUMA

仅当 UMA 为 TRUE 时才有意义，TRUE 表示 CC-UMA，FALSE 表示 NCC-UMA。

4.2.2 资源堆

在 Direct3D 12 中创建资源的方式有 3 种：提交（Commit）、定位（Place）和预订（Reserve，又称平铺（Tile））。其中，提交是旧版本的 Direct3D 遗留的资源创建方式，根据 MSDN 上的 Direct3D 官方文档建议，应当被弃用，因此本书不作介绍，与提交相关的 API 是 ID3D12Device::CreateCommittedResource。其他两种方式都需要用到资源堆，因此，接下来我们对资源堆进行介绍。

ID3D12Device 接口的 CreateHeap 方法可以创建资源堆，该方法的原型如下。

```
HRESULT STDMETHODCALLTYPE CreateHeap(
                        const D3D12_HEAP_DESC *pDesc,//[In]
                        REFIID riid,//[In]
                        void **ppvObject//[Out]
                        )
```

1. pDesc

应用程序需要填充一个 D3D12_HEAP_DESC 结构体来描述所要创建的资源堆的属性，该结构体的定义如下。

```
struct D3D12_HEAP_DESC
{
     UINT64 SizeInBytes;
     D3D12_HEAP_PROPERTIES Properties;
     UINT64 Alignment;
     D3D12_HEAP_FLAGS Flags;
}
```

（1）Alignment

表示资源堆的内存对齐，在 Direct3D 12 中，资源堆的内存对齐只有两种可能：65536 字节（64KB）对齐和 4194304 字节（4MB）对齐。可以用辅助宏 D3D12_DEFAULT_RESOURCE_PLACEMENT_ALIGNMENT 和 D3D12_DEFAULT_MSAA_RESOURCE_PLACEMENT_ALIGNMENT（见 4.1.2.1 节），显然资源堆的内存对齐必须满足资源堆中分配的资源的内存对齐，即资源堆的内存对齐可以被资源的内存对齐整除。

（2）SizeInBytes

表示资源堆的大小，应当指定为资源堆的内存对齐的整数倍，否则会对性能产生不利的影响。

（3）Properties

D3D12_HEAP_PROPERTIES 结构体的定义如下。

```
struct D3D12_HEAP_PROPERTIES
{
     D3D12_HEAP_TYPE Type;
     D3D12_CPU_PAGE_PROPERTY CPUPageProperty;
     D3D12_MEMORY_POOL MemoryPoolPreference;
     UINT CreationNodeMask;
     UINT VisibleNodeMask;
}
```

Type 有 4 种取值。

- 默认（D3D12_HEAP_TYPE_DEFAULT）。
- 上传（D3D12_HEAP_TYPE_UPLOAD）。
- 回读（D3D12_HEAP_TYPE_READBACK）。
- 自定义（D3D12_HEAP_TYPE_CUSTOM）。
- 如果 Type 为默认、上传或回读，那么表示使用 Direct3D 12 的预定义类型，在这种情况下，MemoryPoolPreference 必须设置为 D3D12_MEMORY_POOL_UNKNOWN，且 CPUPageProperty 必须设置为 D3D12_CPU_PAGE_PROPERTY_UNKNOWN。

如果 Type 设置为自定义，那么应用程序可以设置 MemoryPoolPreference 和 CPUPage Property 的值定义堆的属性。

内存池属性（MemoryPoolPreference）表示资源堆在系统内存还是显示内存中。

- 系统内存（D3D12_MEMORY_POOL_L0）。
- 显示内存（D3D12_MEMORY_POOL_L1）。

正如 4.2.1 节中所述，只有 NUMA 中存在显示内存，而 UMA 中只存在系统内存。

CPU 页属性（CPUPagePropert）表示资源堆所占用的内存在 CPU 进程的虚拟地址空间中所对应的页的属性，分别为：

- 不可访问（D3D12_CPU_PAGE_PROPERTY_NOT_AVAILABLE）。
- 写入合并（D3D12_CPU_PAGE_PROPERTY_WRITE_COMBINE）。
- 普通（D3D12_CPU_PAGE_PROPERTY_WRITE_BACK）。

正如 4.2.1 节中所述，显示内存必须设置为不可访问，只有系统内存才允许设置为写入合并或普通。

对每一种预定义类型、每一种 GPU 架构，内存池属性和 CPU 页属性的值如表 4-1 所示。

表 4-1　　内存池属性和 CPU 页属性

	内存池属性	CPU 页属性	内存池属性	CPU 页属性	内存池属性	CPU 页属性
默认	NCC-UMA CC-UMA	系统内存	NUMA	显示内存	NUMA NCC-UMA CC-UMA	不可访问
上传	NUMA NCC-UMA CC-UMA	系统内存	NUMA NCC-UMA	写入合并	CC-UMA	普通
回读	NUMA NCC-UMA CC-UMA	系统内存	NUMA NCC-UMA CC-UMA	普通		

与自定义类型不同的是，Direct3D 12 的预定义类型上传和回读对资源堆中的资源的子资源的权限还有额外的限制：在上传堆中的资源，在创建时 InitialState 参数（见 3.4.1 节）必须设置为通用读，并且之后不允许用转换资源屏障转换；在回读堆中的资源，在创建时 InitialState 参数（见 3.4.1 节）必须设置为可作为复制宿，并且之后不允许用转换资源屏障转换。

应用程序如果希望回避由于处理不同的 GPU 架构而带来的复杂性，那么可以使用 Direct3D 12 的预定义类型，如图 4-11 所示。

其中，各种预定义类型的语义如下。

- 默认堆：可以被 GPU 高速访问，但不允许被 CPU 访问，可以通过上传堆作为中介（见下文）将数据从系统内存中的任意位置复制到默认堆中。一般情况下，不需要 CPU 访问的资源（例如渲染目标纹理，深度模板纹理），或者只需要在初始化时由 CPU 访问一次的资源（例如贴图纹理）应当存放在默认堆中。
- 上传堆：可以被 CPU 不经过 CPU 高速缓存地中速写入，并允许被 GPU 低速读取，顾名思义，主要用于将数据从 CPU 端传输到 GPU 端。只需要在初始化时由 CPU 访问一次的资源，可以通过上传堆作为中介，先由 CPU 将数据从系统内存中的任意位置复制到上传堆中，再由 GPU 将数据从上传堆复制到默认堆中。

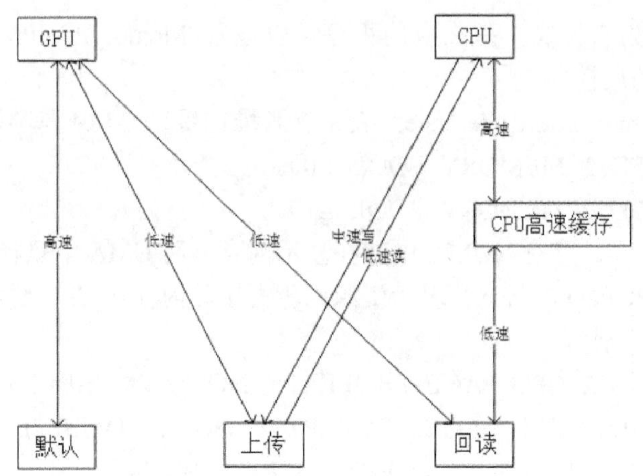

图 4-11　Direct3D 12 的预定义类型

一般情况下，需要 CPU 频繁更新的资源（例如蒙皮动画中的关节变换矩阵）由 GPU 直接从上传堆中读取而不再复制到默认堆中（因为复制过程本身就需要承担从上传堆中读取的开销，并且由于 CPU 会频繁地更新资源，默认堆中的资源很快就会失效，需要再次从上传堆中读取）。正如上文所述，上传堆中的资源中的子资源对图形/计算类的权限只能是通用读，因此，只有缓冲类型的资源才可以被 CPU 访问（见 4.3.1 节）。一般情况下，上传堆中资源一定是缓冲类型，否则是没有意义的（如果无法被 CPU 访问，那么完全可以使用默认堆）。

- 回读堆：可以被 CPU 或 GPU 低速访问，顾名思义，主要用于将数据从 GPU 端传输到 CPU 端。正如上文所述，回读堆中的资源中的子资源对图形/计算类的权限只能是可作为复制宿，因此，只有缓冲类型的资源才可以被 CPU 访问（见 4.3.1 节）。一般情况下，回读堆中资源一定是缓冲类型，否则是没有意义的（如果无法被 CPU 访问，那么完全可以使用默认堆）。

Direct3D 12 中的预定义类型的语义与 NUMA 架构高度一致，但是与 UMA 架构并不完全相符。例如，在 UMA 中，GPU 可以高速访问系统内存，也就是说，GPU 可以高速访问上传堆或回读堆。因此，并没有必要将资源从上传堆复制到默认堆中，让 GPU 直接访问上传堆中的资源即可。

但是，由于上传堆中的资源中的子资源对图形/计算类的权限只能是通用读，而回读堆中的资源中的子资源对图形/计算类的权限只能是可作为复制宿。因此，GPU 在访问上传堆或回读堆中的资源时，可能无法获取所要求的权限。如果要让 GPU 直接访问上传堆或回读堆中的资源，那么应当使用自定义类型以绕过预定义类型的额外的权限限制。

CreationNodeMask 和 VisibleNodeMask 支持多 GPU 节点适配器，一般都传入 0X1 表示适配器中的第一个 GPU 节点。

（4）Flags

主要分为以下几类标志。

首先介绍允许在资源堆中分配的资源的类型，包括以下。

- D3D12_HEAP_FLAG_DENY_BUFFERS 禁止分配缓冲。
- D3D12_HEAP_FLAG_DENY_RT_DS_TEXTURES 禁止分配允许作为渲染目标或深度模板（见 4.2.3 节中 D3D12_RESOURCE_DESC 结构体的 Flags 成员）的纹理。
- D3D12_HEAP_FLAG_DENY_NON_RT_DS_TEXTURES 禁止分配不允许作为渲染目标或深度模板的纹理。

同时，Direct3D 12 还提供了以下辅助宏。

- D3D12_HEAP_FLAG_ALLOW_ALL_BUFFERS_AND_TEXTURES=0
- D3D12_HEAP_FLAG_ALLOW_ONLY_BUFFERS=D3D12_HEAP_FLAG_DENY_RT_DS_TEXTURES|D3D12_HEAP_FLAG_DENY_NON_RT_DS_TEXTURES
- D3D12_HEAP_FLAG_ALLOW_ONLY_NON_RT_DS_TEXTURES=D3D12_HEAP_FLAG_DENY_BUFFERS|D3D12_HEAP_FLAG_DENY_NON_RT_DS_TEXTURES
- D3D12_HEAP_FLAG_ALLOW_ONLY_RT_DS_TEXTURES=D3D12_HEAP_FLAG_DENY_BUFFERS|D3D12_HEAP_FLAG_ALLOW_ONLY_NON_RT_DS_TEXTURES

显示适配器对资源堆的支持有两种不同的层次。对于层次 1，必须指定 D3D12_HEAP_FLAG_ DENY_BUFFERS、D3D12_HEAP_FLAG_DENY_RT_DS_TEXTURES 和 D3D12_HEAP_FLAG_DENY_ NON_RT_DS_TEXTURES 中的两个标志，我们可以使用 Direct3D 12 提供地辅助宏 D3D12_ HEAP_FLAG_ALLOW_ONLY_*；对于层次 2，则没有上述限制。

一般情况下，为了方便移植，在程序设计时，可以总是按照层次 1 的限制，这样便可以同时与层次 1 和层次 2 的显示适配器兼容。可以用 ID3D12Device 接口的 CheckFeatureSupport 方法填充 D3D12_FEATURE_DATA_D3D12_OPTIONS 结构体，该方法的原型 4.1.1 中进行了详尽的介绍，在此不再赘述，结构体的 ResourceHeapTier 成员即表示显示适配器对资源堆的支持的层次对于支持跨进程或跨显示适配器共享，本书不作介绍。

- D3D12_HEAP_FLAG_SHARED
- D3D12_HEAP_FLAG_SHARED_CROSS_ADAPTER

值得注意的是，D3D12_HEAP_FLAGS 中还有一个标志 D3D12_HEAP_FLAG_ALLOW_DISPLAY，但是它并不用于 ID3D12Device:: CreateHeap，而是在 ID3D12Device:: CreateCommitted Resource 中使用。

2. riid 和 ppvObject

MSDN 上的 Direct3D 官方文档指出：资源堆对象支持 ID3D12Heap 接口，可以使用 IID_PPV_ARGS 宏。

4.2.3 资源

由于并不是所有的显示适配器都支持预订资源，因此本书不介绍预订资源，考虑可以用 ID3D12Device 接口的 CheckFeatureSupport 方法填充 D3D12_FEATURE_DATA_D3D12_OPTIONS

结构体，本书已经在 4.1.1 节中对该方法的原型进行了详细的介绍，在此不再赘述。结构体的 TiledResourcesTier 成员，即表示显示适配器对预订资源的支持的层次。若该成员的值为 D3D12_TILED_RESOURCES_TIER_NOT_SUPPORTED，则表示显示适配器不支持预订资源。与预订相关的 API 如下。

ID3D12Device::CreateReservedResource

ID3D12CommandQueue::UpdateTileMappings

ID3D12CommandQueue::CopyTileMappings

ID3D12GraphicsCommandList::CopyTiles

本书只介绍定位资源，可以用 ID3D12Device 接口的 CreatePlacedResource 方法创建定位资源，该方法的原型如下。

```
HRESULT STDMETHODCALLTYPE CreatePlacedResource(
               ID3D12Heap *pHeap,//[In]
               UINT64 HeapOffset,//[In]
               const D3D12_RESOURCE_DESC *pDesc,//[In]
               D3D12_RESOURCE_STATES InitialState,//[In]
               const D3D12_CLEAR_VALUE *pOptimizedClearValue,//[In,opt]
               REFIID riid,//[In]
               void **ppvObject//[Out]
               )
```

1. pDesc

应用程序需要填充一个 D3D12_RESOURCE_DESC 来描述所要创建的资源的属性，该结构体的定义如下。

```
struct D3D12_RESOURCE_DESC
{
     D3D12_RESOURCE_DIMENSION Dimension;
     UINT64 Alignment;
     UINT64 Width;
     UINT Height;
     UINT16 DepthOrArraySize;
     UINT16 MipLevels;
     DXGI_FORMAT Format;
     DXGI_SAMPLE_DESC SampleDesc;
     D3D12_TEXTURE_LAYOUT Layout;
     D3D12_RESOURCE_FLAGS Flags;
}
```

（1）Dimension

表示资源的类型，共 4 种（见 4.1.1 节）。

- 缓冲（D3D12_RESOURCE_DIMENSION_BUFFER）。
- 1D 纹理数组（D3D12_RESOURCE_DIMENSION_TEXTURE1D）。
- 2D 纹理数组（D3D12_RESOURCE_DIMENSION_TEXTURE2D）。
- 3D 纹理（D3D12_RESOURCE_DIMENSION_TEXTURE3D）。

（2）Layout

表示资源的布局。

- 对于缓冲，该值必须为 D3D12_TEXTURE_LAYOUT_ROW_MAJOR。
- 对于纹理，D3D12_TEXTURE_LAYOUT_UNKNOWN，最高效的布局，一般都指定该值。

严格意义上，本书在 4.1.2 节中介绍的是当纹理数据存放在布局类型为 D3D12_TEXTURE_LAYOUT_ROW_MAJOR 的资源中时的内存布局，例如，当纹理数据存放在缓冲类型的资源（见 4.3.1 节）中时的内存布局。当纹理数据存放在布局类型为 D3D12_TEXTURE_LAYOUT_UNKNOWN 的纹理类型的资源中时，纹理数据的内存布局是没有标准的定义的，随着显示适配器的不同而不同。

Direct3D 12 提供了 CopyTextureRegion 命令，由 GPU 将纹理数据从内存布局有标准定义的缓冲类型的资源中，复制到内存布局没有标准定义的纹理类型的资源中（见 4.4.1 节）。也就是说，Direct3D 12 中的缓冲类型的资源对象在语义上可以表示一个通用的内存块，既可以用于存放缓冲数据，也可以用于存放纹理数据。

在 Direct3D 12 中，ID3D12Resource 接口提供了 WriteToSubresource 和 ReadFromSubresource 方法，以允许 CPU 访问内存布局没有标准定义的纹理数据。在 UMA 架构中，可以使用 ID3D12Resource 接口的 WriteToSubresource 方法，由 CPU 直接将数据从系统内存的任意位置复制到贴图纹理中。

- D3D12_TEXTURE_LAYOUT_ROW_MAJOR：支持跨适配器共享，本书不作介绍。
- D3D12_TEXTURE_LAYOUT_64KB_UNDEFINED_SWIZZLE：与预订资源有关，本书不作介绍。
- D3D12_TEXTURE_LAYOUT_64KB_STANDARD_SWIZZLE：与预订资源有关，本书不作介绍。

（3）Flags

主要分为以下几类标志。

- 资源权限（见 3.4.1 节）

以下标志都只适用于纹理。

D3D12_RESOURCE_FLAG_ALLOW_RENDER_TARGET：对图形/计算类的权限中允许有可作为渲染目标，不能和 D3D12_RESOURCE_FLAG_ALLOW_DEPTH_STENCIL 连用。

D3D12_RESOURCE_FLAG_ALLOW_DEPTH_STENCIL：对图形/计算类的权限中允许有可作为深度模板，或可作为只读深度模板，不能和 D3D12_RESOURCE_FLAG_ALLOW_RENDER_ TARGET 连用。

D3D12_RESOURCE_FLAG_DENY_SHADER_RESOURCE：对图形/计算类的权限中不允许有可作为非像素着色器资源，或可作为像素着色器资源，只有在指定 D3D12_RESOURCE_FLAG_ALLOW_DEPTH_STENCIL 的情况下才可以使用该标志。也就是说，默认情况下，纹理对图形/计算类的权限中都允许有可作为非像素着色器资源或可作为像素着色器资源。

D3D12_RESOURCE_FLAG_ALLOW_UNORDERED_ACCESS：对图形/计算类的权限中允许有可作为无序访问。

D3D12_RESOURCE_FLAG_ALLOW_SIMULTANEOUS_ACCESS：与转换资源屏障的行

为有关，见 3.4.1 节。

- 支持跨显示适配器共享，本书不作介绍

D3D12_RESOURCE_FLAG_ALLOW_CROSS_ADAPTER

（4）Alignment

表示资源的内存对齐（见 4.1.2 节）。

- 对于缓冲，在内存中一定是 64KB 对齐的。
- 对于纹理，没有启用 MSAA 的情形，一定可以指定 64KB 对齐；启用 MSAA 的纹理的情形，一定可以指定 4MB 对齐。
- 特别地，当纹理的布局选项（见 Layout 成员）为 D3D12_TEXTURE_LAYOUT_UNKNOWN 时：对于没有启用 MSAA 的情形，如果纹理不允许作为渲染目标或深度模板（见 Flags 成员），且纹理中的所有平面中的一个 Mip 索引为 0 的子资源的大小的和小于或等于 64KB，那么还可以指定 4KB 对齐；对于启用 MSAA 的纹理的情形，如果纹理中的所有平面中的一个 Mip 索引为 0 的子资源的大小（包括其中的所有表面）的和小于或等于 4MB，那么还可以指定 64KB 对齐。

（5）Width、Height、DepthOrArraySize、MipLevels、Format

表示资源的相关属性（见 4.1.1 节）。

- 对于缓冲，只有 Width 有意义，Height、DepthOrArraySize 和 MipLevels 必须指定为 1，Format 必须指定为 DXGI_FORMAT_UNKNOWN。
- 对于纹理，读者根据各个成员的名字可以很容易地判断各个成员的含义。

（6）SampleDesc

表示 MSAA（见 4.1.1 节）。只有允许作为渲染目标或深度模板且没有指定 D3D12_RESOURCE_FLAG_ALLOW_SIMULTANEOUS_ACCESS 标志（见 Flags 成员），且 MipLevel 为 1 的 2D 纹理数组可以启用 MSAA。Count 为 1 且 Quality 为 0 表示禁用 MSAA（见 2.1.4 节）。

MSAA 可用的倍数（即 Count）和质量（即 Quality）与 2D 纹理数组的格式有关。Direct3D 12 中适配器的功能级至少为 11.0（见 2.1.2 节），MSDN 上的 Direct3D 官方文档指出：功能级为 11.0 的显示适配器对 DXGI_FORMAT_R8G8B8A8_UNORM 格式一定支持 8 倍 MSAA。可以用 ID3D12Device 接口的 CheckFeatureSupport 方法确定显示适配器对 MSAA 的支持，本书已经在 4.1.1 节中对该方法的原型进行了详细的介绍，在此不再赘述。

确定显示适配器对 MSAA 的支持应当传入 D3D12_FEATURE_DATA_MULTISAMPLE_QUALITY_LEVELS 结构体，该结构体的定义如下。

```
struct D3D12_FEATURE_DATA_MULTISAMPLE_QUALITY_LEVELS
{
     DXGI_FORMAT Format;           //[In]
     UINT SampleCount;             //[In]
     D3D12_MULTISAMPLE_QUALITY_LEVEL_FLAGS Flags;//[In]
     UINT NumQualityLevels;        //[Out]
}
```

- Format：传入纹理的格式。

- SampleCount：传入 MSAA 的倍数。
- Flags：与预订资源有关，本书介绍预订资源。
- NumQualityLevels：输出在特定的纹理格式和特定的 MSAA 的倍数下支持的 MSAA 质量等级的数量，DXGI_SAMPLE_DESC 的 Quality 成员（即 MSAA 质量等级）取值范围为 0-NumQualityLevels-1。

2. pHeap

表示资源所在的资源堆，显然，资源堆的内存对齐必须满足资源的内存对齐，即资源堆的内存对齐可以被资源的内存对齐（即 Alignment 成员）整除。

3. HeapOffset

表示资源的首地址相对于资源堆的首地址的偏移，显然，必须能被资源的内存对齐（即 Alignment 成员）整除。

4. InitialState

本书已经在 3.4.1 节中对该成员的含义进行了详细的介绍，在此不再赘述，并且 Direct3D 12 的预定义类型上传和回读对权限有额外的限制（见 4.2.2 节）。

5. pOptimizedClearValue

传入 NULL 表示不设置该值。对允许作为渲染目标或深度模板（见 pDesc 的 Layout 成员）的纹理可以设置该值，如果命令列表中的 ClearRenderTargetView 和 ClearDepthStencilView 命令中的值与该值一致，那么在执行时的效率会得到提升。

6. riid 和 ppvObject

MSDN 上的 Direct3D 官方文档指出：资源对象支持 ID3D12Resource 接口，可以使用 IID_PPV_ARGS 宏。

4.3 CPU 访问资源

4.3.1 概念

正如 4.2.2 节中所述，可以被 CPU 访问的资源必须在系统内存中，并且 CPU 的页属性必须为写入合并或普通。但是，在 Direct3D 12 中，还涉及到子资源的权限的问题。

缓冲类型的资源中的子资源总是可以被 CPU 访问的，但 CPU 在访问纹理类型的资源中的子资源时，子资源对图形/计算类的权限必须有公共（D3D12_RESOURCE_STATE_COMMON，见 3.4.1 节）。在此，我们对公共权限总结如下。

GPU 在执行直接命令队列中的 IDXGISwapChain::Present 命令时，或 CPU 在访问纹理类型的资源中的子资源时，子资源对图形/计算类的权限必须有公共。

1. 映射

可以使用 ID3D12Resource 接口的 Map 方法，将子资源占用的系统内存映射到 CPU 进程的虚拟地址空间中，同时清除 CPU 高速缓存中的相关数据，以保证 CPU 一定从系统内存中读取数据，一定可以访问到 GPU 写入到系统内存的数据，该方法的原型如下。

```
HRESULT STDMETHODCALLTYPE Map(
        UINT Subresource,//[In,opt]
        const D3D12_RANGE *pReadRange,//[In,opt]
        void **ppData//[Out,opt])
```

（1）Subresource

表示子资源索引（见 4.1.1 节）。

（2）pReadRange

表示子资源中的一个区域，是一个半开半闭区间，范围在[0,子资源大小]内，CPU 高速缓存中的相关数据会被清除，可以指定为空集，那么不会清除 CPU 高速缓存中的任何数据，只要半开半闭区间的左端点大于或等于右端点即表示空集，一般地，我们都用半开半闭区间[0,0]表示空集。

一般情况下，表示 CPU 可能从子资源中读取的区域，由于 CPU 高速缓存中的相关数据被清除，从而保证了 CPU 一定从系统内存而不是 CPU 高速缓存中读取数据，一定可以访问到 GPU 写入到系统内存的数据。

但是，正如 4.2.1 节中所述，对于 CC-UMA，没有将数据从高速缓存同步到系统内存中的必要，应当尽可能地使数据存放在高速缓存中以提升性能，因此总是应当将该区域设置为空集。

（3）pData

输出子资源映射到 CPU 进程的虚拟地址空间中的首地址。

正如前文所述，CPU 读取写入合并的系统内存是低速。一般情况下，我们只会写入而不会读取写入合并的系统内存。但 MSDN 上的 Direct3D 官方文档指出：由于编译器的优化，在逻辑上并不会读取内存的 C/C++代码，可能会编译生成会读取内存的二进制代码，可以用 C/C++的 volatile 关键字阻止相关的编译器优化。

2. 反映射

可以使用 ID3D12Resource 接口的 Unmap 方法，将子资源映射到 CPU 进程的虚拟地址空间中的相应的页释放，同时将 CPU 高速缓存中相关的数据写入到系统内存中，以保证 GPU 在读取系统内存时一定可以访问到 CPU 写入到系统内存的数据，该方法的原型如下。

```
void STDMETHODCALLTYPE Unmap(
        UINT Subresource,//[In]
        const D3D12_RANGE *pWrittenRange//[In,opt]
        )
```

（1）Subresource

子资源索引（见 4.1.1 节）。

（2）pWrittenRange

表示子资源中的一个区域，是一个半开半闭区间，范围在[0,子资源大小）内。CPU 高速缓存中的相关数据会被写入到系统内存，可以指定为空集，即不会将 CPU 高速缓存中的任何数据写入到系统内存，只要半开半闭区间的左端点大于或等于右端点，即表示空集。一般地，我们都用半开半闭区间[0,0）表示空集。

一般情况下，表示 CPU 已在子资源中写入的区域，由于 CPU 高速缓存中的相关数据被写入到了系统内存，从而保证了 GPU 在读取系统内存时一定可以访问到 CPU 写入到系统内存的数据。但是，正如 4.2.1 节中所述，对于写入合并的系统内存，本身就不经过 CPU 高速缓存，没有必要将 CPU 高速缓存中的相关数据写入到系统内存，因此总是应当将该区域设置为空集。并且，对于 CC-UMA 来说，没有将数据从高速缓存同步到系统内存中的必要，应当尽可能地使数据存放在高速缓存中以提升性能，因此应当始终将该区域设置为空集。

实际上，对于以上两种情况，如果不需要释放 CPU 进程的虚拟地址空间中的相应的页，那么甚至没有必要在 CPU 完成对系统内存的写入后调用 D3D12Resource 接口的 UnMap 方法，GPU 在读取系统内存时一定可以访问到 CPU 写入到系统内存的数据。一般情况下，都是在资源创建时调用 ID3D12Resource 接口 Map 方法将资源映射到 CPU 进程的虚拟地址空间中，直到资源销毁时才调用 ID3D12Resource 接口 Unmap 方法释放 CPU 进程的虚拟地址空间中的相应的页。

Direct3D 12 预定义的上传堆就是以上这两种情况，对于 CC-UMA，Direct3D 12 预定义的回读堆是第 2 种情况。

4.3.2 加载 DDS 文件（一）

正如 4.2.2 节中所述，在初始化时只需要由 CPU 访问一次的资源，可以先由 CPU 将数据从系统内存中的任意位置复制到上传堆中，再由 GPU 将数据从上传堆复制到默认堆中。典型的，即 DDS 文件（见 4.1.2 节）中的贴图纹理资源，接下来，介绍由 CPU 将数据从系统内存中的任意位置复制到上传堆中的过程。

在介绍加载 DDS 文件之前，首先生成一个 DDS 文件用于加载。用画图工具生成一张大小 256*256 的位图，如图 4-12 所示。

用 DirectXTex 库（见 4.1.2 节）中提供的 TexConv 工具将位图转换为一个 DDS 文件，如图 4-13 所示，命令行如下。

D:\texconv.exe D:\Test.png -dx10 -m 9 -f BC1_UNORM_SRGB -o D:\

-dx10 选项表示强制使用 DirectX10 首部扩展，保证了 DDS 文件的首部大小为 148，详情见 MSDN 上的 DDS 官方文档（http://msdn.microsoft.com/en-us/library/bb943991）；-m 9 选项表示 MipLevel 等级为 9；-f BC1_UNORM_SRGB 选项表示纹理的格式，在此我们使用 Direct3D 推荐的块压缩格式。

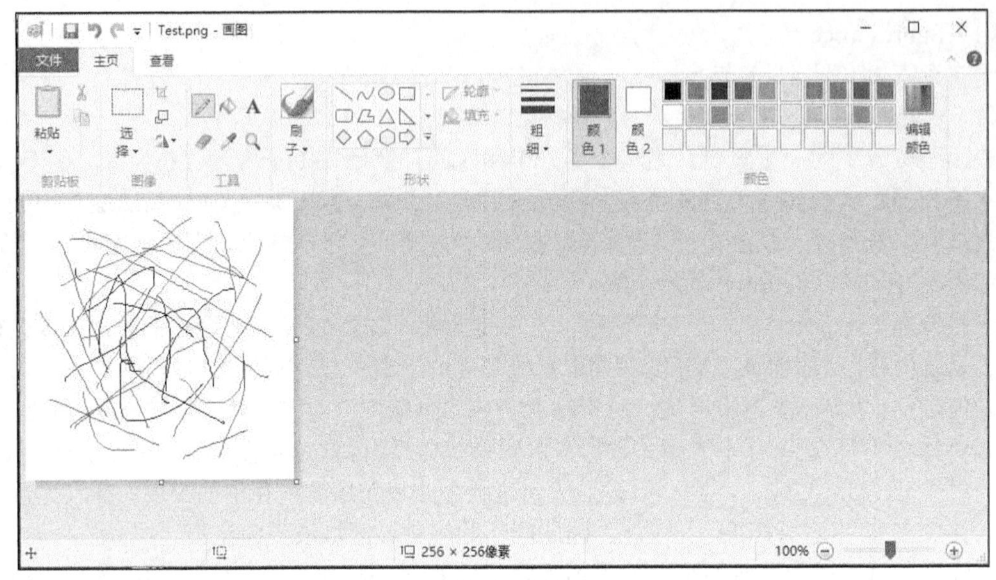

图 4-12　画图

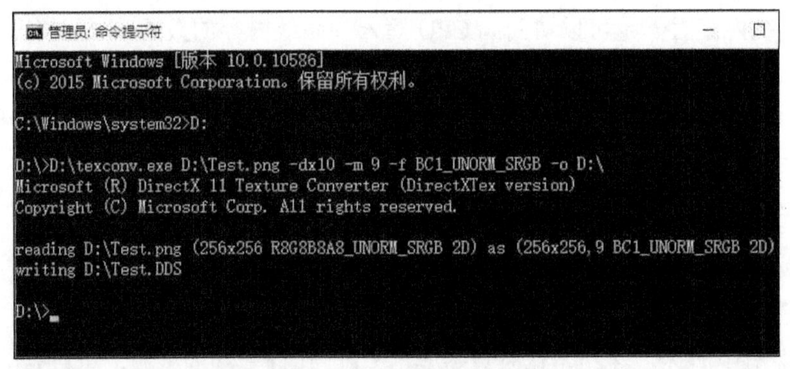

图 4-13　TexConv 工具

接下来，我们对加载刚刚生成的 DDS 文件的过程进行介绍，在此，只介绍 CPU 将数据从系统内存中的任意位置复制到上传堆中的过程，由 GPU 将数据从上传堆复制到默认堆中的过程会在 4.4.1 节中进行介绍。

正如 4.2.2 节中所述，由于上传堆中的资源对图形/计算类的权限只能是通用读，在这种情况下，只有缓冲类型的资源才可以被 CPU 访问（见 4.3.1 节），因此，我们创建一个上传堆，并在上传堆中创建一个缓冲。

不妨在 rendermain.cpp 中加入以下代码。

```
//创建上传堆
ID3D12Heap *pUploadHeap;
{
    D3D12_HEAP_DESC heapdc;
    heapdc.SizeInBytes = D3D12_DEFAULT_RESOURCE_PLACEMENT_ALIGNMENT * 16;//只要足够存放要
加载的纹理资源即可
```

```
        heapdc.Properties.Type = D3D12_HEAP_TYPE_UPLOAD;
        heapdc.Properties.CPUPageProperty = D3D12_CPU_PAGE_PROPERTY_UNKNOWN;
        heapdc.Properties.MemoryPoolPreference = D3D12_MEMORY_POOL_UNKNOWN;
        heapdc.Properties.CreationNodeMask = 0X1;
        heapdc.Properties.VisibleNodeMask = 0X1;
        heapdc.Alignment = D3D12_DEFAULT_RESOURCE_PLACEMENT_ALIGNMENT;
        heapdc.Flags = D3D12_HEAP_FLAG_DENY_RT_DS_TEXTURES | D3D12_HEAP_FLAG_DENY_NON_RT_DS_TEXTURES;
        pD3D12Device->CreateHeap(&heapdc, IID_PPV_ARGS(&pUploadHeap));
    }
    //创建缓冲
    ID3D12Resource *pUploadBuffer;
    {
        D3D12_RESOURCE_DESC bufferdc;
        bufferdc.Dimension = D3D12_RESOURCE_DIMENSION_BUFFER;
        bufferdc.Alignment = D3D12_DEFAULT_RESOURCE_PLACEMENT_ALIGNMENT;
        bufferdc.Width = D3D12_DEFAULT_RESOURCE_PLACEMENT_ALIGNMENT * 16; //只要足够存放要加
    载的纹理资源即可
        bufferdc.Height = 1;
        bufferdc.DepthOrArraySize = 1;
        bufferdc.MipLevels = 1;
        bufferdc.Format = DXGI_FORMAT_UNKNOWN;
        bufferdc.SampleDesc.Count = 1;
        bufferdc.SampleDesc.Quality = 0;
        bufferdc.Layout = D3D12_TEXTURE_LAYOUT_ROW_MAJOR;
        bufferdc.Flags = D3D12_RESOURCE_FLAG_NONE;
        pD3D12Device->CreatePlacedResource(pUploadHeap, 0, &bufferdc,
    D3D12_RESOURCE_STATE_GENERIC_READ, NULL, IID_PPV_ARGS(&pUploadBuffer));// 正如4.2.2节中
    所述，上传堆中的资源在创建时 InitialState 参数必须设置为通用读，在这种情况下，对图形/计算类的权限为通
    用读，对复制类的权限为公共（见3.4.1节）
    }
```

正如4.3.1节中所述，对于上传堆中的资源，一般情况下，都是在资源创建时调用ID3D12Resource 接口 Map 方法将资源映射到 CPU 进程的虚拟地址空间中，直到资源销毁时才调用 ID3D12Resource 接口 Unmap 方法释放 CPU 进程的虚拟地址空间中的相应的页，并且，应当用 C/C++的 volatile 关键字阻止相关的编译器优化，以防止在逻辑上并不会读取内存的 C/C++代码编译生成会读取内存的二进制代码。

```
    volatile UINT8 *pUploadBufferData;
    {
        void *p;
        D3D12_RANGE range = { 0,0 };//不需要从上传堆中读取
        pUploadBuffer->Map(0, &range, &p);
        pUploadBufferData = static_cast<UINT8 *>(p);
    }
```

在 4.1.2 节中，我们已经对 DDS 文件数据部分的布局进行了介绍，DDS 文件中的纹理并没有内存对齐的要求，表面中一行占用的空间即为 RowSize，整个表面占用的空间即为 RowSize*RowNum，整个 DDS 文件中的数据部分的大小即为资源中各个表面的大小之和。

但是在内存中纹理具有内存对齐的要求，表面中一行占用的空间为 256*⌈RowSize/256⌉（称作 RowPitch），整个表面占用的空间为 512*⌈（RowPitch*RowNum）/512⌉，可以用 ID3D12Device:: GetCopyableFootprints 计算资源在内存中的布局。

不妨在 rendermain.cpp 中加入以下代码。

```
//用内存映射文件将 DDS 文件从外存中加载到系统内存中
HANDLE hDDSFile = CreateFileW(L"D:\\Test.DDS", GENERIC_READ, FILE_SHARE_READ, NULL,
OPEN_EXISTING, FILE_ATTRIBUTE_NORMAL, NULL);
LARGE_INTEGER szDDSFile;
GetFileSizeEx(hDDSFile, &szDDSFile);
HANDLE hDDSSection = CreateFileMappingW(hDDSFile, NULL, PAGE_READONLY, 0,
szDDSFile.LowPart, NULL);
void *pDDSFile = MapViewOfFile(hDDSSection, FILE_MAP_READ, 0, 0, szDDSFile.LowPart);
UINT8 *pDDSFileData;

//假装从首部从获取信息
pDDSFileData = static_cast<UINT8 *>(pDDSFile) + 4 + 124 + 20;//跳过 DDS 首部，一般情况下，
我们需要从 DDS 文件的首部中获取相关的信息以填充 D3D12_RESOURCE_DESC 结构体，但在此处，由于之前用
TexConv 工具生成了 DDS 文件，因此我们知道相关的信息，为了简便，在示例程序中，我们直接使用相关信息
D3D12_RESOURCE_DESC rcdc;
rcdc.Dimension = D3D12_RESOURCE_DIMENSION_TEXTURE2D;
rcdc.Alignment = D3D12_DEFAULT_RESOURCE_PLACEMENT_ALIGNMENT;
rcdc.Width = 256;
rcdc.Height = 256;
rcdc.DepthOrArraySize = 1;
rcdc.MipLevels = 9;
rcdc.Format = DXGI_FORMAT_BC1_UNORM;
rcdc.SampleDesc.Count = 1;
rcdc.SampleDesc.Quality = 0;
rcdc.Layout = D3D12_TEXTURE_LAYOUT_UNKNOWN;
rcdc.Flags = D3D12_RESOURCE_FLAG_NONE;

//用 CPU 将数据从系统内存中的任意位置复制到上传堆中
UINT64 texOffset = 0;//一般情况下，同一缓冲中往往同时有多个不同的区域分别用作各种不同的用途（例如
同时加载多个 DDS 文件），因此，通过指定不同的偏移值使得这些区域在缓冲中不重叠，MSDN 上的 Direct3D 官方文
档指出，对于纹理类型的资源该偏移值必须 512 字节对齐
D3D12_PLACED_SUBRESOURCE_FOOTPRINT Layouts[9];
UINT NumRows[9];
UINT64 RowSizeInByte[9];
pD3D12Device->GetCopyableFootprints(&rcdc, 0, 9, texOffset, Layouts, NumRows,
RowSizeInByte, NULL);
volatile UINT8 *pTexBufferData;
for (int i = 0; i < 9; ++i)//对每一个表面
{
     pTexBufferData = pUploadBufferData + Layouts[i].Offset;//内存中整个表面要求 512 字节对齐
     for (UINT irow = 0; irow < NumRows[i]; ++irow)//对每一行
     {
          for (UINT ib = 0; ib < RowSizeInByte[i]; ++ib)//复制一整行
               pTexBufferData[ib] = pDDSFileData[ib];
          pTexBufferData += Layouts[i].Footprint.RowPitch;//内存中的一行要求 256 字节对齐
          pDDSFileData += RowSizeInByte[i];//DDS 文件中的一行占用的空间就是行大小
     }
}

UnmapViewOfFile(pDDSFile);
CloseHandle(hDDSSection);
CloseHandle(hDDSFile);
```

4.4 GPU 访问资源

4.4.1 复制——加载 DDS 文件（二）

正如 4.2.2 节中所述，在初始化时只需要由 CPU 访问一次的资源，可以先由 CPU 将数据

从系统内存中的任意位置复制到上传堆中，再由 GPU 将数据从上传堆复制到默认堆中。典型的，即 DDS 文件（见 4.1.2 节）中的贴图纹理资源。在 4.3.2 节中，我们已经对由 CPU 将数据从系统内存中的任意位置复制到上传堆中的过程进行了介绍，接下来，我们对由 GPU 将数据从上传堆复制到默认堆中的过程进行介绍。

创建一个默认堆，并在默认堆中创建一个纹理资源，不妨在 rendermain.cpp 中加入以下代码。

```
//创建默认堆
ID3D12Heap *pTexHeap;
{
    D3D12_HEAP_DESC heapdc;
    heapdc.SizeInBytes = D3D12_DEFAULT_MSAA_RESOURCE_PLACEMENT_ALIGNMENT * 16;
    heapdc.Properties.Type = D3D12_HEAP_TYPE_DEFAULT;
    heapdc.Properties.CPUPageProperty = D3D12_CPU_PAGE_PROPERTY_UNKNOWN;
    heapdc.Properties.MemoryPoolPreference = D3D12_MEMORY_POOL_UNKNOWN;
    heapdc.Properties.CreationNodeMask = 0X1;
    heapdc.Properties.VisibleNodeMask = 0X1;
    heapdc.Alignment = D3D12_DEFAULT_MSAA_RESOURCE_PLACEMENT_ALIGNMENT;
    heapdc.Flags = D3D12_HEAP_FLAG_DENY_BUFFERS| D3D12_HEAP_FLAG_DENY_RT_DS_TEXTURES;
    pD3D12Device->CreateHeap(&heapdc, IID_PPV_ARGS(&pTexHeap));
}
//创建纹理
ID3D12Resource *pTex;
{
    D3D12_RESOURCE_DESC rcdc;//正如上文所述，根据 DDS 首部获取相关的信息，在此省略相关代码
    //......
    pD3D12Device->CreatePlacedResource(pTexHeap, 0, &rcdc,
D3D12_RESOURCE_STATE_PIXEL_SHADER_RESOURCE, NULL, IID_PPV_ARGS(&pTex)); //此处，将
InitialState 设置为可作为像素着色器资源，在这种情况下，对图形/计算类的权限为可作为像素着色器资源，对
复制类的权限为公共（见 3.4.1 节），本书会在 4.5.5 节中对像素着色器访问纹理进行详细的介绍
}
```

接下来，我们执行命令列表中的 CopyTextureRegion 命令，用 GPU 将数据从上传堆中的缓冲复制到默认堆中的纹理中。正如 3.1.2 节中所述，为了充分利用硬件层面的并行性，应当在复制命令队列上执行该命令，因此，我们创建一个复制命令队列、一个复制命令分配器和一个复制命令列表。不妨在 rendermain.cpp 中加入以下代码。

```
//创建复制命令队列
ID3D12CommandQueue *pCopyCommandQueue;
{
    D3D12_COMMAND_QUEUE_DESC cqdc;
    cqdc.Type = D3D12_COMMAND_LIST_TYPE_COPY;
    cqdc.Priority = D3D12_COMMAND_QUEUE_PRIORITY_NORMAL;
    cqdc.Flags = D3D12_COMMAND_QUEUE_FLAG_NONE;
    cqdc.NodeMask = 0X1;
    pD3D12Device->CreateCommandQueue(&cqdc, IID_PPV_ARGS(&pCopyCommandQueue));
}
//创建复制命令分配器
ID3D12CommandAllocator *pCopyCommandAllocator;
pD3D12Device->CreateCommandAllocator(D3D12_COMMAND_LIST_TYPE_COPY,
IID_PPV_ARGS(&pCopyCommandAllocator));
//创建复制命令列表
ID3D12GraphicsCommandList *pCopyCommandList;
pD3D12Device->CreateCommandList(0, D3D12_COMMAND_LIST_TYPE_COPY, pCopyCommandAllocator,
NULL, IID_PPV_ARGS(&pCopyCommandList));
```

GPU 线程在复制命令队列上执行 CopyTextureRegion 命令时，作为复制源的子资源对复制

类的权限必须有可作为复制源（D3D12_RESOURCE_STATE_COPY_SOURCE，见3.4.1节），作为复制宿的子资源对复制类的权限必须有可作为复制宿（D3D12_RESOURCE_STATE_COPY_DEST，见3.4.1节）。

正如上文所述，我们在上传堆中创建的缓冲和在默认堆中创建的缓冲对复制类的权限都为公共。在这种情况下，当GPU线程执行CopyTextureRegion命令时，会发生提升（见3.4.1节），不需要再在命令列表中存放ResourceBarrier命令。不妨在rendermain.cpp中加入以下代码。

```
D3D12_PLACED_SUBRESOURCE_FOOTPRINT Layouts[9];//正如4.3.2节中所述，用
ID3D12Device::GetCopyableFootprints获取的相关信息，在此省略相关代码
//……
D3D12_TEXTURE_COPY_LOCATION dst;
dst.pResource = pTex;
dst.Type = D3D12_TEXTURE_COPY_TYPE_SUBRESOURCE_INDEX;
D3D12_TEXTURE_COPY_LOCATION src;
src.pResource = pUploadBuffer;
src.Type = D3D12_TEXTURE_COPY_TYPE_PLACED_FOOTPRINT;
for (int i = 0; i < 9; ++i)
{
    dst.SubresourceIndex = i;
    src.PlacedFootprint = Layouts[i];
    pCopyCommandList->CopyTextureRegion(&dst, 0, 0, 0, &src, NULL);//相关的子资源对复制类
的权限会提升
}
pCopyCommandList->Close();
pCopyCommandQueue->ExecuteCommandLists(1, reinterpret_cast<ID3D12CommandList
**>(&pCopyCommandList));
```

以上我们即完成了对DDS文件资源的加载，本书会在4.5.5节中对像素着色器访问纹理进行详细的介绍。

4.4.2　解析——MSAA

在2.1.4节中，我们提到了翻转模型的交换链中的缓冲并不支持MSAA，如果要使用MSAA，应当创建一个启用MSAA的2D纹理数组，先用Direct3D 12渲染到该2D纹理数组中的表面，再用ID3D12GraphicsCommandList::ResolveSubresource对启用MSAA的2D纹理数组进行解析，并将解析结果写入到交换链缓冲中。接下来，我们将对此进行详细的介绍。

首先，我们创建一个启用MSAA的2D纹理数组。在创建2D纹理数组之前，我们需要先创建一个资源堆。正如4.2.2节中所述，由于该2D纹理数组不需要CPU访问，因此，我们使用默认堆。并且由于该2D纹理数组允许作为渲染目标，因此，为了与所有的显示适配器兼容，我们禁止在堆中创建缓冲或不允许作为渲染目标或深度模板的纹理。

在创建资源堆之前，我们需要确定资源的大小，正如4.1.2节中所述，可以用ID3D12Device::GetResourceAllocationInfo确定资源的大小，该方法要求传入一个D3D12_RESOURCE_DESC结构体，该结构体的SampleDesc成员要求指定MSAA的倍数和质量。

正如4.2.3节所述，Direct3D 12中适配器对DXGI_FORMAT_R8G8B8A8_UNORM格式一定支持8倍多重采样，可以用ID3D12Device接口的CheckFeatureSupport方法确定显示适配器对MSAA的支持，为了与所有的显示适配器兼容，我们使用DXGI_FORMAT_R8G8B8A8_

UNORM 格式和 8 倍 MSAA。在 2.4.2 节的基础上在 rendermain.cpp 中加入以下代码。

```
ID3D12Heap *pRTDSHeap;
ID3D12Resource *pMSAARTTex;
{
    //确定显示适配器对 MSAA 的支持
    D3D12_FEATURE_DATA_MULTISAMPLE_QUALITY_LEVELS msaaql;
    msaaql.Format = DXGI_FORMAT_R8G8B8A8_UNORM;
    msaaql.SampleCount = 8;
    msaaql.Flags = D3D12_MULTISAMPLE_QUALITY_LEVELS_FLAG_NONE;
    pD3D12Device->CheckFeatureSupport(D3D12_FEATURE_MULTISAMPLE_QUALITY_LEVELS,
&msaaql, sizeof(D3D12_FEATURE_DATA_MULTISAMPLE_QUALITY_LEVELS));

    //填充 D3D12_RESOURCE_DESC 结构体
    D3D12_RESOURCE_DESC rcdc;
    rcdc.Dimension = D3D12_RESOURCE_DIMENSION_TEXTURE2D;
    rcdc.Alignment = D3D12_DEFAULT_MSAA_RESOURCE_PLACEMENT_ALIGNMENT;
    rcdc.Width = 800;
    rcdc.Height = 600;
    rcdc.DepthOrArraySize = 1;
    rcdc.MipLevels = 1;
    rcdc.Format = DXGI_FORMAT_R8G8B8A8_UNORM;
    rcdc.SampleDesc.Count = 8;
    rcdc.SampleDesc.Quality = msaaql.NumQualityLevels-1;
    rcdc.Layout = D3D12_TEXTURE_LAYOUT_UNKNOWN;
    rcdc.Flags = D3D12_RESOURCE_FLAG_ALLOW_RENDER_TARGET;

    //确定资源的大小
    D3D12_RESOURCE_ALLOCATION_INFO alinfo = pD3D12Device->GetResourceAllocationInfo(0x1,
1, &rcdc);

    //创建资源堆
    D3D12_HEAP_DESC heapdc;
    heapdc.SizeInBytes = alinfo.SizeInBytes;
    heapdc.Properties.Type = D3D12_HEAP_TYPE_DEFAULT;
    heapdc.Properties.CPUPageProperty = D3D12_CPU_PAGE_PROPERTY_UNKNOWN;
    heapdc.Properties.MemoryPoolPreference = D3D12_MEMORY_POOL_UNKNOWN;
    heapdc.Properties.CreationNodeMask = 0X1;
    heapdc.Properties.VisibleNodeMask = 0X1;
    heapdc.Alignment = alinfo.Alignment;
    heapdc.Flags = D3D12_HEAP_FLAG_ALLOW_ONLY_RT_DS_TEXTURES;
    pD3D12Device->CreateHeap(&heapdc, IID_PPV_ARGS(&pRTDSHeap));

    //创建资源
    pD3D12Device->CreatePlacedResource(pRTDSHeap, 0, &rcdc,
D3D12_RESOURCE_STATE_RENDER_TARGET, NULL, IID_PPV_ARGS(&pMSAARTTex));
}
```

如果要渲染到该 2D 纹理数组中的表面，应当创建一个渲染目标视图，在 2.2.2 节中，我们已经对创建渲染目标视图的过程进行了介绍，在此不再赘述。不妨在 2.4.2 节的基础上对 rendermain.cpp 中的代码进行以下修改。

```
ID3D12DescriptorHeap *pRTVHeap;
{
    D3D12_DESCRIPTOR_HEAP_DESC RTVHeapDesc =
{ D3D12_DESCRIPTOR_HEAP_TYPE_RTV ,1,D3D12_DESCRIPTOR_HEAP_FLAG_NONE,0X1 };
    pD3D12Device->CreateDescriptorHeap(&RTVHeapDesc, IID_PPV_ARGS(&pRTVHeap));
}
pD3D12Device->CreateRenderTargetView(pMSAARTTex, NULL,
pRTVHeap->GetCPUDescriptorHandleForHeapStart());
```

在2.2.2节中接到了交换链缓冲支持ID3D12Resource接口，实际上可以该用ID3D12Resource接口的GetDesc方法，得到一个描述交换链缓冲的属性的D3D12_RESOURCE_DESC结构体，通过观察该结构体，可以确定交换链缓冲实际上就是一个允许作为渲染目标的数组大小为1且Mip等级为1的2D纹理数组（值得注意的是，交换链“缓冲”的资源类型是2D纹理数组，而不是“缓冲”，交换链“缓冲”这个叫法实际上具有误导性）。

可以执行命令列表中的ResolveSubresource命令，对启用MSAA的2D纹理数组进行解析，并将解析结果写入到交换链缓冲中。正如3.4节中所述，命令队列执行命令列表中的ResolveSubresource命令时，解析源对命令队列所属的类的权限必须有可作为解析源，解析目标对命令队列所属类的权限必须有可作为解析目标。

不妨在2.4.2节的基础上对rendermain.cpp中的代码进行以下修改。

```
D3D12_RESOURCE_BARRIER RenderTargetToResolveSource =
{ D3D12_RESOURCE_BARRIER_TYPE_TRANSITION ,D3D12_RESOURCE_BARRIER_FLAG_NONE,{ pMSAARTTe
x,0,D3D12_RESOURCE_STATE_RENDER_TARGET ,D3D12_RESOURCE_STATE_RESOLVE_SOURCE } };
pDirectCommandList->ResourceBarrier(1, &RenderTargetToResolveSource);
D3D12_RESOURCE_BARRIER CommonToResolveDest =
{ D3D12_RESOURCE_BARRIER_TYPE_TRANSITION ,D3D12_RESOURCE_BARRIER_FLAG_NONE,{ pFrameBuf
fer,0,D3D12_RESOURCE_STATE_COMMON ,D3D12_RESOURCE_STATE_RESOLVE_DEST } };
pDirectCommandList->ResourceBarrier(1, &CommonToResolveDest);

pDirectCommandList->ResolveSubresource(pFrameBuffer, 0, pMSAARTTex, 0,
DXGI_FORMAT_R8G8B8A8_UNORM);

D3D12_RESOURCE_BARRIER ResolveDestToCommon =
{ D3D12_RESOURCE_BARRIER_TYPE_TRANSITION ,D3D12_RESOURCE_BARRIER_FLAG_NONE,{ pFrameBuf
fer,0,D3D12_RESOURCE_STATE_RESOLVE_DEST ,D3D12_RESOURCE_STATE_COMMON } };
pDirectCommandList->ResourceBarrier(1, &ResolveDestToCommon);
D3D12_RESOURCE_BARRIER ResolveSourceToRenderTarget =
{ D3D12_RESOURCE_BARRIER_TYPE_TRANSITION ,D3D12_RESOURCE_BARRIER_FLAG_NONE,{ pMSAARTTe
x,0,D3D12_RESOURCE_STATE_RESOLVE_SOURCE ,D3D12_RESOURCE_STATE_RENDER_TARGET } };
pDirectCommandList->ResourceBarrier(1, &ResolveSourceToRenderTarget);
```

再次调试我们的程序，可以看到相对于图4-3而言，三角形中的两条非水平边明显平滑了很多，如图4-14所示。

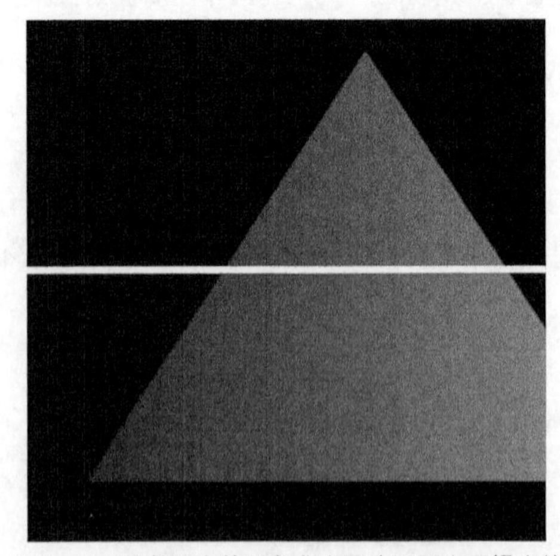

图4-14　三角形中的两条非水平边不再出现锯齿状

4.5 图形流水线访问资源

图形流水线访问资源显然是GPU的行为，但是由于图形流水线访问资源比4.4节中的GPU复制或者解析资源要复杂得多，因此，我们将图像流水线访问资源单独作为一节进行介绍。

4.5.1 索引缓冲

在2.4.1节中我们已经对索引缓冲进行了简单的介绍，索引缓冲在逻辑上是一个由索引构成的一维数组，接下来，我们对索引缓冲进行详细的介绍。

索引缓存是缓冲中的一块连续的区域，在Direct3D 12中，用索引缓冲视图来定义缓冲中的索引缓冲，索引缓冲视图用D3D12_INDEX_BUFFER_VIEW结构体描述，该结构体的定义如下。

```
struct D3D12_INDEX_BUFFER_VIEW
{
    D3D12_GPU_VIRTUAL_ADDRESS BufferLocation;
    UINT SizeInBytes;
    DXGI_FORMAT Format;
}
```

1. Format

共两种取值：DXGI_FORMAT_R16_UINT和DXGI_FORMAT_R32_UINT，分别表示索引的数据类型为UINT16和UINT32。

2. BufferLocation

表示索引缓冲在GPU虚存空间中的首地址，可以用ID3D12Resource::GetGPUVirtualAddress得到缓冲在GPU虚存空间中的首地址，再加上索引缓冲在缓冲中的偏移值，得到索引缓冲在GPU虚存空间中的首地址。

同一缓冲中往往同时有多个不同的区域，分别用作各种不同的用途（例如4.3.2节中的加载DDS文件），因此，通过指定不同的偏移值使得这些区域在缓冲中不重叠。MSDN上的Direct3D官方文档指出：索引缓冲在缓冲中的偏移值必须是自然对齐的。也就是说，数据类型为UINT16和UINT32的索引缓冲必须分别2字节和4字节对齐。

3. SizeInBytes

表示索引缓冲的大小。

在完成填充D3D12_INDEX_BUFFER_VIEW结构体之后，我们即可在命令列表中添加IASetIndexBuffer命令设置图形流水线的输入装配阶段的索引缓冲，当GPU线程在直接命令队列上执行DrawInstance或DrawIndexedInstanced命令时，作为索引缓冲的子资源对图形/计算类的权限必须有可作为索引缓冲（D3D12_RESOURCE_STATE_INDEX_BUFFER，见3.4.1节）。

接下来，我们在使用索引缓冲的情况下绘制三角形，不妨在 2.4.2 节的基础上对 rendermain.cpp 中的代码进行以下修改。

```
//创建上传堆
ID3D12Heap *pUploadHeap;
{
    D3D12_HEAP_DESC heapdc;
    heapdc.SizeInBytes = D3D12_DEFAULT_RESOURCE_PLACEMENT_ALIGNMENT * 16; //只要足够存放索引缓冲即可
    heapdc.Properties.Type = D3D12_HEAP_TYPE_UPLOAD;
    heapdc.Properties.CPUPageProperty = D3D12_CPU_PAGE_PROPERTY_UNKNOWN;
    heapdc.Properties.MemoryPoolPreference = D3D12_MEMORY_POOL_UNKNOWN;
    heapdc.Properties.CreationNodeMask = 0X1;
    heapdc.Properties.VisibleNodeMask = 0X1;
    heapdc.Alignment = D3D12_DEFAULT_RESOURCE_PLACEMENT_ALIGNMENT;
    heapdc.Flags = D3D12_HEAP_FLAG_DENY_RT_DS_TEXTURES |
D3D12_HEAP_FLAG_DENY_NON_RT_DS_TEXTURES;
    pD3D12Device->CreateHeap(&heapdc, IID_PPV_ARGS(&pUploadHeap));
}
//创建缓冲
ID3D12Resource *pUploadBuffer;
{
    D3D12_RESOURCE_DESC bufferdc;
    bufferdc.Dimension = D3D12_RESOURCE_DIMENSION_BUFFER;
    bufferdc.Alignment = D3D12_DEFAULT_RESOURCE_PLACEMENT_ALIGNMENT;
    bufferdc.Width = D3D12_DEFAULT_RESOURCE_PLACEMENT_ALIGNMENT * 16; //只要足够存放索引缓冲即可
    bufferdc.Height = 1;
    bufferdc.DepthOrArraySize = 1;
    bufferdc.MipLevels = 1;
    bufferdc.Format = DXGI_FORMAT_UNKNOWN;
    bufferdc.SampleDesc.Count = 1;
    bufferdc.SampleDesc.Quality = 0;
    bufferdc.Layout = D3D12_TEXTURE_LAYOUT_ROW_MAJOR;
    bufferdc.Flags = D3D12_RESOURCE_FLAG_NONE;
    pD3D12Device->CreatePlacedResource(pUploadHeap, 0, &bufferdc,
D3D12_RESOURCE_STATE_GENERIC_READ, NULL, IID_PPV_ARGS(&pUploadBuffer)); // 正如4.2.2节中所述，上传堆中的资源在创建时 InitialState 参数必须设置为通用读，在这种情况下，对图形/计算类的权限为通用读，通用读包含了可作为索引缓冲（见 3.4.1 节）
}
//映射到 CPU 进程的虚拟地址空间中（见 4.3.1 节）
volatile UINT8 *pUploadBufferData;
{
    void *p;
    D3D12_RANGE range = { 0,0 };
    pUploadBuffer->Map(0, &range, &p);
    pUploadBufferData = static_cast<UINT8 *>(p);
}
UINT64 ibOffset= 0;//一般情况下，同一缓冲中往往同时有多个不同的区域分别用作各种不同的用途(例如 4.3.2 节中的加载 DDS 文件)，因此，通过指定不同的偏移值使这些区域在缓冲中的内存不重叠，MSDN 上的 Direct3D 官方文档指出，该偏移值必须是自然对齐的，也就是说，数据类型为 UINT16 和 UINT32 的索引缓冲必须分别 2 字节和 4 字节对齐


//写入索引数据
{
    volatile UINT32 *pIndexBufferData = reinterpret_cast<volatile UINT32
*>(pUploadBufferData + ibOffset);
    pIndexBufferData[0] = 4;
    pIndexBufferData[1] = 3;
    pIndexBufferData[2] = 2;
```

```
    pIndexBufferData[3] = UINT32(-1);
    pIndexBufferData[4] = 7;
    pIndexBufferData[5] = 1;
    pIndexBufferData[6] = 9;
}

//填充索引缓冲视图
D3D12_INDEX_BUFFER_VIEW ibView;
ibView.BufferLocation = pUploadBuffer->GetGPUVirtualAddress() + ibOffset;
ibView.SizeInBytes = sizeof(UINT32) * 7;
ibView.Format = DXGI_FORMAT_R32_UINT;


//设置 D3D12_GRAPHICS_PIPELINE_STATE_DESC 的 IBStripCutValue 成员（见 2.4.2 节）
psoDesc.IBStripCutValue = D3D12_INDEX_BUFFER_STRIP_CUT_VALUE_0xFFFFFFFF;//与上文中的
UINT32(-1)一致

//在命令列表中添加相关命令
pDirectCommandList->IASetIndexBuffer(&ibView);
pDirectCommandList->DrawIndexedInstanced(7, 1, 0, 0, 0);
```

正如 2.4.1 节中所述，输入到顶点着色器的 SV_VERTEXID 即索引缓冲中的索引，因此，我们还需要修改 VS.hlsl 中顶点着色器的代码。

```
if (vertex.vid == 4)
{
    rtval.pos = float4(-0.75f, 0.5f, 0.5f, 1.0f);
    rtval.color = float4(1.0f, 0.0f, 0.0f, 1.0f);
}
else if (vertex.vid == 2)
{
    rtval.pos = float4(-0.25f, 0.5f, 0.5f, 1.0f);
    rtval.color = float4(0.0f, 1.0f, 0.0f, 1.0f);
}
else if (vertex.vid == 3)
{
    rtval.pos = float4(-0.5f, -0.5f, 0.5f, 1.0f);
    rtval.color = float4(0.0f, 0.0f, 1.0f, 1.0f);
}

//UINT32(-1)重启动

else if (vertex.vid == 7)
{
    rtval.pos = float4(0.5f, 0.5f, 0.75f, 1.0f);
    rtval.color = float4(1.0f, 0.0f, 0.0f, 1.0f);
}
else if (vertex.vid == 1)
{
    rtval.pos = float4(0.75f, -0.5f, 0.75f, 1.0f);
    rtval.color = float4(0.0f, 1.0f, 0.0f, 1.0f);
}
else if (vertex.vid == 9)
{
    rtval.pos = float4(0.25f, -0.5f, 0.75f, 1.0f);
    rtval.color = float4(0.0f, 0.0f, 1.0f, 1.0f);
}
```

再次调试我们的程序，可以看到以下运行结果，如图 4-15 所示。

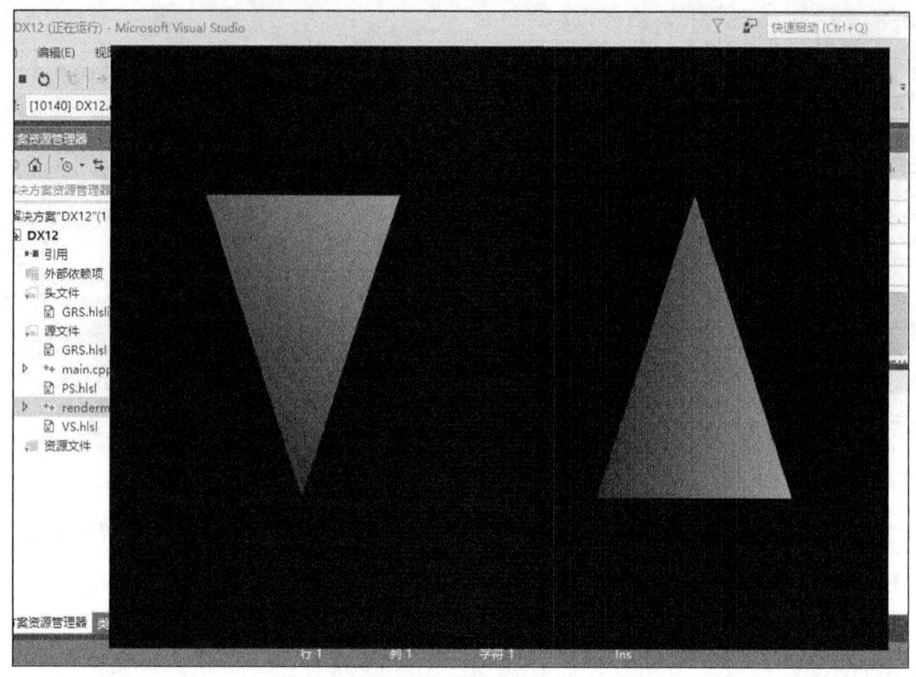

图 4-15　索引缓冲

4.5.2　顶点缓冲

到目前为止，我们都是在 VS.hlsl 中硬编码顶点着色器的输出，但在实际中，顶点着色器的输出往往是不断变化的，应用程序从建模工具（例如 3D Studio Max）生成的模型文件中读取数据并作为顶点着色器的输出，接下来，我们对这个过程进行详细的介绍。

1. 添加自定义成员

在 2.4.2 节中，输出装配阶段产生的顶点信息 Vertex_IA_OUT 中只有两个成员：SV_VERTEXID 和 SV_INSTANCEID（见 2.4.1 节）。实际上，Vertex_IA_OUT 中完全可以有自定义成员，例如 Vertex_IA_OUT 中还可以有 position 自定义成员，如下。

```
struct Vertex_IA_OUT
{
    uint vid:SV_VERTEXID;
    uint iid:SV_INSTANCEID;
    float4 position:POSITION0;
};
```

要使用自定义成员，需要在根签名标志中设置 ALLOW_INPUT_ASSEMBLER_INPUT_LAYOUT 标志启用输入布局，不妨在 2.4.2 节的基础上将 GRS.hlsli 中的代码修改为如下。

```
//正如 2.4.2 节中所述，字符串常量中不允许有制表符（即'\t'），否则会被视为错误
#define GRS "RootFlags(\
ALLOW_INPUT_ASSEMBLER_INPUT_LAYOUT\
|DENY_VERTEX_SHADER_ROOT_ACCESS\
```

```
    |DENY_PIXEL_SHADER_ROOT_ACCESS\
    |DENY_DOMAIN_SHADER_ROOT_ACCESS\
    |DENY_HULL_SHADER_ROOT_ACCESS\
    |DENY_GEOMETRY_SHADER_ROOT_ACCESS\
)"
```

Vertex_IA_OUT 中的自定义成员通过语义名和语义索引（例如上文中的 POSITION 和 0）唯一对应到某个顶点缓冲，如图 4-16 所示。

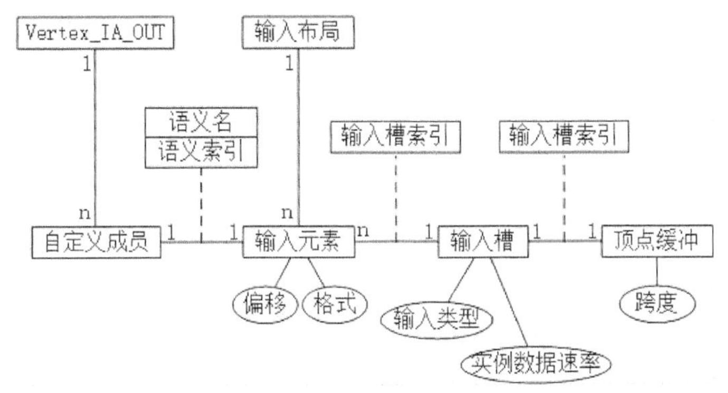

图 4-16 顶点缓冲

图形流水线中的输入装配阶段的输入布局在逻辑上可以认为是一个由输入元素构成的集合和一个由输入槽构成的集合。输入布局通过设置 D3D12_GRAPHICS_PIPELINE_STATE_DESC 结构体中的 InputLayout 成员（见 2.4.2 节）来定义。InputLayout 成员是一个由 D3D12_INPUT_ELEMENT_DESC 结构体构成的集合，该结构体的定义如下。

```
struct D3D12_INPUT_ELEMENT_DESC
{
    LPCSTR SemanticName;
    UINT SemanticIndex;
    DXGI_FORMAT Format;
    UINT InputSlot;
    UINT AlignedByteOffset;
    D3D12_INPUT_CLASSIFICATION InputSlotClass;
    UINT InstanceDataStepRate;
};
```

D3D12_INPUT_ELEMENT_DESC 结构体同时表示了图 4-16 中的输入元素和输入槽两个实体。其中语义名（SemanticName）、语义索引（SemanticIndex）、格式（Format）和偏移（AlignedByteOffset）是输入元素的属性，而输入槽类型（InputSlotClass）和实例数据步进速率（InstanceDataStepRate）是输入槽的属性。

输入元素和输入槽是多对一的关系，输入元素通过输入槽索引（InputSlot）唯一对应到某个输入槽。如果多个 D3D12_INPUT_ELEMENT_DESC 结构体中的 InputSlot 成员相同，那么表示多个输入元素对应到同一个输入槽。显然，同一输入槽的属性应当是相同的。因此，Direct3D 12 规定：InputLayout 成员中的任意两个 D3D12_INPUT_ELEMENT_DESC 结构体之间，如果 InputSlot 成员的值相同，那么表示同一输入槽，InputSlotClass 和 InstanceDataStepRate

成员的值就必须相同。同时，输入元素通过的语义名（SemanticName）和语义索引（SemanticIndex）和 Vertex_IA_OUT 中的自定义成员一一对应，输入槽通过输入槽索引（InputSlot）和顶点缓冲一一对应。

2. 顶点缓冲视图

顶点缓冲和索引缓存一样，是缓冲中的一块连续的区域，缓冲中的顶点缓冲用顶点缓冲视图来定义，顶点缓冲视图用 D3D12_VERTEX_BUFFER_VIEW 结构体描述，该结构体的定义如下。

```
struct D3D12_VERTEX_BUFFER_VIEW
{
    D3D12_GPU_VIRTUAL_ADDRESS BufferLocation;
    UINT SizeInBytes;
    UINT StrideInBytes;
};
```

（1）BufferLocation

表示顶点缓冲在 GPU 虚存空间中的首地址。可以用 ID3D12Resource::GetGPUVirtualAddress 得到缓冲在 GPU 虚存空间中的首地址。一般情况下，将缓冲在 GPU 虚存空间中的首地址加上顶点缓冲在缓冲中的偏移值，作为顶点缓冲在 GPU 虚存空间中的首地址。

同一缓冲中往往同时有多个不同的区域分别用作各种不同的用途（例如 4.3.2 节中的加载 DDS 文件和 4.5.1 节中的索引缓冲），通过指定不同的偏移值可以使这些区域在缓冲中不重叠。MSDN 上的 Direct3D 官方文档指出：顶点缓冲在缓冲中的偏移值必须是 4 字节对齐的。

（2）SizeInBytes

表示顶点缓冲的大小。

（3）StrideInBytes

表示顶点缓冲的跨度，关于跨度的含义见下文。

在完成填充 D3D12_INDEX_BUFFER_VIEW 结构体之后，我们即可在命令列表中添加 IASetVertexBuffers 命令设置图形流水线的输入装配阶段的顶点缓冲，该方法的原型如下。

```
void STDMETHODCALLTYPE IASetVertexBuffers(
                UINT StartSlot,//[In]
                UINT NumViews,//[In]
                const D3D12_VERTEX_BUFFER_VIEW *pViews//[In,size_is(NumViews)]
                );
```

该方法允许一次性传入 NumVIews 个顶点缓冲视图，其中第 i 个（i 的取值范围从 0 到 NumViews-1）顶点缓冲视图的输入槽索引为 StartSlot+NumVIews，顶点缓冲通过输入槽索引（见 D3D12_INPUT_ELEMENT_DESC 结构体的 InputSlot 成员）和输入槽一一对应。

当 GPU 线程在直接命令队列上执行 DrawInstance 或 DrawIndexedInstanced 命令时，作为顶点缓冲的子资源对图形/计算类的权限必须有可作为顶点或常量缓冲（D3D12_RESOURCE_STATE_VERTEX_AND_CONSTANT_BUFFER，见 3.4.1 节）。

综上所述，类型 Vertex_IA_OUT 中的各个自定义成员都唯一对应到了某个顶点缓冲。因此，我们只要确定了各个 Vertex_IA_OUT 实例中的各个自定义成员在其所对应的顶点缓冲中的数据类型和地址，就可以确定各个 Vertex_IA_OUT 实例中的各个自定义成员的值。

3. 自定义成员的数据类型和地址

自定义成员在其所对应的顶点缓冲中的数据类型由自定义成员所对应的输入元素的格式（见 D3D12_VERTEX_BUFFER_VIEW 结构体的 Format 成员）定义。例如 DXGI_FORMAT_R32G32B32A32_FLOAT 表示数据类型是一个大小为 4 的数组，数组中的每个元素是一个 32 位的浮点型，其中 RGBA 的命名实际上具有误导性，RGBA 仅仅表示数组的大小为 4，而与红（Red）、绿（Green）、蓝（Green）和透明度（Alpha）没有任何关系，个人认为改成 XYZW 更符合逻辑。

DirectX 提供了开源的 DirectXMath 库，只要在代码中添加#include <DirectXMath.h>即可使用。DirectXMath 库中提供了一些与顶点缓冲中的数据类型相匹配的结构体，方便我们将数据写入到顶点缓冲，例如与 DXGI_FORMAT_R32G32B32A32_FLOAT 相匹配的结构体是 DirectX::XMFLOAT4。

值得注意的是，上文中的 HLSL 源代码中的 Vertex_IA_OUT 中也指定了 position 成员的数据类型 float4，显然 HLSL 中指定的数据类型和输入元素中指定的数据类型应当匹配，但是匹配规则却是模糊不清的，在 MSDN 上的 Direct3D 官方文档中并没有明确的定义。在此，我们仅指出，在 HLSL 中的数据类型为 float4 的情况下，顶点缓冲中的数据类型为 DXGI_FORMAT_R32G32_FLOAT 和 DXGI_FORMAT_R32G32B32A32_FLOAT 都是匹配的，对于 DXGI_FORMAT_R32G32_FLOAT 的情形，顶点缓冲中的数据仅表示 position 成员的前两个数组元素，position 的后两个数组元素的值为默认值 0.0f 和 1.0f。

自定义成员在其所对应的顶点缓冲中的地址（相对于顶点缓冲的首地址的偏移）为 StrideInBytes*i+AlignedByteOffset，其中：

（1）StrideInBytes

表示自定义成员所对应的顶点缓冲的跨度（见 D3D12_VERTEX_BUFFER_VIEW 结构体的 StrideInBytes 成员），顶点缓冲在逻辑上可以看作是一个由大小为跨度的元素构成的一维数组，MSDN 上的 Direct3D 官方文档指出：该跨度必须是 4 字节的整数倍。

（2）i

表示自定义成员在其所对应的顶点缓冲中的索引，自定义成员可以通过该索引 i 唯一对应到顶点缓冲中的某个元素，自定义成员在其所对应的顶点缓冲中的索引的定义如下。

输入装配阶段为每一个 Vertex_IA_OUT 实例都定义了 SV_VERTEXID 和 SV_INSTANCEID 两个值（见 2.4.1 节），可以通过这两个值计算出自定义成员在顶点缓冲中的索引，计算的过程随着自定义成员所对应的输入槽的类型的不同而不同。

输入槽的类型用 D3D12_INPUT_ELEMENT_DESC 结构体中的 InputSlotClass 成员定义，分别是逐数据（D3D12_INPUT_CLASSIFICATION_PER_VERTEX_DATA）和逐实例（D3D12_INPUT_ CLASSIFICATION_PER_INSTANCE_DATA）。所有对应到逐顶点类型的输入

槽的自定义成员在顶点缓冲中的索引为 StartVertexLocation（或 BaseVertexLocation）+SV_VERTEXID；所有对应到逐实例类型的输入槽的自定义成员在顶点缓冲中的索引为 StartInstanceLocation+ InstanceDataStepRate *SV_INSTANCEID，其中：

- StartVertexLocation、BaseVertexLocation 和 StartInstanceLocation

即命令列表中的 DrawInstanced 和 DrawIndexedInstanced 的参数（见 2.4.1 节）。StartVertex Location 和 BaseVertexLocation 的区别仅在于无符号和有符号，由于在不使用索引缓冲的情况下 SV_VERTEXID 一定从 0 开始，这时如果 StartVertexLocation 为负值，那么整个表达式 StartVertex Location+SV_VERTEXID 将为负值，显然这是没有意义的。因此 Direct3D 12 中限定 StartVertex Location 无符号。

- InstanceDataStepRate

即自定义成员所有对应的输入槽的实例数据步进速率。

输入槽的实例数据步进速率用 D3D12_VERTEX_BUFFER_VIEW 结构体的 InstanceData StepRate 成员定义，显然实例数据速率只对逐实例类型的输入槽有意义。因此 Direct3D 12 规定：表示逐顶点类型的输入槽的 D3D12_VERTEX_BUFFER_VIEW 结构体的 InstanceDataStep Rate 成员必须设置为 0。

（3）AlignedByteOffset

表示自定义成员的地址相对于其在所对应的顶点缓冲中所对应的元素的地址的偏移，是自定义成员所对应的输入元素的属性（见 D3D12_INPUT_ELEMENT_DESC 结构体的 AlignedByteOffset 成员），MSDN 上的 Direct3D 官方文档指出：该偏移必须是 4 字节对齐的。

Direct3D 12 规定自定义成员占用的内存不得超出其对应的顶点缓冲中的元素的边界（即 AlignedByteOffset+自定义成员的数据类型的大小不得大于 StrideInBytes），但是 Direct3D 12 允许对应到顶点缓冲中的同一个元素的不同自定义成员占用的内存重叠，不过一般情况下都不会这么做。

接下来，我们在使用顶点缓冲的情况下绘制三角形，不妨在 2.4.2 节的基础上对 rendermain.cpp 中的代码进行以下修改。

```
//使用 DirectXMath 库
#include <DirectXMath.h>

//创建上传堆
ID3D12Heap *pUploadHeap;
{
    D3D12_HEAP_DESC heapdc;
    heapdc.SizeInBytes = D3D12_DEFAULT_RESOURCE_PLACEMENT_ALIGNMENT * 16; //只要足够存放
顶点缓冲即可
    heapdc.Properties.Type = D3D12_HEAP_TYPE_UPLOAD;
    heapdc.Properties.CPUPageProperty = D3D12_CPU_PAGE_PROPERTY_UNKNOWN;
    heapdc.Properties.MemoryPoolPreference = D3D12_MEMORY_POOL_UNKNOWN;
    heapdc.Properties.CreationNodeMask = 1;
    heapdc.Properties.VisibleNodeMask = 1;
    heapdc.Alignment = D3D12_DEFAULT_RESOURCE_PLACEMENT_ALIGNMENT;
    heapdc.Flags = D3D12_HEAP_FLAG_ALLOW_ONLY_BUFFERS;
    pD3D12Device->CreateHeap(&heapdc, IID_PPV_ARGS(&pUploadHeap));
}
//创建缓冲
```

```
ID3D12Resource *pUploadBuffer;
{
    D3D12_RESOURCE_DESC bufferdc;
    bufferdc.Dimension = D3D12_RESOURCE_DIMENSION_BUFFER;
    bufferdc.Alignment = D3D12_DEFAULT_RESOURCE_PLACEMENT_ALIGNMENT;
    bufferdc.Width = D3D12_DEFAULT_RESOURCE_PLACEMENT_ALIGNMENT * 16; //只要足够存放顶点
缓冲即可
    bufferdc.Height = 1;
    bufferdc.DepthOrArraySize = 1;
    bufferdc.MipLevels = 1;
    bufferdc.Format = DXGI_FORMAT_UNKNOWN;
    bufferdc.SampleDesc.Count = 1;
    bufferdc.SampleDesc.Quality = 0;
    bufferdc.Layout = D3D12_TEXTURE_LAYOUT_ROW_MAJOR;
    bufferdc.Flags = D3D12_RESOURCE_FLAG_NONE;
    pD3D12Device->CreatePlacedResource(pUploadHeap, 0, &bufferdc,
D3D12_RESOURCE_STATE_GENERIC_READ, NULL, IID_PPV_ARGS(&pUploadBuffer)); // 正如4.2.2节
中所述，上传堆中的资源在创建时InitialState参数必须设置为通用读，在这种情况下，对图形/计算类的权限为
通用读，通用读包含了可作为顶点或常量缓冲（见3.4.1节）
}
//映射到CPU进程的虚拟地址空间中（见4.3.1节）
volatile UINT8 *pUploadBufferData;
{
    void *p;
    D3D12_RANGE range = { 0,0 };
    pUploadBuffer->Map(0, &range, &p);
    pUploadBufferData = static_cast<UINT8 *>(p);
}
//填充输入布局
D3D12_INPUT_ELEMENT_DESC inputlayout[4];
//输入槽0
inputlayout[0].SemanticName = "Unused";
inputlayout[0].SemanticIndex = 0;
inputlayout[0].Format = DXGI_FORMAT_R32G32_FLOAT;
inputlayout[0].InputSlot = 0;
inputlayout[0].AlignedByteOffset = 0;// Direct3D 12允许对应到顶点缓冲中的同一个元素的不同自
定义成员占用的内存重叠，不过一般情况下都不会这么做
inputlayout[0].InputSlotClass = D3D12_INPUT_CLASSIFICATION_PER_VERTEX_DATA;
inputlayout[0].InstanceDataStepRate = 0;//对逐顶点类型的输入槽，实例数据步进速率没有意义，必须
设置为0
inputlayout[1].SemanticName = "UserPos";
inputlayout[1].SemanticIndex = 0;
inputlayout[1].Format = DXGI_FORMAT_R32G32_FLOAT;
inputlayout[1].InputSlot = 0;
inputlayout[1].AlignedByteOffset = 0;
inputlayout[1].InputSlotClass = D3D12_INPUT_CLASSIFICATION_PER_VERTEX_DATA;
inputlayout[1].InstanceDataStepRate = 0;
//输入槽1
inputlayout[2].SemanticName = "UserOffset";
inputlayout[2].SemanticIndex = 0;
inputlayout[2].Format = DXGI_FORMAT_R32G32_FLOAT;
inputlayout[2].InputSlot = 1;
inputlayout[2].AlignedByteOffset = 0;
inputlayout[2].InputSlotClass = D3D12_INPUT_CLASSIFICATION_PER_INSTANCE_DATA;
inputlayout[2].InstanceDataStepRate = 1;
inputlayout[3].SemanticName = "UserColor";
inputlayout[3].SemanticIndex = 0;
inputlayout[3].Format = DXGI_FORMAT_R32G32B32_FLOAT;
inputlayout[3].InputSlot = 1;
inputlayout[3].AlignedByteOffset = 8;
inputlayout[3].InputSlotClass = D3D12_INPUT_CLASSIFICATION_PER_INSTANCE_DATA;
inputlayout[3].InstanceDataStepRate = 1;
//填充顶点缓冲视图
D3D12_VERTEX_BUFFER_VIEW vbview[2];
UINT64 vboffset[2] = { 0U,1024U };//只要顶点缓冲视图间不发生重叠即可
vbview[0].BufferLocation = pUploadBuffer->GetGPUVirtualAddress() + vboffset[0];
```

```
vbview[0].StrideInBytes = 16;//只要自定义成员占用的内存不超出其对应的顶点缓冲中的元素的边界
vbview[0].SizeInBytes = vbview[0].StrideInBytes * 4;//顶点缓冲中有 4 个元素
vbview[1].BufferLocation = pUploadBuffer->GetGPUVirtualAddress() + vboffset[1];
vbview[1].StrideInBytes = 32; //只要自定义成员占用的内存不超出其对应的顶点缓冲中的元素的边界
vbview[1].SizeInBytes = vbview[1].StrideInBytes * 2; //顶点缓冲中有 2 个元素

//假装从模型文件中读取数据

//写入顶点数据
{
    volatile UINT8 *pByte;
    //输入槽 0
    pByte = pUploadBufferData + vboffset[0];
    reinterpret_cast<volatile DirectX::XMFLOAT2*>(pByte + inputlayout[1].AlignedByte
Offset)->x = 0.0f;
    reinterpret_cast<volatile DirectX::XMFLOAT2*>(pByte + inputlayout[1].AlignedByte
Offset)->y = 0.5f;
    pByte += vbview[0].StrideInBytes;
    reinterpret_cast<volatile DirectX::XMFLOAT2*>(pByte + inputlayout[1].AlignedByte
Offset)->x = 0.5f;
    reinterpret_cast<volatile DirectX::XMFLOAT2*>(pByte + inputlayout[1].AlignedByte
Offset)->y = 0.0f;
    pByte += vbview[0].StrideInBytes;
    reinterpret_cast<volatile DirectX::XMFLOAT2*>(pByte + inputlayout[1].AlignedByte
Offset)->x = -0.5f;
    reinterpret_cast<volatile DirectX::XMFLOAT2*>(pByte + inputlayout[1].AlignedByte
Offset)->y = 0.0f;
    pByte += vbview[0].StrideInBytes;
    reinterpret_cast<volatile DirectX::XMFLOAT2*>(pByte + inputlayout[1].AlignedByte
Offset)->x = 0.0f;
    reinterpret_cast<volatile DirectX::XMFLOAT2*>(pByte + inputlayout[1].AlignedByte
Offset)->y = -0.5f;
    //输入槽 1
    pByte = pUploadBufferData + vboffset[1];
    reinterpret_cast<volatile DirectX::XMFLOAT2*>(pByte + inputlayout[2].AlignedByte
Offset)->x = -0.5f;
    reinterpret_cast<volatile DirectX::XMFLOAT2*>(pByte + inputlayout[2].AlignedByte
Offset)->y = 0.0f;
    reinterpret_cast<volatile DirectX::XMFLOAT3*>(pByte + inputlayout[3].AlignedByte
Offset)->x = 1.0f;
    reinterpret_cast<volatile DirectX::XMFLOAT3*>(pByte + inputlayout[3].AlignedByte
Offset)->y = 0.0f;
    reinterpret_cast<volatile DirectX::XMFLOAT3*>(pByte + inputlayout[3].AlignedByte
Offset)->z = 0.0f;
    pByte += vbview[1].StrideInBytes*inputlayout[2].InstanceDataStepRate;
    reinterpret_cast<volatile DirectX::XMFLOAT2*>(pByte + inputlayout[2].AlignedByte
Offset)->x = 0.5f;
    reinterpret_cast<volatile DirectX::XMFLOAT2*>(pByte + inputlayout[2].AlignedByte
Offset)->y = 0.0f;
    reinterpret_cast<volatile DirectX::XMFLOAT3*>(pByte + inputlayout[3].AlignedByte
Offset)->x = 0.0f;
    reinterpret_cast<volatile DirectX::XMFLOAT3*>(pByte + inputlayout[3].AlignedByte
Offset)->y = 1.0f;
    reinterpret_cast<volatile DirectX::XMFLOAT3*>(pByte + inputlayout[3].AlignedByte
Offset)->z = 0.0f;
}
//设置 D3D12_GRAPHICS_PIPELINE_STATE_DESC 的 InputLayout 成员（见 2.4.2 节）
psoDesc.InputLayout.NumElements = 4;
    psoDesc.InputLayout.pInputElementDescs = inputlayout;

//在命令列表中添加相关命令
pDirectCommandList ->IASetVertexBuffers(0, 2, vbview);
pDirectCommandList ->DrawInstanced(4, 2, 0, 0);
```

由于在 Vertex_IA_OUT 中添加了自定义成员，因此，我们还需要修改 VS.hlsl 中顶点着色器的代码。

```
struct Vertex_IA_OUT
{
    //和像素着色器的 SV_PRIMITIVEID 一样，顶点着色器中的 SV_VERTEXID 和 SV_INSTANCEID 也是可选的，
如果顶点着色器不使用这个值，那么图形流水线也不会将该值输入到顶点着色器
    float4 pos:UserPos0;
    float4 offset:UserOffset0;//表示在归一化坐标系（见 2.4.1 节中的图 2-10）中的偏移
    float4 color:UserColor0;
};
[RootSignature(GRS)]
Vertex_VS_OUT main(Vertex_IA_OUT vex)
{
    Vertex_VS_OUT rtval;
    rtval.pos = vex.pos+vex.offset;
    rtval.color = vex.color;
    return rtval;
}
```

再次调试我们的程序，可以看到以下运行结果，如图 4-17 所示。

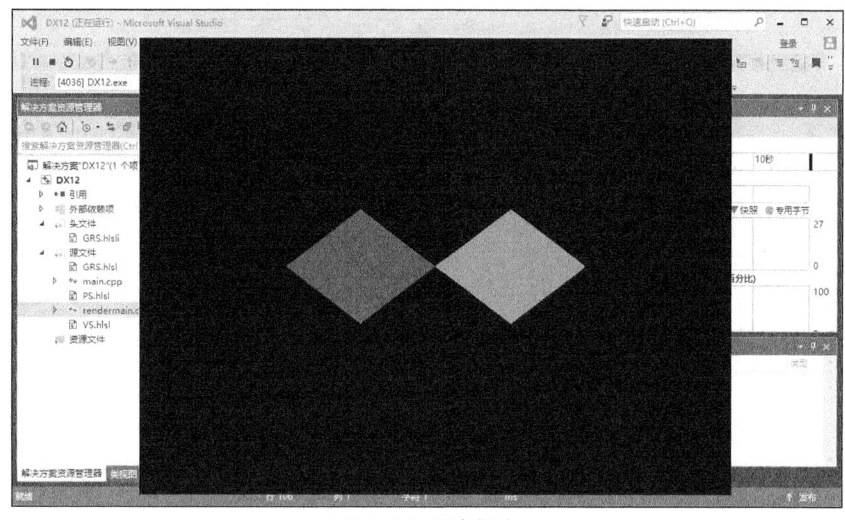

图 4-17　顶点缓冲

4.5.3　流输出缓冲

流输出缓冲用于流输出阶段，根据 2.4.1 节中的图 2-3 可知，流输出阶段发生在光栅化阶段之前，在未启用细分阶段和几何着色器阶段的条件下，流输出阶段发生在顶点着色器阶段之后，图形流水线会将 Vertex_VS_OUT VSOutputVertexArray[ ]（见 2.4.1 节）输入到流输出阶段。并且，MSDN 上的 Direct3D 官方文档指出：如果拓扑类型为条带，那么图像流水线会将 VSOutputVertexArray 和 IAOutputPrimitiveArray 转化为等效的列表拓扑类型后，再将 VSOutputVertexArray 输入到流输出阶段。

1. 设置根答名标志

要启用流输出阶段，需要在根签名标志中设置 ALLOW_STREAM_OUTPUT 标志，不妨

在 2.4.2 节的基础上将 GRS.hlsli 中的代码修改为如下。

```
//正如 2.4.2 节中所述，字符串常量中不允许有制表符（即'\t'），否则会被视为错误
#define GRS "RootFlags(\
ALLOW_STREAM_OUTPUT\
|DENY_VERTEX_SHADER_ROOT_ACCESS\
|DENY_PIXEL_SHADER_ROOT_ACCESS\
|DENY_DOMAIN_SHADER_ROOT_ACCESS\
|DENY_HULL_SHADER_ROOT_ACCESS\
|DENY_GEOMETRY_SHADER_ROOT_ACCESS\
)"
```

Vertex_VS_OUT 中的成员通过流索引、语义名和语义索引唯一对应到某个流输出缓冲，如图 4-18 所示。

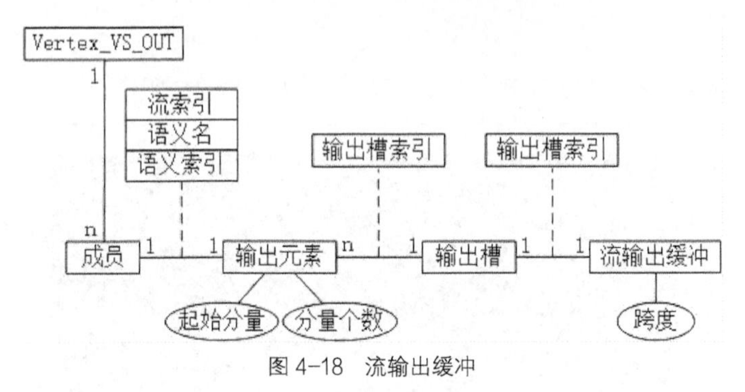

图 4-18　流输出缓冲

流输出阶段用 D3D12_GRAPHICS_PIPELINE_STATE_DESC 结构体中的 StreamOutput 成员（见 2.4.2 节）定义，该成员是一个 D3D12_STREAM_OUTPUT_DESC 结构体，该结构体的定义如下。

```
struct D3D12_STREAM_OUTPUT_DESC
{
    const D3D12_SO_DECLARATION_ENTRY *pSODeclaration;
    UINT NumEntries;
    const UINT *pBufferStrides;
    UINT NumStrides;
    UINT RasterizedStream;
}
```

（1）pSODeclaration 和 NumEntries

表示一个 D3D12_SO_DECLARATION_ENTRY 结构体的集合，该结构体的定义如下。

```
struct D3D12_SO_DECLARATION_ENTRY
{
    UINT Stream;
    LPCSTR SemanticName;
    UINT SemanticIndex;
    BYTE StartComponent;
    BYTE ComponentCount;
    BYTE OutputSlot;
};
```

D3D12_SO_DECLARATION_ENTRY 结构体同时表示了输出元素和输出槽两个实体。输

出元素和输出槽是多对一关系，输出元素通过输出槽索引（OutputSlot）唯一对应到某个输出槽。如果多个 D3D12_SO_DECLARATION_ENTRY 结构体中的 OutputSlot 成员相同，那么表示多个输出元素对应到同一个输出槽。

输出元素通过流索引（Stream）、语义名（SemanticName）和语义索引（SemanticIndex）和 Vertex_VS_OUT 中的成员一一对应，输出槽通过输出槽索引（OutputSlot）和流输出缓冲一一对应。

Direct3D 12 规定：输出槽索引的取值范围从 0 到 3。也就是说，图形流水线中最多有 4 个输出槽，流索引不同的成员必须对应到不同的输出槽。并且，在使用了多个流的条件下，流索引相同的成员必须对应到相同的输出槽（在只使用了一个流的条件下并没有该限制）。

在未启用几何着色器的条件下，只使用了一个流，流索引（Stream）为 0，本书会在第 5 章对使用多个流进行介绍。

（2）pBufferStrides 和 NumStrides

一次性传入 NumStrides 个跨度，其中第 i 个（i 的取值范围从 0 到 NumStrides-1）跨度为输出槽索引为 i 的流输出缓冲的跨度，关于跨度的含义见下文。

（3）RasterizedStream

输入到光栅化阶段的流的流索引。正如上文所述，在启用几何着色器的条件下，图形流水线中可以有多个流。通过该值设置输入到光栅化阶段的流，如果没有启用流输出阶段，那么输入到光栅化阶段的流的流索引被定义为 0。还可以传入 D3D12_SO_NO_RASTERIZED_STREAM，表示不将任何流输入到光栅化阶段。

2. 流输出缓冲视图

流输出缓冲和顶点缓冲或索引缓存一样，是缓冲中的一块连续的区域，缓冲中的流输出缓冲用流输出缓冲视图来定义，流输出缓冲视图用 D3D12_STREAM_OUTPUT_BUFFER_VIEW 结构体描述，该结构体的定义如下。

```
struct D3D12_STREAM_OUTPUT_BUFFER_VIEW
{
    D3D12_GPU_VIRTUAL_ADDRESS BufferLocation;
    UINT64 SizeInBytes;
    D3D12_GPU_VIRTUAL_ADDRESS BufferFilledSizeLocation;
}
```

（1）BufferLocation

表示流输出缓冲在 GPU 虚存空间中的首地址。可以用 ID3D12Resource::GetGPUVirtualAddress 得到缓冲在 GPU 虚存空间中的首地址。一般情况下，将缓冲在 GPU 虚存空间中的首地址加上流输出缓冲在缓冲中的偏移值，作为流输出缓冲在 GPU 虚存空间中的首地址。

同一缓冲中往往同时有多个不同的区域分别用作各种不同的用途（例如 4.3.2 节中的加载 DDS 文件，4.5.1 节中的索引缓冲和 4.5.2 节中的顶点缓冲），通过指定不同的偏移值可以使这些区域在缓冲中不重叠。MSDN 上的 Direct3D 官方文档指出：流输出缓冲在缓冲中的偏移值必须是 4 字节对齐的。

（2）SizeInBytes

表示流输出缓冲的大小。

（3）BufferFilledSizeLocation

表示某个缓冲资源中的某个 32 位值在 GPU 虚存空间中的首地址。可以用 ID3D12Resource::GetGPUVirtualAddress 得到缓冲在 GPU 虚存空间中的首地址。一般情况下，将缓冲在 GPU 虚存空间中的首地址加上该 32 位值在缓冲中的偏移值，作为该 32 位值在 GPU 虚存空间中的首地址。

同一缓冲中往往同时有多个不同的区域分别用作各种不同的用途（例如 4.3.2 节中的加载 DDS 文件，4.5.1 节中的索引缓冲，4.5.2 节中的顶点缓冲和此处的流输出缓冲），通过指定不同的偏移值可以使这些区域在缓冲中不重叠。该 32 位值和流输出缓冲既可以在同一个缓冲资源中，也可以在不同缓冲资源中。MSDN 上的 Direct3D 官方文档指出：该 32 位值在缓冲资源中的偏移值必须是自然对齐的（即 4 字节对齐）。该 32 位值表示一个写入指针，是一个相对于流输出缓冲的首地址的偏移。MSDN 上的 Direct3D 官方文档指出：该偏移值必须是 4 字节对齐的。

类似于写入文件时的情形，图形流水线会将数据写入到流输出缓冲中写入指针的位置，同时写入指针会后移写入的字节数。

3. 设置图形流水线状态

在完成填充 D3D12_STREAM_OUTPUT_BUFFER_VIEW 结构体之后，我们即可在命令列表中添加 SOSetTargets 命令：设置图形流水线的流输出阶段的流输出缓冲，该方法的原型如下。

```
void STDMETHODCALLTYPE SOSetTargets(
            UINT StartSlot,//[In]
            UINT NumViews,//[In]
        const D3D12_STREAM_OUTPUT_BUFFER_VIEW *pViews//[In,size_is(NumViews)]
            )
```

该方法允许一次性传入 NumVIews 个流输出缓冲视图，其中第 i 个（i 的取值范围从 0 到 NumViews-1）流输出缓冲视图的输出槽索引为 StartSlot+NumVIews，流输出缓冲通过输出槽索引（见 D3D12_SO_DECLARATION_ENTRY 结构体的 OutputSlot 成员）和输出槽一一对应。

当 GPU 线程在直接命令队列上执行 DrawInstance 或 DrawIndexedInstanced 命令时，作为流输出缓冲的子资源对图形/计算类的权限必须有可作为流输出（D3D12_RESOURCE_STATE_STREAM_OUT，见 3.4.1 节），但是，表示写入指针的 32 位值所在的缓冲中的子资源并没有任何的权限要求。

综上所述，Vertex_VS_OUT 中的各个成员都唯一对应到了某个流输出缓冲。接下来，我们只需要确定各个 Vertex_VS_OUT 中的各个成员在其所对应的流输出缓冲中的数据类型和地址即可。

成员在流输出缓冲中的数据类型由成员所对应的输出元素的起始分量和分量个数定义。例如成员在 HLSL 中的数据类型为 float4，成员所对应的输出元素的起始分量为 1，分量个数为 2，那么成员在流输出缓冲中的数据类型为 DirectX::XMFLOAT2（#include <DirectXMath.h>，见 4.5.2 节），float4 中的 y 和 z 分量分别对应于该 DirectX::XMFLOAT2 中的 x 和 y 分量。

成员在其所对应的流输出缓冲中的地址（相对于流输出缓冲的首地址的偏移）为 BufferFilledSize+BufferStride*i+ByteOffset，其中：

（1）BufferFilledSize

表示成员所对应的流输出缓冲的写入指针的初始值（见 D3D12_STREAM_OUTPUT_BUFFER_VIEW 结构体中的 BufferFilledSizeLocation 成员）。

（2）BufferStride

表示成员所对应的流输出缓冲的跨度（见 D3D12_STREAM_OUTPUT_DESC 结构体中的 pBufferStrides 成员），流输出缓冲和顶点缓冲一样，在逻辑上可以看作是一个由大小为跨度的元素构成的一维数组，MSDN 上的 Direct3D 官方文档指出：该跨度必须是 4 字节的整数倍。

（3）i

表示成员在其所对应的流输出缓冲中的索引。成员可以通过该索引 i 唯一对应到流输出缓冲中的某个元素，成员在其所对应的流输出缓冲中的索引即为成员所在的 Vertex_VS_OUT 在 VSOutput VertexArray 中的索引（正如上文所述，如果拓扑类型为条带，那么图像流水线会将 VSOutputVertex Array 和 IAOutputPrimitiveArray 转化为等效的列表拓扑类型后，再将 VSOutputVertexArray 输入到流输出阶段）。

（4）ByteOffset

表示成员的地址相对于其在所对应的流输出缓冲中所对应的元素的地址的偏移。

根据 D3D12_SO_DECLARATION_ENTRY 结构体在 D3D12_STREAM_OUTPUT_DESC 结构体中的顺序可以定义各个的输出元素间的偏序关系，又由于各个成员和各个输出元素一一对应，因此，可以定义各个成员间的偏序关系，从而可以定义对应到同一个流输出缓冲的各个成员间的偏序关系。Direct3D 12 规定：对应到同一流输出缓冲的不同成员间，根据该偏序关系，下一个成员紧邻上一个成员，从而定义了各个成员的 ByteOffset；成员占用的内存不得超出其对应的流输出缓冲中的元素的边界（即 ByteOffset+自定义成员的数据类型的大小不得大于 BufferStride）。

流输出缓冲可以得到顶点着色器阶段的输出，从而可以起到调试顶点着色器程序的作用，不妨在 2.4.2 节的基础上对 rendermain.cpp 中的代码进行以下修改。

```
//使用 DirectXMath 库
#include <DirectXMath.h>
```

```
//创建自定义堆
ID3D12Heap *pCustomHeap;
{
    D3D12_HEAP_DESC heapdc;
    heapdc.SizeInBytes = D3D12_DEFAULT_RESOURCE_PLACEMENT_ALIGNMENT * 16; //只要足够存放
流输出缓冲和写入指针缓冲即可
    heapdc.Properties.Type = D3D12_HEAP_TYPE_CUSTOM;//使用自定义类型以绕过预定义类型的额外的
权限限制（见 4.2.2 节）
    heapdc.Properties.CPUPageProperty = D3D12_CPU_PAGE_PROPERTY_WRITE_BACK;
    heapdc.Properties.MemoryPoolPreference = D3D12_MEMORY_POOL_L0;
    heapdc.Properties.CreationNodeMask = 1;
    heapdc.Properties.VisibleNodeMask = 1;
    heapdc.Alignment = D3D12_DEFAULT_RESOURCE_PLACEMENT_ALIGNMENT;
    heapdc.Flags = D3D12_HEAP_FLAG_ALLOW_ONLY_BUFFERS;
    pD3D12Device->CreateHeap(&heapdc, IID_PPV_ARGS(&pCustomHeap));
}
//创建流输出缓冲
ID3D12Resource *pStreamOutBuffer;
{
    D3D12_RESOURCE_DESC bufferdc;
    bufferdc.Dimension = D3D12_RESOURCE_DIMENSION_BUFFER;
    bufferdc.Alignment = D3D12_DEFAULT_RESOURCE_PLACEMENT_ALIGNMENT;
    bufferdc.Width = D3D12_DEFAULT_RESOURCE_PLACEMENT_ALIGNMENT * 8; //只要足够存放流输出
缓冲即可
    bufferdc.Height = 1;
    bufferdc.DepthOrArraySize = 1;
    bufferdc.MipLevels = 1;
    bufferdc.Format = DXGI_FORMAT_UNKNOWN;
    bufferdc.SampleDesc.Count = 1;
    bufferdc.SampleDesc.Quality = 0;
    bufferdc.Layout = D3D12_TEXTURE_LAYOUT_ROW_MAJOR;
    bufferdc.Flags = D3D12_RESOURCE_FLAG_NONE;
    pD3D12Device->CreatePlacedResource(pCustomHeap, 0, &bufferdc,
D3D12_RESOURCE_STATE_STREAM_OUT, NULL, IID_PPV_ARGS(&pStreamOutBuffer)); //正如 4.2.2 节
中所述，上传堆或回读堆中的资源在创建时 InitialState 参数必须设置为通用读或可作为复制宿，在这两种情况下，
对图形/计算类的权限为通用读或可作为复制宿，不包含可作为流输出（见 3.4.1 节），因此，必须使用自定义类型的
资源堆
}
//创建写入指针缓冲
ID3D12Resource *pWritePointerBuffer;
{
    D3D12_RESOURCE_DESC bufferdc;
    bufferdc.Dimension = D3D12_RESOURCE_DIMENSION_BUFFER;
    bufferdc.Alignment = D3D12_DEFAULT_RESOURCE_PLACEMENT_ALIGNMENT;
    bufferdc.Width = D3D12_DEFAULT_RESOURCE_PLACEMENT_ALIGNMENT * 1; //只要足够存放写入指
针即可
    bufferdc.Height = 1;
    bufferdc.DepthOrArraySize = 1;
    bufferdc.MipLevels = 1;
    bufferdc.Format = DXGI_FORMAT_UNKNOWN;
    bufferdc.SampleDesc.Count = 1;
    bufferdc.SampleDesc.Quality = 0;
    bufferdc.Layout = D3D12_TEXTURE_LAYOUT_ROW_MAJOR;
    bufferdc.Flags = D3D12_RESOURCE_FLAG_NONE;
    pD3D12Device->CreatePlacedResource(pCustomHeap,
D3D12_DEFAULT_RESOURCE_PLACEMENT_ALIGNMENT * 10//只要流输出缓冲和写入指针缓冲不重叠即可
```

```
            , &bufferdc, D3D12_RESOURCE_STATE_VERTEX_AND_CONSTANT_BUFFER, NULL,
IID_PPV_ARGS(&pWritePointerBuffer));//表示写入指针的 32 位值所在的缓冲中的子资源并没有任何的权限
要求，实际上可以随意设置
}
//设置写入指针的偏移
UINT64 wpoffset[2] = { 0U,4U };
{
    void *p;
    D3D12_RANGE rdrg = { 0,0 };
    pWritePointerBuffer->Map(0, &rdrg, &p);
    volatile UINT8 *pWritePointerData = static_cast<UINT8 *>(p);
    //设置写入指针的值
    *reinterpret_cast<volatile UINT32*>(pWritePointerData + wpoffset[0]) = 0U;
    *reinterpret_cast<volatile UINT32*>(pWritePointerData + wpoffset[1]) = 0U;
    D3D12_RANGE wtrg = { 0,8 };
    pWritePointerBuffer->Unmap(0, &wtrg);//将 CPU 高速缓存中的相关数据被写入到了系统内存(见 4.3.1 节)

}

//填充流输出缓冲视图
D3D12_STREAM_OUTPUT_BUFFER_VIEW sobview[2];
UINT64 soboffset[2] = { 0U,1024U };//只要流输出缓冲视图间不发生重叠即可
sobview[0].BufferLocation = pStreamOutBuffer->GetGPUVirtualAddress() + soboffset[0];
sobview[0].SizeInBytes = 1024;
sobview[0].BufferFilledSizeLocation = pWritePointerBuffer->GetGPUVirtualAddress() +
wpoffset[0];
sobview[1].BufferLocation = pStreamOutBuffer->GetGPUVirtualAddress() + soboffset[1];
sobview[1].SizeInBytes = 1024;
sobview[1].BufferFilledSizeLocation = pWritePointerBuffer->GetGPUVirtualAddress() +
wpoffset[1];

//填充流输出设置
D3D12_SO_DECLARATION_ENTRY sodeclaration[2];
sodeclaration[0].SemanticName = "SV_POSITION";
sodeclaration[0].SemanticIndex = 0;//HLSL 语法规定，语义索引为 0 时可以省略，实际上 SV_POSITION
是指 SV_POSITION0
sodeclaration[0].StartComponent = 0;
sodeclaration[0].ComponentCount = 2;
sodeclaration[0].OutputSlot = 0;
sodeclaration[0].Stream = 0;
sodeclaration[1].SemanticName = "UserDefine";
sodeclaration[1].SemanticIndex = 0;
sodeclaration[1].StartComponent = 0;
sodeclaration[1].ComponentCount = 3;
sodeclaration[1].OutputSlot = 1;
sodeclaration[1].Stream = 0;
UINT bufferstrides[2] = { 8U,12U };

//设置 D3D12_GRAPHICS_PIPELINE_STATE_DESC 的 StreamOutput 成员（见 2.4.2 节）
psoDesc.StreamOutput.NumEntries = 2;
psoDesc.StreamOutput.pSODeclaration = sodeclaration;
psoDesc.StreamOutput.NumStrides = 2;
psoDesc.StreamOutput.pBufferStrides = bufferstrides;
psoDesc.StreamOutput.RasterizedStream = 0;

//在命令列表中添加相关命令
pDirectCommandList->SOSetTargets(0, 2, sobview);
```

```
//映射到 CPU 进程的虚拟地址空间中（见 4.3.1 节）
volatile DirectX::XMFLOAT2 *pOutputSlot0;
volatile DirectX::XMFLOAT3 *pOutputSlot1;
volatile UINT32 *pWritePoint0;
volatile UINT32 *pWritePoint1;
{
    void *p;
    D3D12_RANGE rdrg = { 0,2048 };
    pStreamOutBuffer->Map(0, &rdrg, &p);
    volatile UINT8 *pStreamOutBufferData = static_cast<UINT8 *>(p);
    pOutputSlot0 = reinterpret_cast<volatile DirectX::XMFLOAT2*>(pStreamOutBufferData +
soboffset[0]);
    pOutputSlot1 = reinterpret_cast<volatile DirectX::XMFLOAT3*>(pStreamOutBufferData +
soboffset[1]);
}
{
    void *p;
    D3D12_RANGE rdrg = { 0,0 };
    pWritePointerBuffer->Map(0, &rdrg, &p);
    volatile UINT8 *pWritePointerData = static_cast<UINT8 *>(p);
    //设置写入指针的值
    pWritePoint0 = reinterpret_cast<volatile UINT32*>(pWritePointerData + wpoffset[0]);
    pWritePoint1 = reinterpret_cast<volatile UINT32*>(pWritePointerData + wpoffset[1]);
}
//D3D12_RANGE wtrg = { 0, 0 }; pStreamOutBuffer->Unmap(0, &wtrg);
pWritePointerBuffer->Unmap(0, &wtrg); //释放 CPU 进程的虚拟地址空间中的相应的页（见 4.3.1 节）
```

在“return 0U”前设置断点，如图 4-19 所示。

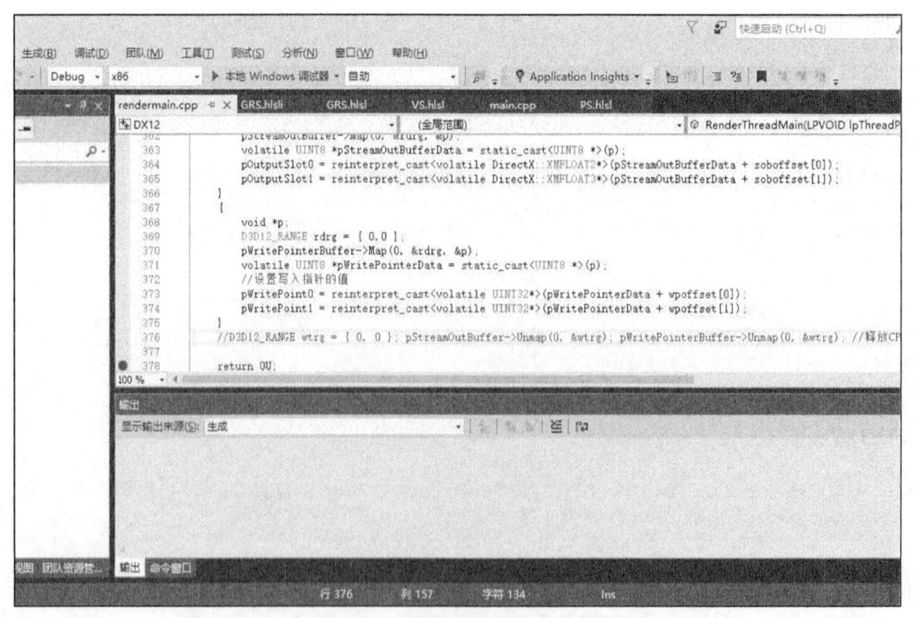

图 4-19　流输出缓冲设置断点

再次调试我们的程序，可以看到以下运行结果，如图 4-20 所示。

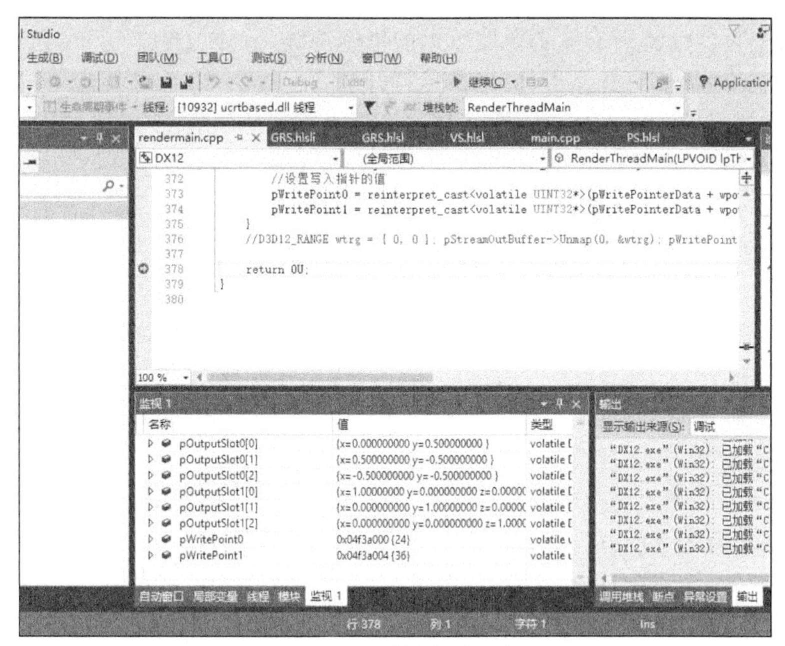

图 4-20 流输出缓冲回读

4.5.4 描述符堆和描述符

在 2.2.2 节中我们已经对描述符堆和描述符进行了简单的介绍。

在 Direct3D 12 中，渲染目标视图、深度模板视图、常量缓冲视图、着色器资源视图、无序访问视图和采样器状态被统称为描述符。描述符的创建分为两步，先创建描述符堆以分配内存，再在描述符堆中定位构造描述符。Direct3D 12 的设计初衷是让应用程序重复使用描述符堆中的内存以提升性能。可以用 ID3D12Device 接口的 CreateDescriptorHeap 方法创建描述符堆，该方法要求应用程序填充一个 D3D12_DESCRIPTOR_HEAP_DESC 结构体来描述所要创建的描述符堆的属性，该结构体的 Type、NumDescriptors 和 NodeMask 成员以及该方法的原型已经在 2.2.2 节中进行了详尽的介绍，在此不再赘述。

该结构体的 Flags 成员用于设置描述符堆的标志，目前只有 1 个可用的标志 D3D12_DESCRIPTOR_HEAP_FLAG_SHADER_VISIBLE。实际上，该标志的取值可以由 Type 成员确定，也就是说，Flags 成员目前是冗余的（当然在今后可能会引入新的标志）。

当 Type 成员为 D3D12_DESCRIPTOR_HEAP_TYPE_RTV 或 D3D12_DESCRIPTOR_HEAP_TYPE_DSV 时，应当设置 D3D12_DESCRIPTOR_HEAP_FLAG_SHADER_VISIBLE 标志；当 Type 成员为 D3D12_DESCRIPTOR_HEAP_TYPE_CBV_SRV_UAV 或 D3D12_DESCRIPTOR_HEAP_TYPE_SAMPLER 时，应当设置 D3D12_DESCRIPTOR_HEAP_FLAG_SHADER_VISIBLE 标志。

即存放渲染目标视图或深度模板视图的描述符堆是着色器不可见的，而存放常量缓冲视图、着色器资源视图、无序访问视图或采样器状态的描述符堆是着色器可见的。着色器不可见的描述符堆只允许 CPU 读写，而着色器可见的描述符堆只允许 CPU 写和 GPU 读。

接下来，我们对描述符堆和描述符进行了详细的介绍。

描述符堆在逻辑上可以看作是一个由描述符构成的一维数组，可以用描述符句柄标识描述符堆中的某个描述符。描述符句柄分为 CPU 描述符句柄和 GPU 描述符句柄两种，显然，CPU 描述符句柄在 CPU 访问描述符堆时使用，GPU 描述符句柄在 GPU 访问描述符堆时使用。由于着色器不可见的描述符堆只允许 CPU 读写，因此，着色器不可见的描述符堆不存在 GPU 描述符句柄。

正如 2.2.2 节中所述，可以用 ID3D12DescriptorHeap 接口的 GetCPUDescriptorHandleForHeapStart 方法得到标识描述符堆中第一个描述符的 CPU 描述符句柄（D3D12_CPU_DESCRIPTOR_HANDLE）。同样地，可以用 ID3D12DescriptorHeap 接口的 GetGPUDescriptorHandleForHeapStart 方法，得到标识数组中第一个描述符的 GPU 描述符句柄（D3D12_GPU_DESCRIPTOR_HANDLE），由于着色器不可见的描述符堆不存在 GPU 描述符句柄，因此，该方法对着色器不可见的描述符堆而言是没有意义的。

D3D12_CPU_DESCRIPTOR_HANDLE 和 D3D12_GPU_DESCRIPTOR_HANDLE 都具有 ptr 成员，Direct3D 12 规定：将该 ptr 成员的值加上某个增量值即可得到标识描述符堆中的下一个描述符的描述符句柄，该增量值随着描述符堆的类型的不同而不同，并且还会随着显示适配器的不同而不同，可以用 ID3D12Device 接口的 GetDescriptorHandleIncrementSize 方法获取该增量值，该方法的原型如下。

```
UINT STDMETHODCALLTYPE GetDescriptorHandleIncrementSize(
    D3D12_DESCRIPTOR_HEAP_TYPE DescriptorHeapType//[In]
    )
```

DescriptorHeapType

即描述符堆的类型，共 3 种。

CPU 描述符句柄同时记录了描述符所在的描述符堆和描述符在描述符堆中的位置，因此，CPU 描述符句柄可以在全局范围内唯一标识某个描述符。而 GPU 描述符句柄中只记录了描述符在描述符堆中的位置，因此，在用 GPU 描述符句柄标识描述符时需要同时指定描述符所在的描述符堆。

（1）着色器可见或不可见的描述符堆都允许 CPU 写入：在用 ID3D12Device 接口的 CreateRenderTargetView、CreateDepthStencilView、CreateConstantBufferView、CreateShaderResourceView、CreateUnorderAccessView 和 CreateSampler 方法在描述符堆中定位构造描述符时，CPU 线程会将相应的数据写入到描述符堆中，直到 CPU 线程完成写入操作后，以上方法才会返回。

（2）着色器不可见的描述符堆允许 CPU 读取：调用 ID3D12GapricsCommandList 接口的 OMSetRenderTargets 方法向命令列表中添加命令时，CPU 线程会从相应的描述符堆中读取相应的描述符（渲染目标视图和深度模板试图），并复制到命令列表中（命令列表会在命令分配器中分配相应的内存，见 3.3.1 节），直到 CPU 线程完成复制操作后，该方法才会返回。也就是说，一旦该方法返回，相应的描述符所占用的内存即可被重用（即用于定位构造其他的描述符）。

（3）着色器可见的描述符堆允许 GPU 读取：可以用 ID3D12GapricsCommandList 接口的 SetGraphicsRootDescriptorTable 方法将 GPU 描述符句柄与图形流水线的根签名绑定，当 GPU 线程执行命令列表中的 DrawInstanced 和 DrawIndexedInstanced 命令时，相应的着色器程序会被执行，着色器程序会通过根签名访问相应的 GPU 描述符句柄，本书会在 4.5.5 节中对此进行详细的介绍。

在调用 SetGraphicsRootDescriptorTable 方法向命令列表中添加命令时，CPU 线程并不会将相应的描述符复制到命令列表中，而只会将传入的 GPU 描述符句柄复制到命令列表中。也就是说，在 GPU 线程完成对相应的描述符的访问之前，相应的描述符所占用的内存不可被重用（即不可被用于定位构造其它的描述符）。

正如上文所述，在用 GPU 描述符句柄标识描述符时，需要同时指定描述符所在的描述符堆。正如 2.4.1 节中所述，GPU 线程会为命令列表的每次执行维护一个状态集合，在 Direct3D 12 中，我们用该状态集合中的一个状态来指定 GPU 描述符句柄标识的描述符所在的描述符堆，该状态被称为当前描述符堆。

当前描述符堆由一个 D3D12_DESCRIPTOR_HEAP_TYPE_CBV_SRV_UAV 类型的描述符堆和一个 D3D12_DESCRIPTOR_HEAP_TYPE_SAMPLER 类型的描述符堆（共两个描述符堆）构成。可以用 ID3D12GapricsCommandList 接口的 SetDescriptorHeaps 方法设置当前描述符堆，该方法原型如下。

```
void STDMETHODCALLTYPE SetDescriptorHeaps(
                     UINT NumDescriptorHeaps,//[In]
        ID3D12DescriptorHeap *const *ppDescriptorHeaps)//[In,Size_is(NumDescriptorHeaps)]
                     )
```

该方法允许传入一个描述符堆数组，Direct3D 12 会根据传入的描述符堆的类型确定所设置的是当前描述符堆中的哪一个描述符堆，这可以认为是一种运行时多态。Direct3D 12 规定：传入的各个描述符的类型必须不同（否则，意味着对当前描述符堆中的同一个描述符堆设置了多次，除了最后一次以外的设置都会被覆盖，是没有意义的）。由于相关的描述符堆的类型只有两个，因此，NumDescriptorHeaps 的取值一定为 1 或 2。如果 NumDescriptorHeaps 的取值为 1，那么表示只指定了当前描述符堆中的一个描述符堆，当前描述符堆中的另一个描述符堆会被设置为空。

当 GPU 线程执行命令列表中的 SetGraphicsRootDescriptorTable 命令访问 GPU 描述符句柄，或着色器程序被执行并通过根签名访问 GPU 描述符句柄时，会用到状态集合中的当前描述符堆，以确定 GPU 描述符句柄标识描述符所在的描述符堆。因此，必须已经完成了对当前描述符堆的设置。

Direct3D 12 规定：一旦状态集合中的当前描述符堆被改变，所有通过 SetGraphicsRootDescriptor Table 命令绑定到根签名的 GPU 描述符句柄将失效。但是，GPU 线程执行命令列表中的 SetDescriptorHeaps 命令并不一定会改变当前描述符堆，例如，在下文中介绍的捆绑包中的情形传入的描述符堆和当前描述符堆相同。

既然当前描述符堆是状态集合中的一个状态，那么，正如 3.3.2 节所述，当 GPU 线程处理命令列表中的ExecuteBundle命令执行捆绑包时，直接命令列表的当前描述符堆会被复制到捆绑包中。但是，捆绑包具有额外的限制，捆绑包不能改变当前描述符堆，并且在捆绑包中添加SetGraphicsRootDescriptorTable命令之前，必须添加一条SetDescriptorHeaps命令并传入当前描述符堆的值（如果不需要在捆绑包中添加SetGraphicsRootDescriptorTable命令，那么也不需要添加SetDescriptorHeaps命令）。由于该SetDescriptorHeaps命令并没有改变当前描述符堆，因此，在从直接命令列表中复制得到的状态中，绑定到根签名的GPU描述符句柄并不会失效。

4.5.5 根签名再探

在2.4.2节中我们已经对根签名进行了简单的介绍，D3D12_ROOT_SIGNATURE_DESC结构体定义了根签名的逻辑结构，并且根据2.4.1节中的图2-3可知，着色器访问资源需要通过根签名作为中介，接下来，我们对这个过程进行详细的介绍。

1. 常量缓冲对象

HLSL中的常量缓冲对象用关键字cbuffer定义，常量缓冲对象是只读的，并且在同一次绘制（即GPU线程执行命令列表中的DrawInstanced或DrawIndexedInstanced命令）中在着色器程序的多次执行间保持不变。

例如，我们在顶点着色器中定义一个常量缓冲对象来表示三角形图元中的3个顶点的位置的偏移，不妨在2.4.2节的基础上将VS.hlsl中的代码修改如下。

```
#include"GRS.hlsli"//根签名对象

cbuffer cboffset:register(b0, space0) //b0和space0与根签名中的相关信息相对应，本书会在下文中对此进行介绍，实际上，常量缓冲对象的名称cboffset在HLSL代码中并不会被用到的，但是却不可以被省略

{
    float g_offsetx;//表示在归一化坐标系（见2.4.1节中的图2-10）中的偏移
    float g_offsety;
}

struct Vertex_IA_OUT
{
    uint vid:SV_VERTEXID;
    uint iid:SV_INSTANCEID;
};

struct Vertex_VS_OUT
{
    float4 pos:SV_POSITION;
    float4 color:UserDefine0;
};

[RootSignature(GRS)]//为顶点着色器指定根签名
Vertex_VS_OUT main(Vertex_IA_OUT vertex)
{
    Vertex_VS_OUT rtval;
    rtval.pos = float4(0.0f, 0.0f, 0.0f, 0.0f);
    rtval.color = float4(0.0f, 0.0f, 0.0f, 0.0f);
    if (vertex.iid == 0)
    {
```

```
            if (vertex.vid == 0)
            {
                    rtval.pos = float4(0.0f + g_offsetx, 0.5f + g_offsety, 0.5f, 1.0f);//
使用常量缓冲中的数据进行偏移
                    rtval.color = float4(1.0f, 0.0f, 0.0f, 1.0f);//红色
            }
            else if (vertex.vid == 1)
            {
                    rtval.pos = float4(0.5f + g_offsetx, -0.5f + g_offsety, 0.5f, 1.0f);
                    rtval.color = float4(0.0f, 1.0f, 0.0f, 1.0f);//绿色
             }
             else if (vertex.vid == 2)
             {
                    rtval.pos = float4(-0.5f + g_offsetx, -0.5f + g_offsety, 0.5f, 1.0f);
                    rtval.color = float4(0.0f, 0.0f, 1.0f, 1.0f);//蓝色
             }
        }
        return rtval;
}
```

以下是我在常量缓冲中存放矩阵时遇到过的一个比较普遍的问题：在 HLSL 中，可以用前缀将矩阵定义为以列序为主序（column_major），或以行序为主序（row_major），其中以列序为主序更高效，这也是 HLSL 中默认的行为。但是，在 DirectXMath 中，矩阵被定义为以行序为主序且用于右乘行向量。因此，如果在 HLSL 中将矩阵定义为以列序为主序（更高效）并将其用于右乘行向量，那么在将 DirectXMath 中的矩阵传输到常量缓冲中前需要进行转置。

但是，根据线性代数中的定律 T(AB)=T(B)T(A)（其中 T()表示转置）可知，如果在 HLSL 中将矩阵用于左乘列向量，那么就不需要进行转置，这也是最高效的做法。

（1）根常量

可以使用根常量定义常量缓冲对象，不妨在 2.4.2 节的基础上将 GRS.hlsli 中的代码修改如下。

```
//正如 2.4.2 节中所述，字符串常量中不允许有制表符（即'\t'），否则会被视为错误
#define GRS "RootFlags(\
DENY_PIXEL_SHADER_ROOT_ACCESS\
|DENY_DOMAIN_SHADER_ROOT_ACCESS\
|DENY_HULL_SHADER_ROOT_ACCESS\
|DENY_GEOMETRY_SHADER_ROOT_ACCESS\
),\
RootConstants(visibility=SHADER_VISIBILITY_VERTEX,b0,space=0,num32BitConstants=2)"
```

正如 2.4.2 节中所述，RootFlags 为根标志，对应于 D3D12_ROOT_SIGNATURE_DESC 结构体的 Flags 成员。我们在 RootFlags 中不设置 DENY_VERTEX_SHADER_ROOT_ACCESS 标志，以允许顶点着色器访问根签名中的根常量。RootConstants 为根常量，其中：

visibility=SHADER_VISIBILITY_VERTEX 对应于 D3D12_ROOT_SIGNATURE_DESC 结构体中的 D3D12_ROOT_PARAMETER_TYPE 结构体的 ShaderVisibility 成员。

b0、space=0 和 num32BitConstants=2 对应于 D3D12_ROOT_SIGNATURE_DESC 结构体中的 D3D12_ROOT_PARAMETER 结构体中的 D3D12_ROOT_CONSTANTS 结构体的 ShaderRegister、RegisterSpace 和 Num32BitValues 成员。

我们将 visibility 设置为 SHADER_VISIBILITY_VERTEX 以允许顶点着色器访问。

b0 和 space=0 对应于上文中的顶点着色器代码 VS.hlsl 中的“register(b0, space0)”，表示顶

点着色器中的常量缓冲对象对应于根签名中的该根常量，顶点着色器访问常量缓冲对象实际上就是访问根签名中的该根常量。

根常量在逻辑上可以看作是一个由 32 位（即 4 字节）值构成的一维数组，我们将 num32BitConstants 设置为 2，表示根常量中有两个 32 位值，对应于上文中顶点着色器代码 VS.hlsl 中的“float g_offsetx”和“float g_offsety”。

接下来，我们需要将数据传输到根常量中，可以让 GPU 线程执行命令列表中的 SetGraphicsRoot32BitConstant 命令，将数据写入到图形流水线的根签名中的某个根常量中的某个 32 位值中，可以用 ID3D12GraphicsCommandList 接口的 SetGraphicsRoot32BitConstant 方法向命令列表中添加该命令，该方法的原型如下。

```
void STDMETHODCALLTYPE SetGraphicsRoot32BitConstant(
                        UINT RootParameterIndex,//[In]
                        UINT SrcData,//[In]
                        UINT DestOffsetIn32BitValues//[In]
                        )
```

- RootParameterIndex

根形参索引，用于标识根常量在图形流水线的根签名中的位置。根据 2.4.2 节中的图 2-16 可知，根常量、根描述符和根描述符表被统称为根形参。根据 D3D12_ROOT_SIGNATURE_DESC 结构体的 pParameters 成员可知，根签名包含了一个根形参构成的一维数组，根形参索引唯一标识了根签名中的某个根形参。在此，根签名中只有一个根形参，即该根常量。显然，该根常量的根形参索引为 0。

- DestOffsetIn32BitValues

正如上文所述，根常量在逻辑上可以看作是一个由 32 位值构成的一维数组，DestOffsetIn32BitValues 表示 32 位值在根常量中的索引，唯一标识了根常量中的某个 32 位值。

- SrcData

表示要写入到指定的 32 位值中的数据。该参数的数据类型为 UINT，在实际使用时可以借助于以下联合体。

```
union
{
    UINT32 ui;
    INT32 i;
    float f;
};
```

不妨在 2.4.2 节的基础上对 rendermain.cpp 中的代码进行以下修改。

```
//在命令列表中的 SetGraphicsRootSignature 之后，DrawInstanced 之前添加以下命令
union
{
    UINT32 ui;
    float f;
}value32bit;
value32bit.f = 0.5f;
pDirectCommandList->SetGraphicsRoot32BitConstant(0, value32bit.ui, 0);
value32bit.f = 0.25f;
```

```
pDirectCommandList->SetGraphicsRoot32BitConstant(0, value32bit.ui, 1);
```

再次调试我们的程序，可以看到以下运行结果，如图 4-21 所示。

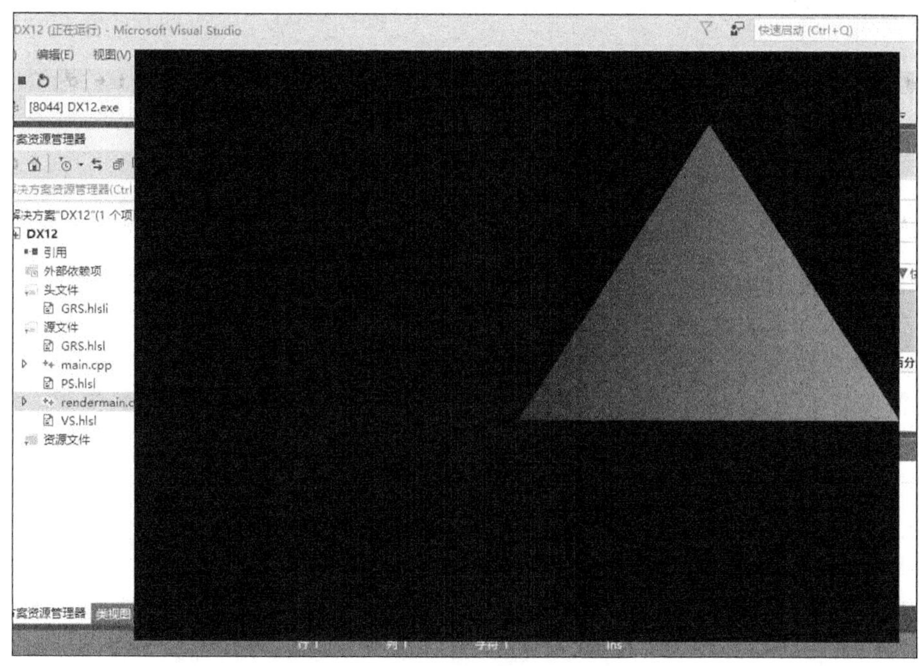

图 4-21 常量缓冲

（2）根常量缓冲视图

可以使用根常量缓冲视图定义常量缓冲对象，不妨在 2.4.2 节的基础上将 GRS.hlsli 中的代码修改如下。

```
//正如 2.4.2 节中所述，字符串常量中不允许有制表符（即'\t'），否则会被视为错误
#define GRS "RootFlags(\
DENY_PIXEL_SHADER_ROOT_ACCESS\
|DENY_DOMAIN_SHADER_ROOT_ACCESS\
|DENY_HULL_SHADER_ROOT_ACCESS\
|DENY_GEOMETRY_SHADER_ROOT_ACCESS\
),\
CBV(visibility=SHADER_VISIBILITY_VERTEX,b0,space=0)"
```

CBV 为根描述符，其中：

visibility=SHADER_VISIBILITY_VERTEX 对应于 D3D12_ROOT_SIGNATURE_DESC 结构体中的 D3D12_ROOT_PARAMETER_TYPE 结构体的 ShaderVisibility 成员。

b0 和 space=0 对应于 D3D12_ROOT_SIGNATURE_DESC 结构体中的 D3D12_ROOT_PARAMETER 结构体中的 D3D12_ROOT_DESCRIPTOR 结构体的 ShaderRegister 和 RegisterSpace 成员。

我们将 visibility 设置为 SHADER_VISIBILITY_VERTEX 以允许顶点着色器访问。

b0 和 space=0 对应于上文中的顶点着色器代码 VS.hlsl 中的“register(b0, space0)”，表示顶点着色器中的常量缓冲对象对应于根签名中的该根描述符，顶点着色器访问常量缓冲对象实际

上就是访问根签名中的该根描述符。

根常量缓冲视图定义了缓冲中的首地址，可以让 GPU 线程执行命令列表中的 SetGraphics RootConstantBufferView 命令，设置图形流水线的根签名中的某个根常量缓冲视图的定义，可以用 ID3D12GraphicsCommandList 接口的 SetGraphicsRootConstantBufferView 方法向命令列表中添加该命令，该方法的原型如下。

```
void STDMETHODCALLTYPE SetGraphicsRootConstantBufferView(
    UINT RootParameterIndex,//[In]
    D3D12_GPU_VIRTUAL_ADDRESS BufferLocation//[In]
)
```

- RootParameterIndex

根形参索引，用于标识根常量在图形流水线的根签名中的位置。根据 2.4.2 节中的图 2-16 可知，根常量、根描述符和根描述符表被统称为根形参。根据 D3D12_ROOT_SIGNATURE_DESC 结构体的 pParameters 成员可知，根签名包含了一个根形参构成的一维数组，根形参索引唯一标识了根签名中的某个根形参。在此，根签名中只有一个根形参，即该根常量缓冲视图，显然，该根常量缓冲视图的根形参索引为 0。

- BufferLocation

表示根常量缓冲视图在 GPU 虚存空间中的首地址。可以用 ID3D12Resource::GetGPUVirtualAddress 得到缓冲在 GPU 虚存空间中的首地址。一般情况下，将缓冲在 GPU 虚存空间中的首地址加上根常量缓冲视图在缓冲中的偏移值，作为根常量缓冲视图在 GPU 虚存空间中的首地址。

同一缓冲中往往同时有多个不同的区域分别用作各种不同的用途（例如 4.3.2 节中的加载 DDS 文件，4.5.1 节中的索引缓冲，4.5.2 节中的顶点缓冲和 4.5.3 节中的流输出缓冲），通过指定不同的偏移值可以使这些区域在缓冲中不重叠。MSDN 上的 Direct3D 官方文档指出：根常量缓冲视图在缓冲中的偏移值必须是 256 字节对齐的。

当 GPU 线程在直接命令队列上执行 DrawInstance 或 DrawIndexedInstanced 命令时，作为根常量缓冲视图的子资源对图形/计算类的权限必须有可作为顶点或常量缓冲（D3D12_RESOURCE_STATE_VERTEX_AND_CONSTANT_BUFFER，见 3.4.1 节）。

不妨在 2.4.2 节的基础上对 rendermain.cpp 中的代码进行以下修改。

```
//创建上传堆
ID3D12Heap *pUploadHeap;
{
    D3D12_HEAP_DESC heapdc;
    heapdc.SizeInBytes = D3D12_DEFAULT_RESOURCE_PLACEMENT_ALIGNMENT * 16; //只要足够存放常量缓冲即可
    heapdc.Properties.Type = D3D12_HEAP_TYPE_UPLOAD;
    heapdc.Properties.CPUPageProperty = D3D12_CPU_PAGE_PROPERTY_UNKNOWN;
    heapdc.Properties.MemoryPoolPreference = D3D12_MEMORY_POOL_UNKNOWN;
    heapdc.Properties.CreationNodeMask = 1;
    heapdc.Properties.VisibleNodeMask = 1;
    heapdc.Alignment = D3D12_DEFAULT_RESOURCE_PLACEMENT_ALIGNMENT;
    heapdc.Flags = D3D12_HEAP_FLAG_ALLOW_ONLY_BUFFERS;
    pD3D12Device->CreateHeap(&heapdc, IID_PPV_ARGS(&pUploadHeap));
```

```
}
//创建缓冲
ID3D12Resource *pUploadBuffer;
{
    D3D12_RESOURCE_DESC bufferdc;
    bufferdc.Dimension = D3D12_RESOURCE_DIMENSION_BUFFER;
    bufferdc.Alignment = D3D12_DEFAULT_RESOURCE_PLACEMENT_ALIGNMENT;
    bufferdc.Width = D3D12_DEFAULT_RESOURCE_PLACEMENT_ALIGNMENT * 16; //只要足够存放常量
缓冲即可
    bufferdc.Height = 1;
    bufferdc.DepthOrArraySize = 1;
    bufferdc.MipLevels = 1;
    bufferdc.Format = DXGI_FORMAT_UNKNOWN;
    bufferdc.SampleDesc.Count = 1;
    bufferdc.SampleDesc.Quality = 0;
    bufferdc.Layout = D3D12_TEXTURE_LAYOUT_ROW_MAJOR;
    bufferdc.Flags = D3D12_RESOURCE_FLAG_NONE;
    pD3D12Device->CreatePlacedResource(pUploadHeap, 0, &bufferdc,
D3D12_RESOURCE_STATE_GENERIC_READ, NULL, IID_PPV_ARGS(&pUploadBuffer)); // 正如4.2.2节
中所述，上传堆中的资源在创建时InitialState参数必须设置为通用读，在这种情况下，对图形/计算类的权限为
通用读，通用读包含了可作为顶点或常量缓冲（见3.4.1节）
}
//映射到CPU进程的虚拟地址空间中（见4.3.1节）
volatile UINT8 *pUploadBufferData;
{
    void *p;
    D3D12_RANGE range = { 0,0 };
    pUploadBuffer->Map(0, &range, &p);
    pUploadBufferData = static_cast<UINT8 *>(p);
}
//根常量缓冲视图在缓冲中的偏移值
UINT64 cboffset = 0; //只要不发生重叠即可
//写入数据
{
    volatile UINT8 *pByte;
    pByte = pUploadBufferData + cboffset;
    //对应于上文中顶点着色器代码VS.hlsl中的"float g_offsetx"和"float g_offsety"
    *reinterpret_cast<volatile float *>(pByte) = 0.5f;
    *reinterpret_cast<volatile float *>(pByte + 4) = 0.25f;
}

//在命令列表中的SetGraphicsRootSignature之后，DrawInstanced之前添加以下命令
pDirectCommandList->SetGraphicsRootConstantBufferView(0,
pUploadBuffer->GetGPUVirtualAddress() + cboffset);
```

再次调试我们的程序，可以看到和图4-21中相同的运行结果。

（3）常量缓冲视图区间

可以使用常量缓冲视图区间定义常量缓冲对象，不妨在2.4.2节的基础上将GRS.hlsli中的代码修改如下。

```
//正如2.4.2节中所述，字符串常量中不允许有制表符（即'\t'），否则会被视为错误
#define GRS "RootFlags(\
DENY_PIXEL_SHADER_ROOT_ACCESS\
|DENY_DOMAIN_SHADER_ROOT_ACCESS\
|DENY_HULL_SHADER_ROOT_ACCESS\
|DENY_GEOMETRY_SHADER_ROOT_ACCESS\
),\
DescriptorTable(visibility=SHADER_VISIBILITY_VERTEX,CBV(offset=0,b0,space=0,numdescri
ptors=1))"
```

DescriptorTable 为根描述符表，其中：

visibility=SHADER_VISIBILITY_VERTEX 对应于 D3D12_ROOT_SIGNATURE_DESC 结构体中的 D3D12_ROOT_PARAMETER_TYPE 结构体的 ShaderVisibility 成员。

CBV 为描述符区间，其中：

offset=0、b0、space=0 和 numdescriptors=1 对应于 D3D12_ROOT_SIGNATURE_DESC 结构体中的 D3D12_ROOT_PARAMETER_TYPE 结构体中的 D3D12_ROOT_DESCRIPTOR_TABLE 结构体中的 D3D12_DESCRIPTOR_RANGE 结构体的 OffsetInDescriptorsFromTableStart、ShaderRegister、RegisterSpace 和 NumDescriptors 成员。

我们将 visibility 设置为 SHADER_VISIBILITY_VERTEX 以允许顶点着色器访问。

b0 和 space=0 与上文中的顶点着色器代码 VS.hlsl 中的“register(b0, space0)”相对应，表示顶点着色器中的常量缓冲对象对应于根签名中的该描述符区间中的第一个描述符。顶点着色器访问常量缓冲对象实际上就是访问根签名中的该描述符区间中的第一个描述符。

numdescriptors=1 表示该描述符区间中的描述符数量，在上文中的顶点着色器代码 VS.hlsl 中，可以用 space0 中的[b0,b0+numdescriptors][1]对应到该描述符区间中的各个描述符。实际上，space0 代表了一个地址空间，b0 代表了地址空间中的一个地址，不同地址空间中的地址是相互独立的。

根描述符表在逻辑上可以看作是一个由描述符构成的一维数组，offset=0 表示该描述符区间中的第一个描述符相对于根描述符表中的第一个描述符的偏移，Direct3D 12 允许同一根描述符表中的不同描述符区间重叠，并将此称作描述符别名。

正如 4.5.4 节中所述，描述符堆在逻辑上可以看作是一个由描述符构成的一维数组。正如上文所述，根描述符表在逻辑上也可以看作是一个由描述符构成的一维数组，可以让 GPU 线程执行命令列表中的 SetGraphicsRootDescriptorTable 命令，将图形流水线的根签名中的某个根描述符表对应到某个描述符堆中的某个区间，可以用 ID3D12GraphicsCommandList 接口的 SetGraphicsRootDescriptorTable 方法向命令列表中添加该命令，该方法的原型如下。

```
void STDMETHODCALLTYPE SetGraphicsRootDescriptorTable(
                    UINT RootParameterIndex,//[In]
                    D3D12_GPU_DESCRIPTOR_HANDLE BaseDescriptor//[In]
)
```

- RootParameterIndex

根形参索引，用于标识根常量在图形流水线的根签名中的位置。根据 2.4.2 节中的图 2-16 可知，根常量、根描述符和根描述符表被统称为根形参。根据 D3D12_ROOT_SIGNATURE_DESC 结构体的 pParameters 成员可知，根签名包含了一个根形参构成的一维数组，根形参索引唯一标识了根签名中的某个根形参。在此，根签名中只有一个根形参，即该根描述符表，显然，该根描述符表的根形参索引为 0。

- BaseDescriptor

[1] 当 numdescriptors 为 1 时，b0+numdescriptors 即为 b0+1,即 b1。

标识描述符堆中的某个描述符的 GPU 描述符句柄，表示根描述符表中的第一个描述符相对于描述符堆中的第一个描述符的偏移。根描述符表中的第一个描述符即为描述符堆中该 GPU 描述符句柄所标识的描述符。正如 4.5.4 节中所述，在用 GPU 描述符句柄标识描述符时，需要同时指定描述符所在的描述符堆，必须已经用 ID3D12GraphicsCommandList 接口的 SetDescriptorHeaps 方法完成了对的当前描述符堆的设置。

（4）定位构造常量缓冲视图

显然，我们需要创建一个描述符堆并在其中定位构造一个常量缓冲视图，常量缓冲视图定义了缓冲中的一块连续的区域，用 D3D12_CONSTANT_BUFFER_VIEW_DESC 结构体描述，该结构体的定义如下。

```
struct D3D12_CONSTANT_BUFFER_VIEW_DESC
{
     D3D12_GPU_VIRTUAL_ADDRESS BufferLocation;
     UINT SizeInBytes;
};
```

- BufferLocation

表示常量缓冲视图在 GPU 虚存空间中的首地址。可以用 ID3D12Resource::GetGPUVirtualAddress 得到缓冲在 GPU 虚存空间中的首地址一般情况下，将缓冲在 GPU 虚存空间中的首地址加上常量缓冲视图在缓冲中的偏移值，作为常量缓冲视图在 GPU 虚存空间中的首地址。

同一缓冲中往往同时有多个不同的区域分别用作各种不同的用途（例如 4.3.2 节中的加载 DDS 文件，4.5.1 节中的索引缓冲，4.5.2 节中的顶点缓冲和 4.5.3 节中的流输出缓冲），通过指定不同的偏移值可以使这些区域在缓冲中不重叠。MSDN 上的 Direct3D 官方文档指出：常量缓冲视图在缓冲中的偏移值必须是 256 字节对齐的。

- SizeInBytes

表示常量缓冲视图的大小。MSDN 上的 Direct3D 官方文档指出：常量缓冲视图的大小必须是 256 字节的整数倍。

可以用 ID3D12Device 接口的 CreateConstantBufferView 方法，在描述符堆中定位构造常量缓冲视图。

当 GPU 线程在直接命令队列上执行 DrawInstance 或 DrawIndexedInstanced 命令时，作为常量缓冲视图的子资源对图形/计算类的权限必须有可作为顶点或常量缓冲（D3D12_RESOURCE_STATE_VERTEX_AND_CONSTANT_BUFFER，见 3.4.1 节）。

不妨在 2.4.2 节的基础上对 rendermain.cpp 中的代码进行以下修改。

```
//创建上传堆
ID3D12Heap *pUploadHeap;
{
    D3D12_HEAP_DESC heapdc;
    heapdc.SizeInBytes = D3D12_DEFAULT_RESOURCE_PLACEMENT_ALIGNMENT * 16; //只要足够存放
常量缓冲即可
    heapdc.Properties.Type = D3D12_HEAP_TYPE_UPLOAD;
    heapdc.Properties.CPUPageProperty = D3D12_CPU_PAGE_PROPERTY_UNKNOWN;
    heapdc.Properties.MemoryPoolPreference = D3D12_MEMORY_POOL_UNKNOWN;
    heapdc.Properties.CreationNodeMask = 1;
```

```
    heapdc.Properties.VisibleNodeMask = 1;
    heapdc.Alignment = D3D12_DEFAULT_RESOURCE_PLACEMENT_ALIGNMENT;
    heapdc.Flags = D3D12_HEAP_FLAG_ALLOW_ONLY_BUFFERS;
    pD3D12Device->CreateHeap(&heapdc, IID_PPV_ARGS(&pUploadHeap));
}
//创建缓冲
ID3D12Resource *pUploadBuffer;
{
    D3D12_RESOURCE_DESC bufferdc;
    bufferdc.Dimension = D3D12_RESOURCE_DIMENSION_BUFFER;
    bufferdc.Alignment = D3D12_DEFAULT_RESOURCE_PLACEMENT_ALIGNMENT;
    bufferdc.Width = D3D12_DEFAULT_RESOURCE_PLACEMENT_ALIGNMENT * 16; //只要足够存放常量
缓冲即可
    bufferdc.Height = 1;
    bufferdc.DepthOrArraySize = 1;
    bufferdc.MipLevels = 1;
    bufferdc.Format = DXGI_FORMAT_UNKNOWN;
    bufferdc.SampleDesc.Count = 1;
    bufferdc.SampleDesc.Quality = 0;
    bufferdc.Layout = D3D12_TEXTURE_LAYOUT_ROW_MAJOR;
    bufferdc.Flags = D3D12_RESOURCE_FLAG_NONE;
    pD3D12Device->CreatePlacedResource(pUploadHeap, 0, &bufferdc,
D3D12_RESOURCE_STATE_GENERIC_READ, NULL, IID_PPV_ARGS(&pUploadBuffer)); // 正如 4.2.2 节
中所述，上传堆中的资源在创建时 InitialState 参数必须设置为通用读，在这种情况下，对图形/计算类的权限为
通用读，通用读包含了可作为顶点或常量缓冲（见 3.4.1 节）
}
//映射到 CPU 进程的虚拟地址空间中（见 4.3.1 节）
volatile UINT8 *pUploadBufferData;
{
    void *p;
    D3D12_RANGE range = { 0,0 };
    pUploadBuffer->Map(0, &range, &p);
    pUploadBufferData = static_cast<UINT8 *>(p);
}
//填充描述常量缓冲视图的结构体
D3D12_CONSTANT_BUFFER_VIEW_DESC cbview;
UINT64 cboffset = 0; //只要不发生重叠即可
cbview.BufferLocation = pUploadBuffer->GetGPUVirtualAddress() + cboffset;
cbview.SizeInBytes = 256;//MSDN 上的 Direct3D 官方文档指出常量缓冲在缓冲中的大小必须是 256 字节的
整数倍
//写入数据
{
    volatile UINT8 *pByte;
    pByte = pUploadBufferData + cboffset;
    //对应于上文中顶点着色器代码 VS.hlsl 中的“float g_offsetx”和“float g_offsety”
    *reinterpret_cast<volatile float *>(pByte) = 0.5f;
    *reinterpret_cast<volatile float *>(pByte + 4) = 0.25f;
}

//创建描述符堆
ID3D12DescriptorHeap *pCBVSRVUAVHeap;
{
    D3D12_DESCRIPTOR_HEAP_DESC CBVSRVUAVHeapDesc =
{ D3D12_DESCRIPTOR_HEAP_TYPE_CBV_SRV_UAV ,1,D3D12_DESCRIPTOR_HEAP_FLAG_SHADER_VISIBLE,0
X1 };
    pD3D12Device->CreateDescriptorHeap(&CBVSRVUAVHeapDesc,
IID_PPV_ARGS(&pCBVSRVUAVHeap));
}
//定位构造常量缓冲视图
pD3D12Device->CreateConstantBufferView(&cbview,
pCBVSRVUAVHeap->GetCPUDescriptorHandleForHeapStart());
```

```
//在命令列表中的 SetGraphicsRootSignature 之后，DrawInstanced 之前添加以下命令
pDirectCommandList->SetDescriptorHeaps(1, &pCBVSRVUAVHeap);
pDirectCommandList->SetGraphicsRootDescriptorTable(0,
pCBVSRVUAVHeap->GetGPUDescriptorHandleForHeapStart());
```

再次调试我们的程序，可以看到和图 4-21 中相同的运行结果。

2. 2D 纹理对象

HLSL 中的 2D 纹理对象用关键字 texture2D<T>定义，在逻辑上，2D 纹理对象可以看作是 2D 纹理数组中相同平面索引和数组索引的子资源中的表面按照子资源的 Mip 索引的顺序构成的一维数组（见 4.1.1 节）。

（1）纹理映射

2D 纹理对象 texture2D<T>中的 T 表示表面中的每个像素的数据类型，显然应当与表面的像素格式匹配，但是匹配规则却是模糊不清的。在 MSDN 上的 Direct3D 官方文档中并没有明确的定义，在此，我们仅指出，在 4.3.2 节中加载的 DDS 文件的纹理格式 DXGI_FORMAT_BC1_UNORM 只有一个平面，即纹理中的各个表面的像素格式即为该格式，并且该格式与 float4 是匹配的。可以用 2D 纹理对象 texture2D<T>提供的 mips.Operator[][]方法访问 2D 纹理对象中的某个表面的某个像素的值，该方法的原型如下。

```
T mips.Operator[][](
    uint mipIndex,//[In]
    uint2 pos//[In]
);
```

- mipIndex

Mip 索引，唯一标识了 2D 纹理对象中的某个表面。

- pos

表面坐标系中的坐标，如图 4-22 所示，唯一标识了表面中的某个像素。

图 4-22　表面坐标系

在 4.3.2 节和 4.4.1 节中，我们已经对加载 DDS 文件的过程进行了详细的介绍，在此，我们将相关的代码进行整合，不妨在 2.4.2 节的基础上在 rendermain.cpp 中添加以下代码。

```
//创建上传堆
    ID3D12Heap *pUploadHeap;
    {
        D3D12_HEAP_DESC heapdc;
        heapdc.SizeInBytes = D3D12_DEFAULT_RESOURCE_PLACEMENT_ALIGNMENT * 16;//只要足够
存放要加载的纹理资源即可
        heapdc.Properties.Type = D3D12_HEAP_TYPE_UPLOAD;
        heapdc.Properties.CPUPageProperty = D3D12_CPU_PAGE_PROPERTY_UNKNOWN;
        heapdc.Properties.MemoryPoolPreference = D3D12_MEMORY_POOL_UNKNOWN;
        heapdc.Properties.CreationNodeMask = 0X1;
        heapdc.Properties.VisibleNodeMask = 0X1;
        heapdc.Alignment = D3D12_DEFAULT_RESOURCE_PLACEMENT_ALIGNMENT;
```

```
        heapdc.Flags = D3D12_HEAP_FLAG_DENY_RT_DS_TEXTURES | D3D12_HEAP_FLAG_DENY_
NON_RT_DS_TEXTURES;
        pD3D12Device->CreateHeap(&heapdc, IID_PPV_ARGS(&pUploadHeap));
    }
    //创建缓冲
    ID3D12Resource *pUploadBuffer;
    {
        D3D12_RESOURCE_DESC bufferdc;
        bufferdc.Dimension = D3D12_RESOURCE_DIMENSION_BUFFER;
        bufferdc.Alignment = D3D12_DEFAULT_RESOURCE_PLACEMENT_ALIGNMENT;
        bufferdc.Width = D3D12_DEFAULT_RESOURCE_PLACEMENT_ALIGNMENT * 16; //只要足够存放
要加载的纹理资源即可
        bufferdc.Height = 1;
        bufferdc.DepthOrArraySize = 1;
        bufferdc.MipLevels = 1;
        bufferdc.Format = DXGI_FORMAT_UNKNOWN;
        bufferdc.SampleDesc.Count = 1;
        bufferdc.SampleDesc.Quality = 0;
        bufferdc.Layout = D3D12_TEXTURE_LAYOUT_ROW_MAJOR;
        bufferdc.Flags = D3D12_RESOURCE_FLAG_NONE;
        pD3D12Device->CreatePlacedResource(pUploadHeap, 0, &bufferdc,
D3D12_RESOURCE_STATE_GENERIC_READ, NULL, IID_PPV_ARGS(&pUploadBuffer));// 正如4.2.2节中
所述，上传堆中的资源在创建时InitialState参数必须设置为通用读，在这种情况下，对图形/计算类的权限为通
用读，对复制类的权限为公共（见3.4.1节）
    }
    //映射到CPU进程的虚拟地址空间中（见4.3.1节）
    volatile UINT8 *pUploadBufferData;
    {
        void *p;
        D3D12_RANGE range = { 0,0 };//不需要从上传堆中读取
        pUploadBuffer->Map(0, &range, &p);
        pUploadBufferData = static_cast<UINT8 *>(p);
    }

    //创建默认堆
    ID3D12Heap *pTexHeap;
    {
        D3D12_HEAP_DESC heapdc;
        heapdc.SizeInBytes = D3D12_DEFAULT_MSAA_RESOURCE_PLACEMENT_ALIGNMENT * 16;
        heapdc.Properties.Type = D3D12_HEAP_TYPE_DEFAULT;
        heapdc.Properties.CPUPageProperty = D3D12_CPU_PAGE_PROPERTY_UNKNOWN;
        heapdc.Properties.MemoryPoolPreference = D3D12_MEMORY_POOL_UNKNOWN;
        heapdc.Properties.CreationNodeMask = 0X1;
        heapdc.Properties.VisibleNodeMask = 0X1;
        heapdc.Alignment = D3D12_DEFAULT_MSAA_RESOURCE_PLACEMENT_ALIGNMENT;
        heapdc.Flags = D3D12_HEAP_FLAG_DENY_BUFFERS | D3D12_HEAP_FLAG_DENY_RT_DS_
TEXTURES;
        pD3D12Device->CreateHeap(&heapdc, IID_PPV_ARGS(&pTexHeap));
    }

    //创建复制命令队列
    ID3D12CommandQueue *pCopyCommandQueue;
    {
        D3D12_COMMAND_QUEUE_DESC cqdc;
        cqdc.Type = D3D12_COMMAND_LIST_TYPE_COPY;
        cqdc.Priority = D3D12_COMMAND_QUEUE_PRIORITY_NORMAL;
        cqdc.Flags = D3D12_COMMAND_QUEUE_FLAG_NONE;
        cqdc.NodeMask = 0X1;
        pD3D12Device->CreateCommandQueue(&cqdc, IID_PPV_ARGS(&pCopyCommandQueue));
    }
    //创建复制命令分配器
    ID3D12CommandAllocator *pCopyCommandAllocator;
```

```
    pD3D12Device->CreateCommandAllocator(D3D12_COMMAND_LIST_TYPE_COPY,
IID_PPV_ARGS(&pCopyCommandAllocator));
    //创建复制命令列表
    ID3D12GraphicsCommandList *pCopyCommandList;
    pD3D12Device->CreateCommandList(0, D3D12_COMMAND_LIST_TYPE_COPY,
pCopyCommandAllocator, NULL, IID_PPV_ARGS(&pCopyCommandList));

    //用围栏和事件对象进行同步，以确定 GPU 完成复制的时机
    ID3D12Fence *pCopyFence;
    pD3D12Device->CreateFence(0U, D3D12_FENCE_FLAG_NONE, IID_PPV_ARGS(&pCopyFence));
    HANDLE hEvent;
    hEvent = CreateEventW(NULL, FALSE, FALSE, NULL);

    //创建纹理
    ID3D12Resource *pDDSTex;
    {
        HANDLE hDDSFile = CreateFileW(L"D:\\Test.DDS", GENERIC_READ, FILE_SHARE_READ,
NULL, OPEN_EXISTING, FILE_ATTRIBUTE_NORMAL, NULL);
        LARGE_INTEGER szDDSFile;
        GetFileSizeEx(hDDSFile, &szDDSFile);
        HANDLE hDDSSection = CreateFileMappingW(hDDSFile, NULL, PAGE_READONLY, 0,
szDDSFile.LowPart, NULL);
        void *pDDSFile = MapViewOfFile(hDDSSection, FILE_MAP_READ, 0, 0,
szDDSFile.LowPart);
        UINT8 *pDDSFileData;

        //假装从首部从获取信息

        pDDSFileData = static_cast<UINT8 *>(pDDSFile) + 4 + 124 + 20;//跳过 DDS 首部，一般情
况下，我们需要从 DDS 文件的首部中获取相关的信息以填充 D3D12_RESOURCE_DESC 结构体。但在此处，由于我们之前
用 TexConv 工具生成了 DDS 文件，因此我们知道相关的信息，为了简便，我们在程序中直接使用相关信息
        D3D12_RESOURCE_DESC rcdc;
        rcdc.Dimension = D3D12_RESOURCE_DIMENSION_TEXTURE2D;
        rcdc.Alignment = D3D12_DEFAULT_RESOURCE_PLACEMENT_ALIGNMENT;
        rcdc.Width = 256;
        rcdc.Height = 256;
        rcdc.DepthOrArraySize = 1;
        rcdc.MipLevels = 9;
        rcdc.Format = DXGI_FORMAT_BC1_UNORM;
        rcdc.SampleDesc.Count = 1;
        rcdc.SampleDesc.Quality = 0;
        rcdc.Layout = D3D12_TEXTURE_LAYOUT_UNKNOWN;
        rcdc.Flags = D3D12_RESOURCE_FLAG_NONE;

        //用 CPU 将数据从系统内存中的任意位置复制到上传堆中
        UINT64 texOffset = 0;//一般情况下，同一缓冲中往往同时有多个不同的区域分别用作各种不同的用
途（例如同时加载多个 DDS 文件）。因此，通过指定不同的偏移值使得这些区域在缓冲中不重叠，MSDN 上的 Direct3D
官方文档指出：对于纹理类型的资源该偏移值必须 512 字节对齐
        D3D12_PLACED_SUBRESOURCE_FOOTPRINT Layouts[9];
        UINT NumRows[9];
        UINT64 RowSizeInByte[9];
        pD3D12Device->GetCopyableFootprints(&rcdc, 0, 9, texOffset, Layouts, NumRows,
RowSizeInByte, NULL);
        volatile UINT8 *pTexBufferData;
        for (int i = 0; i < 9; ++i)//对每一个表面
        {
            pTexBufferData = pUploadBufferData + Layouts[i].Offset;//内存中整个表面要求
512 字节对齐
            for (UINT irow = 0; irow < NumRows[i]; ++irow)//对每一行
            {
                for (UINT ib = 0; ib < RowSizeInByte[i]; ++ib)//复制一整行
                    pTexBufferData[ib] = pDDSFileData[ib];
```

```
                        pTexBufferData += Layouts[i].Footprint.RowPitch;//内存中的一行要求 256
字节对齐
                        pDDSFileData += RowSizeInByte[i];//DDS 文件中的一行占用的空间就是行大小
                  }
            }

            UnmapViewOfFile(pDDSFile);
            CloseHandle(hDDSSection);
            CloseHandle(hDDSFile);

            //创建纹理
            pD3D12Device->CreatePlacedResource(pTexHeap, 0, &rcdc,
D3D12_RESOURCE_STATE_PIXEL_SHADER_RESOURCE, NULL, IID_PPV_ARGS(&pDDSTex)); //此处，将
InitialState 设置为可作为像素着色器资源，在这种情况下，对图形/计算类的权限为可作为像素着色器资源，对
复制类的权限为公共（见 3.4.1 节）

            //用 GPU 将数据从上传堆中复制到默认堆中
            D3D12_TEXTURE_COPY_LOCATION dst;
            dst.pResource = pDDSTex;
            dst.Type = D3D12_TEXTURE_COPY_TYPE_SUBRESOURCE_INDEX;
            D3D12_TEXTURE_COPY_LOCATION src;
            src.pResource = pUploadBuffer;
            src.Type = D3D12_TEXTURE_COPY_TYPE_PLACED_FOOTPRINT;
            for (int i = 0; i < 9; ++i)
            {
                  dst.SubresourceIndex = i;
                  src.PlacedFootprint = Layouts[i];
                  pCopyCommandList->CopyTextureRegion(&dst, 0, 0, 0, &src, NULL);//相关的子
资源对复制类的权限会提升
            }
            pCopyCommandList->Close();
            pCopyCommandQueue->ExecuteCommandLists(1, reinterpret_cast<ID3D12CommandList
**>(&pCopyCommandList));
            //在 ExecuteCommandLists 命令之后插入围栏
            pCopyCommandQueue->Signal(pCopyFence, 1U);
      }

      //CPU 线程会等待
      pCopyFence->SetEventOnCompletion(1U, hEvent);
      WaitForSingleObject(hEvent, INFINITE);

      //CPU 线程结束等待，表明 GPU 线程已经完成了对命令队列中的 ExecuteCommandLists 命令的执行即完成
了复制（严格地说是完成了对 Signal 命令的执行）
```

接下来，我们将用 Direct3D 12 显示从 DDS 文件中加载得到的该纹理，不妨在像素着色器中定义一个 2D 纹理对象，使用光栅化阶段的插值（见 2.4.1 节）产生三角形图元中的各个像素在表面坐标系中的坐标，并将该坐标在表面中唯一标识的像素的值作为像素着色器输出的 Pixel_PS_OUT 中的 SV_TARGET0，此过程被称作纹理映射。

不妨在 2.4.2 节的基础上将 VS.hlsl 中的代码修改如下。

```
#include"GRS.hlsli"//根签名对象

struct Vertex_IA_OUT
{
      uint vid:SV_VERTEXID;
      uint iid:SV_INSTANCEID;
};
```

```
struct Vertex_VS_OUT
{
	float4 pos:SV_POSITION;
	float2 surfacepos:UserDefine0;//因为光栅化阶段的插值只支持浮点型而不支持整型，因此，必须定义为 float2 而不能定义为 uint2
};

[RootSignature(GRS)]//为顶点着色器指定根签名
Vertex_VS_OUT main(Vertex_IA_OUT vertex)
{
	Vertex_VS_OUT rtval;
	rtval.pos = float4(0.0f, 0.0f, 0.0f, 0.0f);
	rtval.surfacepos = float2(0.0f, 0.0f);
	if (vertex.iid == 0)
	{
		if (vertex.vid == 0)
		{
			rtval.pos = float4(0.0f, 0.5f, 0.5f, 1.0f);
			rtval.surfacepos = float2(128.0f, 0.0f);
		}
		else if (vertex.vid == 1)
		{
			rtval.pos = float4(0.5f, -0.5f, 0.5f, 1.0f);
			rtval.surfacepos = float2(256.0f, 256.0f);
		}
		else if (vertex.vid == 2)
		{
			rtval.pos = float4(-0.5f, -0.5f, 0.5f, 1.0f);
			rtval.surfacepos = float2(0.0f, 256.0f);
		}
	}
	return rtval;
}
```

不妨在 2.4.2 节的基础上将 PS.hlsl 中的代码修改如下。

```
#include"GRS.hlsli"

texture2D<float4> tex:register(t0, space0);//t0 和 space0 与根签名中的相关信息相对应，本书会在下文中对此进行介绍

struct Pixel_PS_OUT
{
float4 color:SV_TARGET0;
};

struct Vertex_VS_OUT//应当与顶点着色器中的定义一致，见 2.4.1 节
{
	float4 pos:SV_POSITION;
	float2 surfacepos:UserDefine0;//经过了光栅化阶段的插值（见 2.4.1 节）
};

[RootSignature(GRS)]//为像素着色器指定根签名
Pixel_PS_OUT main(Vertex_VS_OUT pixel)
{
	Pixel_PS_OUT rtval;
	rtval.color = tex.mips[0][uint2(pixel.surfacepos.x, pixel.surfacepos.y)];//使用 2D 纹理对象中 Mip 索引为 0 的表面
	return rtval;
}
```

（2）着色器资源视图区间

可以使用着色器资源视图区间定义 2D 纹理对象，不妨在 2.4.2 节的基础上将 GRS.hlsli 中

的代码修改如下。

```
//正如 2.4.2 节中所述，字符串常量中不允许有制表符（即'\t'），否则会被视为错误
#define GRS "RootFlags(\
DENY_VERTEX_SHADER_ROOT_ACCESS\
|DENY_DOMAIN_SHADER_ROOT_ACCESS\
|DENY_HULL_SHADER_ROOT_ACCESS\
|DENY_GEOMETRY_SHADER_ROOT_ACCESS\
),\
DescriptorTable(visibility=SHADER_VISIBILITY_PIXEL,SRV(offset=0,t0,space=0,numdescrip
tors=1))"
```

正如 2.4.2 节中所述，RootFlags 为根标志，对应于 D3D12_ROOT_SIGNATURE_DESC 结构体的 Flags 成员。

我们在 RootFlags 中不设置 DENY_PIXEL_SHADER_ROOT_ACCESS 标志，以允许像素着色器访问根签名中的描述符区间。

DescriptorTable 为根描述符表，其中：

visibility=SHADER_VISIBILITY_PIXEL 对应于 D3D12_ROOT_SIGNATURE_DESC 结构体中的 D3D12_ROOT_PARAMETER_TYPE 结构体的 ShaderVisibility 成员。

SRV 为描述符区间，其中：

offset=0、t0、space=0 和 numdescriptors=1 对应于 D3D12_ROOT_SIGNATURE_DESC 结构体中的 D3D12_ROOT_PARAMETER_TYPE 结构体中的 D3D12_ROOT_DESCRIPTOR_TABLE 结构体中的 D3D12_DESCRIPTOR_RANGE 结构体的 OffsetInDescriptorsFromTableStart、ShaderRegister、RegisterSpace 和 NumDescriptors 成员。

我们将 visibility 设置为 SHADER_VISIBILITY_PIXEL 以允许像素着色器访问。

t0 和 space=0 与上文中的像素着色器代码 PS.hlsl 中的“register(t0, space0)”相对应，表示像素着色器中的 2D 纹理对象对应于根签名中的该描述符区间中的第一个描述符，像素着色器访问 2D 纹理对象实际上就是访问根签名中的该描述符区间中的第一个描述符。

numdescriptors=1 表示该描述符区间中的描述符数量，在上文中的像素着色器代码 PS.hlsl 中，可以用 space0 中的[t0,t0+numdescriptors][①]对应到该描述符区间中的各个描述符。实际上，space0 代表了一个地址空间，t0 代表了地址空间中的一个地址，不同地址空间中的地址是相互独立的。

根描述符表在逻辑上可以看作是一个由描述符构成的一维数组，offset=0 表示该描述符区间中的第一个描述符相对于根描述符表中的第一个描述符的偏移，Direct3D 12 允许同一根描述符表中的不同描述符区间重叠，并将此称作描述符别名。

正如 4.5.4 节中所述，描述符堆在逻辑上可以看作是一个由描述符构成的一维数组。正如上文所述，根描述符表在逻辑上也可以看作是一个由描述符构成的一维数组，可以让 GPU 线程执行命令列表中的 SetGraphicsRootDescriptorTable 命令将图形流水线的根签名中的某个根描述符表对应到某个描述符堆中的某个区间。可以用 ID3D12GraphicsCommandList 接口的 SetGraphicsRoot DescriptorTable 方法向命令列表中添加该命令，该方法的原型已经在前文中进

① 当 numdescriptors 为 1 时，t0+numdescriptors 即为 t0+1，即 t1。

行了详尽的介绍，在此不再赘述。

显然，我们需要创建一个描述符堆，并在其中定位构造一个着色器资源视图，可以用 ID3D12Device 接口的 CreateShaderResourceView 在描述符堆中定位构造着色器资源视图。其中着色器资源视图用 D3D12_SHADER_RESOURCE_VIEW_DESC 结构体描述，可以传入 NULL 表示创建一个“默认”的着色器资源视图，“默认”的语义是指视图尽可能地接近底层的资源。

当 GPU 线程在直接命令队列上执行 DrawInstance 或 DrawIndexedInstanced 命令时，作为像素着色器资源的子资源对图形/计算类的权限必须有可作为像素着色器资源（D3D12_RESOURCE_STATE_PIXEL_SHADER_RESOURCE，见 3.4.1 节）。

不妨在 rendermain.cpp 中再添加以下代码。

```
//创建描述符堆
ID3D12DescriptorHeap *pCBVSRVUAVHeap;
{
    D3D12_DESCRIPTOR_HEAP_DESC CBVSRVUAVHeapDesc =
{ D3D12_DESCRIPTOR_HEAP_TYPE_CBV_SRV_UAV ,1,D3D12_DESCRIPTOR_HEAP_FLAG_SHADER_VISIBLE,0
X1 };
    pD3D12Device->CreateDescriptorHeap(&CBVSRVUAVHeapDesc,
IID_PPV_ARGS(&pCBVSRVUAVHeap));
}
//定位构造着色器资源视图
pD3D12Device->CreateShaderResourceView(pDDSTex, NULL, pCBVSRVUAVHeap->GetCPUDescriptor
HandleForHeapStart());

    //在命令列表中的 SetGraphicsRootSignature 之后，DrawInstanced 之前添加以下命令
    pDirectCommandList->SetDescriptorHeaps(1, &pCBVSRVUAVHeap);
    pDirectCommandList->SetGraphicsRootDescriptorTable(0,
pCBVSRVUAVHeap->GetGPUDescriptorHandleForHeapStart());
```

再次调试我们的程序，可以看到以下运行结果，如图 4-23 所示。

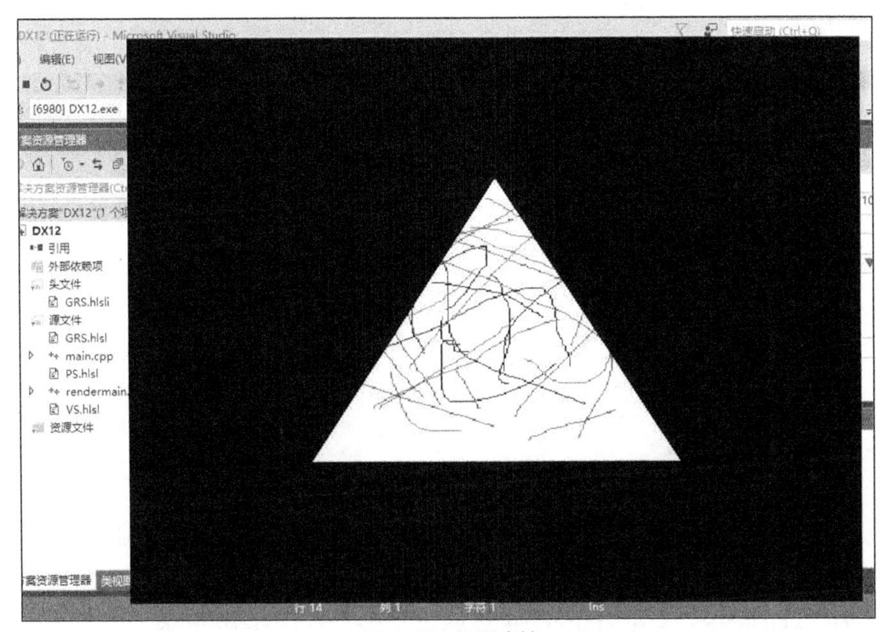

图 4-23　纹理映射

3. 采样器状态对象

读者可以发现，在图 4-23 中的结果与原图相比，曲线很不平滑，存在很大程度上的失真。实际上，我们一般情况下都是用采样来得到纹理中的像素值的，从而解决该问题。

纹理采样在采样坐标系中进行，可以用 2D 纹理对象 texture2D<T>提供的 Sample 方法进行纹理采样，该方法的原型如下。

```
T Sample(
    SamplerState S,//[In]
    float2 loc//[In]
    );
```

（1）S

采样器状态，会在下文中进行介绍。

（2）pos

采样坐标，根据寻址模式对应到以下采样坐标系中的坐标，寻址模式会在下文中进行介绍。

HLSL 中的采样器状态对象用关键字 SamplerState 定义，采样器状态对象有以下属性。

- 寻址模式：AddressU，AddressV，AddressW，BorderColor。
- 纹理过滤：Filter，MaxAnisotropy，ComparisonFunc，MipLODBias，MinLOD，MaxLOD。

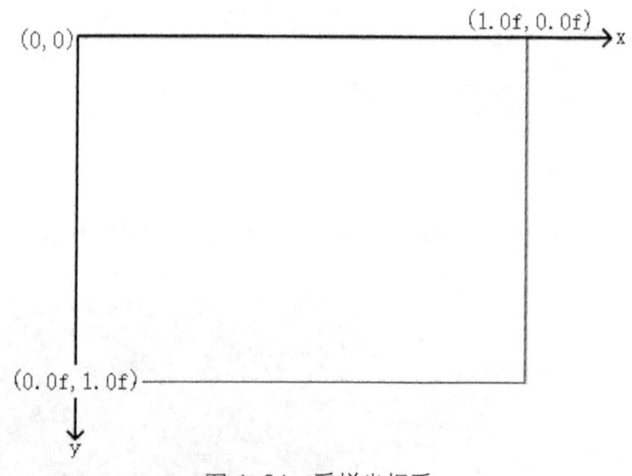

图 4-24 采样坐标系

正如上文所述，采样坐标根据寻址模式对应到采样坐标系中的坐标。寻址模式对应于 D3D12_TEXTURE_ADDRESS_MODE 枚举，定义了一个从 R 到[0.0f,1.0f]的函数。

TEXTURE_ADDRESS_WRAP 环绕，如图 4-25 所示。TEXTURE_ADDRESS_MIRROR 镜像，如图 4-26 所示。TEXTURE_ADDRESS_CLAMP 夹取，如图 4-27 所示。TEXTURE_ADDRESS_BORDER 边界，如图 4-28 所示。

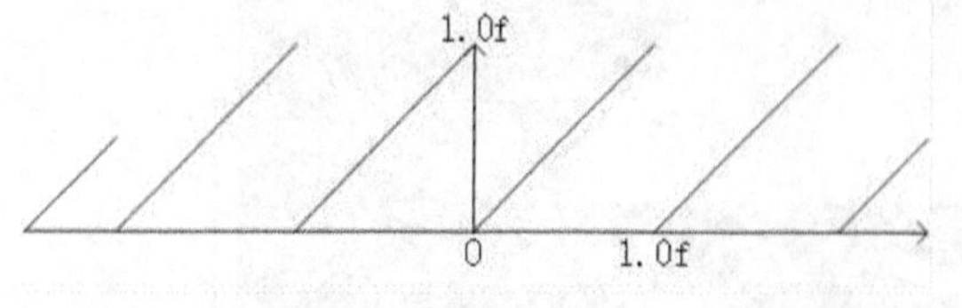

图 4-25 环绕寻址模式

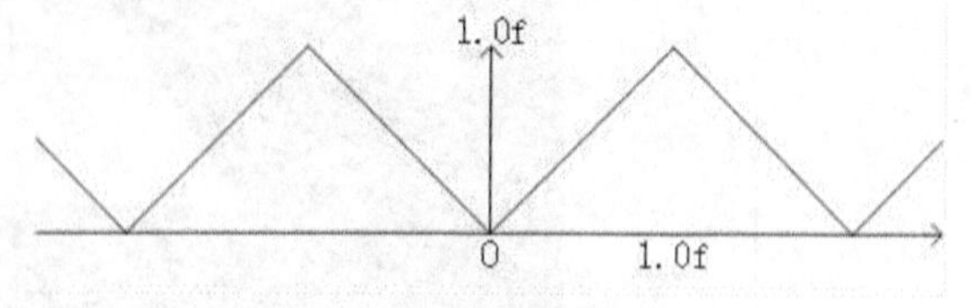

图 4-26 镜像寻址模式

采样器状态的 BorderColor 属性中定义了边界颜色。

TEXTURE_ADDRESS_MIRROR_ONCE 一次镜像，如图 4-29 所示。

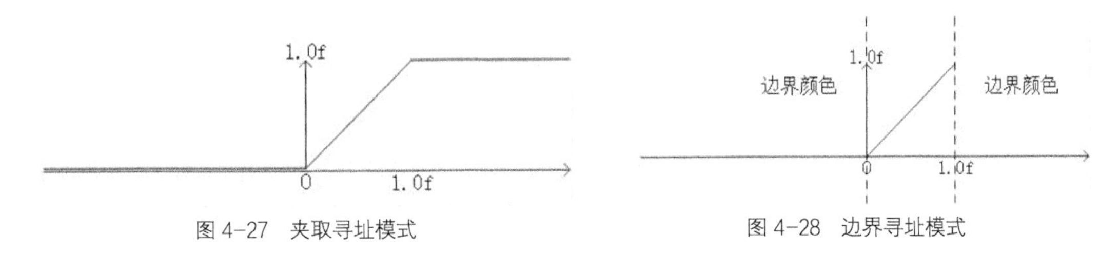

图 4-27　夹取寻址模式

图 4-28　边界寻址模式

寻址模式将采样坐标中的各个分量对应到区间[0.0f,1.0f]内，采样器状态的 AddressU、AddressV 和 AddressW 属性分别对应于采样坐标的 x、y 和 z 分量，2D 纹理只涉及到 x 和 y 分量。

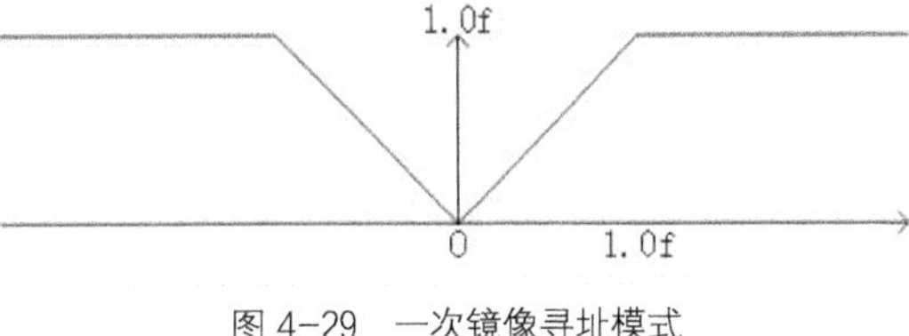

图 4-29　一次镜像寻址模式

纹理过滤对应于 D3D12_FILTER 枚举，由 Min、Mag 和 Mipp 这 3 部分构成，定义了确定 Mip 索引和表面中的像素的方式。纹理过滤的行为相当复杂，在此，我们只对纹理过滤的整体思路进行介绍。

确定 Mip 索引：纹理过滤所确定的 Mip 索引是一个分数（相对于整数而言）。纹理过滤会根据图元在光栅化阶段产生的像素个数（见 2.4.1 节）得到一个 Mip 索引值，在语义上，该 Mip 索引值的表面中的像素个数和图元在光栅化阶段产生的像素个数最接近。例如，Mip 索引为 4 的表面的大小为 32，Mip 索引为 5 的表面的大小为 8，图元在光栅化阶段产生的像素个数为 20，那么得到的 Mip 索引可能是 4.3f（实际中得到的值可能有所不同）。

但是，纹理映射往往只映射到表面中的部分区域。例如，前文中的三角形图元只映射到四边形表面中的一个三角形区域，因此，纹理过滤还会根据采样器状态中的 MipLODBias、MinLOD 和 MaxLOD 属性对上述 Mip 索引进行调整，其中 LOD（Level Of Detail，细节等级）是 Mip 索引的同义词。例如，上述 Mip 索引为 4.3f，那么调整后的 Mip 索引为 max(MaxLOD, min(MinLOD, (MipLODBias+4.3f)))。

确定表面中的像素：纹理过滤会根据所确定的 Mip 索引选取表面。例如，纹理过滤所确定的 Mip 索引为 4.3f，那么在纹理过滤的 Mip 部分为 LINEAR（线性）的情况下，纹理过滤会从 Mip 索引为 4 的表面和 Mip 索引为 5 的表面中，分别得到一个像素并合成为一个像素作为最终的采样结果。

从每个表面中得到一个像素的过程也是相当复杂的。因为采样坐标系中的分数坐标往往不能精确地对应到表面坐标系中的整数坐标，所以纹理过滤往往会把表面中采样坐标系中的坐标所对应的像素的周围的像素也考虑在内，将这些像素合成得到的值作为表面的采样结果，具体的行为分别由纹理过滤的 Min（缩小）和 Mag（放大）部分定义。

不妨在前文的基础上将 VS.hlsl 中的代码修改如下。

```
if (vertex.vid == 0)
{
	rtval.pos = float4(0.0f, 0.5f, 0.5f, 1.0f);
	rtval.surfacepos = float2(0.5f, 0.0f);
```

```
}
else if (vertex.vid == 1)
{
      rtval.pos = float4(0.5f, -0.5f, 0.5f, 1.0f);
      rtval.surfacepos = float2(1.0f, 1.0f);
}
else if (vertex.vid == 2)
{
      rtval.pos = float4(-0.5f, -0.5f, 0.5f, 1.0f);
      rtval.surfacepos = float2(0.0f, 1.0f);
}
```

不妨在前文的基础上将 PS.hlsl 中的代码修改如下。

```
SamplerState spst:register(s0, space0);//s0 和 space0 与根签名中的相关信息相对应，本书会在下文中对此进行介绍
rtval.color = tex.Sample(spst,pixel.surfacepos);
```

4. 静态采样器状态

可以使用静态采样器状态定义采样器状态对象，不妨在前文的基础上将 GRS.hlsli 中的代码修改如下。

```
#define GRS "RootFlags(\
DENY_VERTEX_SHADER_ROOT_ACCESS\
|DENY_DOMAIN_SHADER_ROOT_ACCESS\
|DENY_HULL_SHADER_ROOT_ACCESS\
|DENY_GEOMETRY_SHADER_ROOT_ACCESS\
),\
DescriptorTable(visibility=SHADER_VISIBILITY_PIXEL,SRV(offset=0,t0,space=0,numdescriptors=1)),\
StaticSampler(visibility=SHADER_VISIBILITY_PIXEL,s0,space=0)"
```

RootFlags 和 DescriptorTable 已经在前文中介绍，在此不再赘述。

StaticSampler 为静态采样器状态，其中：

visibility=SHADER_VISIBILITY_PIXEL、s0 和 space=0 对应于 D3D12_ROOT_SIGNATURE_DESC 结构体中的 D3D12_STATIC_SAMPLER_DESC 结构体的 ShaderVisibility、ShaderRegister 和 RegisterSpace 成员。

我们将 visibility 设置为 SHADER_VISIBILITY_PIXEL 以允许像素着色器访问。

s0 和 space=0 对应于上文中的像素着色器代码 PS.hlsl 中的“register(s0, space0)”，表示像素着色器中的采样器状态对象对应于根签名中的该静态采样器状态，像素着色器访问采样器状态实际上就是访问根签名中的该静态采样器状态。在此，我们没有定义静态采样器中的属性值，表示使用默认的属性值。

再次调试我们的程序，可以看到图 4-30 中的曲线相对于图 4-23 而言明显平滑了很多。

5. 采样器状态区间

可以使用采样器状态区间定义采样器状态对象，不妨在前文的基础上将 GRS.hlsli 中的代码修改如下。

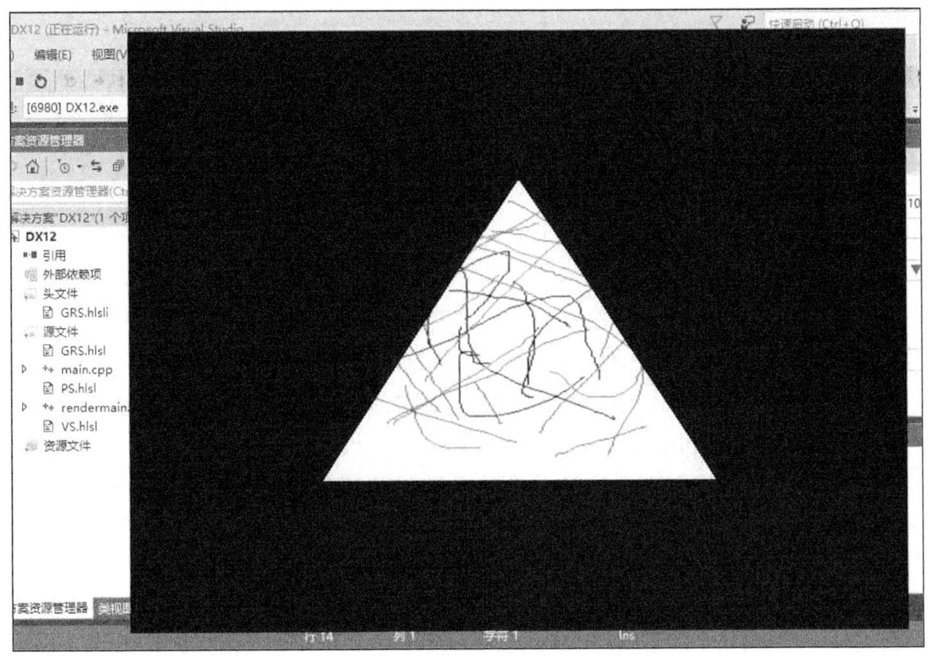

图 4-30　纹理采样

```
#define GRS "RootFlags(\
DENY_VERTEX_SHADER_ROOT_ACCESS\
|DENY_DOMAIN_SHADER_ROOT_ACCESS\
|DENY_HULL_SHADER_ROOT_ACCESS\
|DENY_GEOMETRY_SHADER_ROOT_ACCESS\
),\
DescriptorTable(visibility=SHADER_VISIBILITY_PIXEL,SRV(offset=0,t0,space=0,numdescrip
tors=1)),\
DescriptorTable(visibility=SHADER_VISIBILITY_PIXEL,Sampler(offset=0,s0,space=0,numdes
criptors=1))"
```

DescriptorTable 为根描述符表，其中：

visibility=SHADER_VISIBILITY_PIXEL 对应于 D3D12_ROOT_SIGNATURE_DESC 结构体中的 D3D12_ROOT_PARAMETER_TYPE 结构体的 ShaderVisibility 成员。

我们将 visibility 设置为 SHADER_VISIBILITY_PIXEL 以允许像素着色器访问。

Sampler 为描述符区间，其中：

offset=0、s0、space=0 和 numdescriptors=1 对应于 D3D12_ROOT_SIGNATURE_DESC 结构体中的 D3D12_ROOT_PARAMETER_TYPE 结构体中的 D3D12_ROOT_DESCRIPTOR_TABLE 结构体中的 D3D12_DESCRIPTOR_RANGE 结构体的 OffsetInDescriptorsFromTableStart、ShaderRegister、RegisterSpace 和 NumDescriptors 成员。

我们将 visibility 设置为 SHADER_VISIBILITY_PIXEL 以允许像素着色器访问。

s0 和 space=0 对应于上文中的像素着色器代码 PS.hlsl 中的“register(s0, space0)”，表示像素着色器中的采样器状态对象对应于根签名中的该描述符区间中的第一个描述符，像素着色器访问采样器状态实际上就是访问根签名中的该描述符区间中的第一个描述符。

numdescriptors=1 表示该描述符区间中的描述符数量，在上文中的像素着色器代码 PS.hlsl 中，可以用 space0 中的[s0,s0+numdescriptors][①]对应到该描述符区间中的各个描述符。实际上，space0 代表了一个地址空间，s0 代表了地址空间中的一个地址，不同地址空间中的地址是相互独立的。

根描述符表在逻辑上可以看作是一个由描述符构成的一维数组，offset=0 表示该描述符区间中的第一个描述符相对于根描述符表中的第一个描述符的偏移，Direct3D 12 允许同一根描述符表中的不同描述符区间重叠，并将此称作描述符别名。

正如 4.5.4 节中所述，描述符堆在逻辑上可以看作是一个由描述符构成的一维数组。正如上文所述，根描述符表在逻辑上也可以看作是一个由描述符构成的一维数组，可以让 GPU 线程执行命令列表中的 SetGraphicsRootDescriptorTable 命令将图形流水线的根签名中的某个根描述符表对应到某个描述符堆中的某个区间，可以用 ID3D12GraphicsCommandList 接口的 SetGraphicsRootDescriptor Table 方法向命令列表中添加该命令，该方法的原型已经在前文中进行了详尽的介绍，在此不再赘述。

显然，我们需要创建一个描述符堆并在其中定位构造一个采样器状态，可以用 ID3D12Device 接口的 CreateSampler 在描述符堆中定位构造采样器状态，其中采样器状态用 D3D12_SAMPLER_ DESC 结构体描述。

不妨在前文的基础上在 rendermain.cpp 中再添加以下代码。

```
//创建描述符堆
ID3D12DescriptorHeap *pSamplerHeap;
{
    D3D12_DESCRIPTOR_HEAP_DESC SamplerHeapDesc =
{ D3D12_DESCRIPTOR_HEAP_TYPE_SAMPLER ,1,D3D12_DESCRIPTOR_HEAP_FLAG_SHADER_VISIBLE,0X1 };
    pD3D12Device->CreateDescriptorHeap(&SamplerHeapDesc, IID_PPV_ARGS(&pSamplerHeap));
}
//定位构造采样器状态
{
    D3D12_SAMPLER_DESC spdc = {};
    spdc.AddressU = D3D12_TEXTURE_ADDRESS_MODE_WRAP;
    spdc.AddressV = D3D12_TEXTURE_ADDRESS_MODE_WRAP;
    spdc.AddressW = D3D12_TEXTURE_ADDRESS_MODE_WRAP;
    spdc.Filter = D3D12_FILTER_MIN_MAG_MIP_LINEAR;
    spdc.MipLODBias = 0.0f;
    spdc.MinLOD = 0.0f;
    spdc.MaxLOD = D3D12_FLOAT32_MAX;
    pD3D12Device->CreateSampler(&spdc, pSamplerHeap->GetCPUDescriptorHandleForHeapStart());
}
//在命令列表中的 SetGraphicsRootSignature 之后，DrawInstanced 之前添加以下命令
ID3D12DescriptorHeap *pHeapArray[2] = { pCBVSRVUAVHeap,pSamplerHeap };
pDirectCommandList ->SetDescriptorHeaps(2, pHeapArray);
pDirectCommandList->SetGraphicsRootDescriptorTable(0, pCBVSRVUAVHeap
->GetGPUDescriptorHandleForHeapStart());
pDirectCommandList ->SetGraphicsRootDescriptorTable(1,
pSamplerHeap->GetGPUDescriptorHandleForHeapStart());
```

① 当 numdescriptors 为 1 时，s0+numdescriptors 即为 s0+1，即 s1。

再次调试我们的程序，可以看到和图 4-30 中类似的运行结果。

章末小结

本章对 Direct3D 12 中的资源进行了详细的介绍，资源即 GPU 程序访问的数据的来源。本章先介绍了资源的结构，再介绍了资源的创建，最后介绍了 CPU 和 GPU 对资源的访问。

第5章　图形流水线再探

在 2.4.1 节中，我们只选取了图形流水线中的一部分进行介绍（见图 2-4），并且在 4.5 节中我们又对图形流水线进行了进一步的介绍。在本章中，我们将继续介绍图形流水线的部分内容。

5.1 输出混合阶段

在 2.4.1 节中我们已经对输出混合阶段进行了简单的介绍，接下来，我们会对输出混合阶段进行详细的介绍。

实际上，输出混合阶段内部又可以被分为 3 个阶段：深度、模板和融合，如图 5-1 所示。

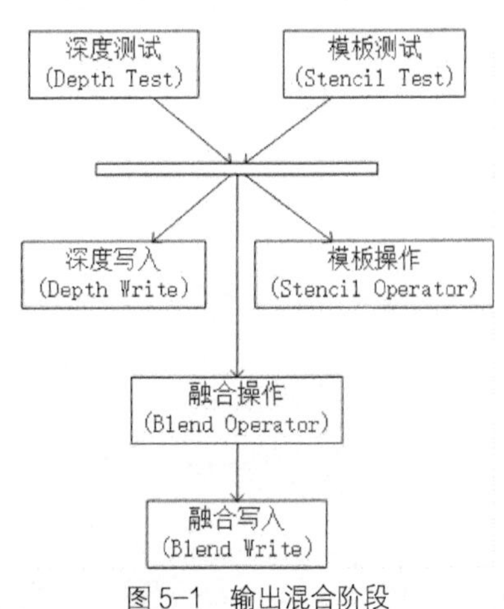

图 5-1　输出混合阶段

D3D12_GRAPHICS_PIPELINE_STATE_DESC 结构体（见 2.4.2 节）中的 SampleMask 成员与 MSAA（见 4.1.1 节）有关。正如 2.4.1 节中所述，图形流水线会将一个像素数组传入到输出混合阶段。正如 4.1.1 节中所述，如果启用了 MSAA，那么对于像素数组中的每一个像素会有多个采样点被输入到输出混合阶段。SampleMask 是一个位集合，其中每一个二进制位对应于一个采样点，按照从低位到高位的顺序对采样点进行编号。若二进制位为 1 则表示相应的采样点被保留，若二进制位为 1 则表示相应的采样点被丢弃。在不启用 MSAA 的条件下，只有一个采样点被写入，对应于最低位的二进制位，一般都简单地在 SampleMask 中传入 0XFFFFFFFF，表示保留所有的采样点。

要启用深度阶段或模板阶段，必须先设置输出混合阶段的深度模板视图，MSDN 上的 Direct3D 官方文档指出：输出混合阶段的各个渲染目标视图和深度模板视图的底层资源的宽度和高度必须相同。

当 GPU 线程在直接命令队列上执行 DrawInstance 或 DrawIndexedInstanced 命令时，作为深度模板的子资源对图形计算类的权限必须有可作为深度模板（D3D12_RESOURCE_STATE_

DEPTH_WRITE，见 3.4.1 节）。

不妨在 2.4.2 节的基础上在 rendermain.cpp 中添加以下代码。

```
//创建默认堆
ID3D12Heap *pRTDSHeap;
{
    D3D12_HEAP_DESC heapdc;
    heapdc.SizeInBytes = D3D12_DEFAULT_RESOURCE_PLACEMENT_ALIGNMENT * 64;//只要足够存放作
为深度模板的 2D 纹理数组即可
    heapdc.Properties.Type = D3D12_HEAP_TYPE_DEFAULT;
    heapdc.Properties.CPUPageProperty = D3D12_CPU_PAGE_PROPERTY_UNKNOWN;
    heapdc.Properties.MemoryPoolPreference = D3D12_MEMORY_POOL_UNKNOWN;
    heapdc.Properties.CreationNodeMask = 0X1;
    heapdc.Properties.VisibleNodeMask = 0X1;
    heapdc.Alignment = D3D12_DEFAULT_RESOURCE_PLACEMENT_ALIGNMENT;
    heapdc.Flags = D3D12_HEAP_FLAG_ALLOW_ONLY_RT_DS_TEXTURES; //只有设置了该标志的资源中的子
资源才允许对图形/计算类的权限有可作为深度模板（见 4.2.3 节）
    pD3D12Device->CreateHeap(&heapdc, IID_PPV_ARGS(&pRTDSHeap));
}
//创建纹理
ID3D12Resource *pDSTex;
{
    D3D12_RESOURCE_DESC rcdc;
    rcdc.Dimension = D3D12_RESOURCE_DIMENSION_TEXTURE2D;
    rcdc.Alignment = D3D12_DEFAULT_RESOURCE_PLACEMENT_ALIGNMENT;
    rcdc.Width = 800;//输出混合阶段的各个渲染目标视图和深度模板视图的底层资源的宽度和高度必须相同
    rcdc.Height = 600;
    rcdc.DepthOrArraySize = 1;
    rcdc.MipLevels = 1;
    rcdc.Format = DXGI_FORMAT_D24_UNORM_S8_UINT;//正如 4.1.1 节中所述，在 Direct3D 12 中，显
示适配器一定支持 DXGI_FORMAT_D24_UNORM_S8_UINT 格式，一般都使用该格式
    rcdc.SampleDesc.Count = 1;
    rcdc.SampleDesc.Quality = 0;
    rcdc.Layout = D3D12_TEXTURE_LAYOUT_UNKNOWN;
    rcdc.Flags = D3D12_RESOURCE_FLAG_ALLOW_DEPTH_STENCIL | D3D12_RESOURCE_FLAG_DENY_
SHADER_RESOURCE;
    D3D12_CLEAR_VALUE clval;
    clval.Format = DXGI_FORMAT_D24_UNORM_S8_UINT;
    clval.DepthStencil.Depth = 1.0f;
    clval.DepthStencil.Stencil = 0U;
    pD3D12Device->CreatePlacedResource(pRTDSHeap, 0, &rcdc,
D3D12_RESOURCE_STATE_DEPTH_WRITE, &clval, IID_PPV_ARGS(&pDSTex));
}
//创建深度模板视图
ID3D12DescriptorHeap *pDSVHeap;
{
    D3D12_DESCRIPTOR_HEAP_DESC DSVHeapDesc =
{ D3D12_DESCRIPTOR_HEAP_TYPE_DSV ,1,D3D12_DESCRIPTOR_HEAP_FLAG_NONE,0X1 };
    pD3D12Device->CreateDescriptorHeap(&DSVHeapDesc, IID_PPV_ARGS(&pDSVHeap));
}
pD3D12Device->CreateDepthStencilView(pDSTex, NULL,
pDSVHeap->GetCPUDescriptorHandleForHeapStart());

//设置 D3D12_GRAPHICS_PIPELINE_STATE_DESC 结构体的 DSVFormat 成员（见 2.4.2 节）
psoDesc.DSVFormat = DXGI_FORMAT_D24_UNORM_S8_UINT

//在调用 ID3D12GapricsCommandList 接口的 OMSetRenderTargets 方法时传入该深度模板视图
```

```
pDirectCommandList->OMSetRenderTargets(1,
&pRTVHeap->GetCPUDescriptorHandleForHeapStart(), FALSE,
&pDSVHeap->GetCPUDescriptorHandleForHeapStart());
```

正如 4.1.1 节中所述，DXGI_FORMAT_D24_UNORM_S8_UINT 格式有两个平面，分别用作深度和模板，实际上一个深度模板视图中有两个表面：深度表面和模板表面。

5.1.1　深度阶段

深度阶段用 D3D12_DEPTH_STENCIL_DESC 结构体（D3D12_GRAPHICS_PIPELINE_STATE_DESC 结构体的 DepthStencilState 成员，见 2.4.2 节）中的 DepthEnable、DepthWriteMask 和 DepthFunc 成员定义。

正如 2.4.1 节中所述，图形流水线会将一个数组{Pixel_PS_OUT;RS_Coord} PSOutputPixelArray[ ] 传入到输出混合阶段。

1. 深度测试（Depth Test）

D3D12_DEPTH_STENCIL_DESC 结构体的 DepthEnable 成员定义了是否启用深度测试。对 PSOutputPixelArray 中的每个像素，深度测试的结果被定义为表达式 DepthFunc(DepthSrc, DepthDest)的值，其中：

（1）DepthSrc

像素的 RS_Coord 的 z 分量。

（2）DepthDest

深度模板视图中的深度表面中的像素的 RS_Coord 中的 x 和 y 分量所确定的位置的值。

（3）DepthFunc

即 D3D12_DEPTH_STENCIL_DESC 结构体的 DepthFunc 成员，是一个 D3D12_COMPARISON_FUNC 枚举，表示一个二元谓词，该枚举的定义如下。

- D3D12_COMPARISON_FUNC_NEVER 永假
- D3D12_COMPARISON_FUNC_ALWAYS 永真
- D3D12_COMPARISON_FUNC_EQUAL =
- D3D12_COMPARISON_FUNC_NOT_EQUAL !=
- D3D12_COMPARISON_FUNC_LESS <
- D3D12_COMPARISON_FUNC_LESS_EQUAL <=
- D3D12_COMPARISON_FUNC_GREATER >
- D3D12_COMPARISON_FUNC_GREATER_EQUAL >=

只有同时通过了深度测试和模板测试（如果启用）的像素才会被传入到融合阶段，才有可能被写入到渲染目标视图。

2. 深度写入（Depth Write）

在启用了深度测试的条件下，D3D12_DEPTH_STENCIL_DESC 结构体的 DepthWriteMask

成员定义了是否启用深度写入，若 DepthWriteMask 为 D3D12_DEPTH_WRITE_MASK_ALL，则表示启用深度写入。如果像素同时通过了深度测试和模板测试，那么上文中的 DepthSrc 的值会被写入到上文中的 DepthDest 所在的位置。

深度阶段一般用于实现三维空间中的物体的前后关系，保证在绘制时一定是前面的物体遮挡后面的物体，而与绘制的顺序无关。为了方便读者理解深度阶段，我设计了以下示例程序，不妨对 rendermain.cpp 中的代码再进行以下修改。

```
//设置 D3D12_GRAPHICS_PIPELINE_STATE_DESC 结构体中的相关成员（见 2.4.2 节）
psoDesc.DepthStencilState = {};//有效性检查要求其他成员全部赋值为 0
psoDesc.DepthStencilState.DepthEnable = FALSE;
psoDesc.DepthStencilState.DepthWriteMask = D3D12_DEPTH_WRITE_MASK_ALL;
psoDesc.DepthStencilState.DepthFunc = D3D12_COMPARISON_FUNC_LESS;
psoDesc.DepthStencilState.StencilEnable = FALSE;

//以归零方式写入到深度模板视图中的深度表面
pDirectCommandList->ClearDepthStencilView(pDSVHeap->GetCPUDescriptorHandleForHeapStar
t(), D3D12_CLEAR_FLAG_DEPTH, 1.0f, 0, 0, NULL);//正如 4.2.3 节中所述，此处指定的 1.0f 与上文中
创建 pDSTex 时指定的 D3D12_CLEAR_VALUE 中的值一致，在执行时的效率会得到提升
//绘制两个三角形
pDirectCommandList->DrawInstanced(3, 2, 0, 0);
```

并且在 2.4.2 节的基础上对顶点着色器的代码 VS.hlsl 进行如下修改。

```
if (vertex.iid == 0)//绘制第 1 个三角形，传入到输出混合阶段的 RS_Coord 的 z 分量为 0.5f
{
      if (vertex.vid == 0)
      {
            rtval.pos = float4(0.0f, 0.5f, 0.5f, 1.0f);
            rtval.color = float4(1.0f, 0.0f, 0.0f, 1.0f);//红色
      }
      else if (vertex.vid == 1)
      {
            rtval.pos = float4(0.5f, -0.5f, 0.5f, 1.0f);
            rtval.color = float4(0.0f, 1.0f, 0.0f, 1.0f);//绿色
      }
      else if (vertex.vid == 2)
      {
            rtval.pos = float4(-0.5f, -0.5f, 0.5f, 1.0f);
            rtval.color = float4(0.0f, 0.0f, 1.0f, 1.0f);//蓝色
      }
}
else if (vertex.iid == 1)//绘制第 2 个三角形，传入到输出混合阶段的 RS_Coord 的 z 分量为 0.75f
{
      if (vertex.vid == 0)
      {
            rtval.pos = float4(0.25f, 0.75f, 0.75f, 1.0f);
            rtval.color = float4(1.0f, 0.0f, 0.0f, 1.0f);//红色
      }
      else if (vertex.vid == 1)
      {
            rtval.pos = float4(0.75f, -0.25f, 0.75f, 1.0f);
            rtval.color = float4(0.0f, 1.0f, 0.0f, 1.0f);//绿色
      }
      else if (vertex.vid == 2)
      {
            rtval.pos = float4(-0.25f, -0.25f, 0.75f, 1.0f);
            rtval.color = float4(0.0f, 0.0f, 1.0f, 1.0f);//蓝色
      }
}
```

再次调试我们的程序，可以看到以下运行结果，如图 5-2 所示。

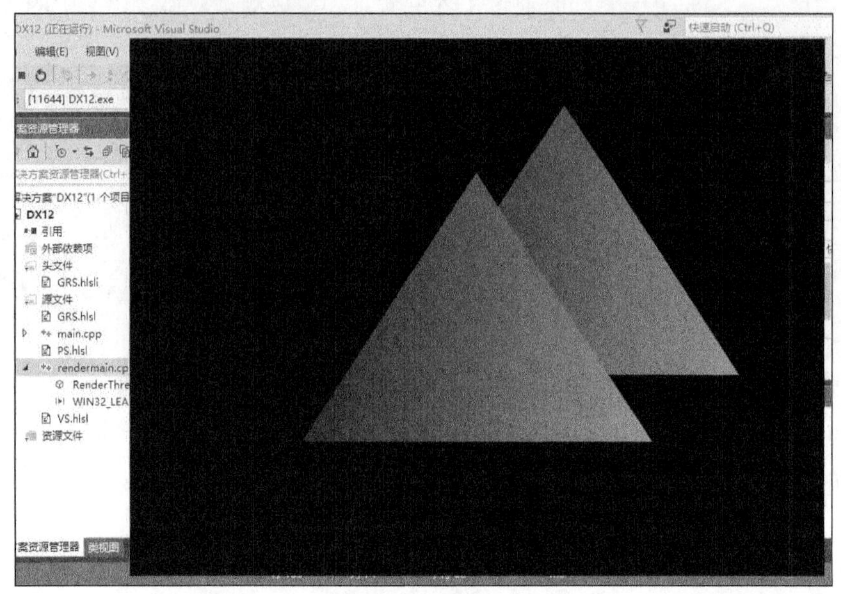

图 5-2 深度阶段

正是由于深度阶段的存在，使得后绘制的第 2 个三角形反而被先绘制的第 1 个三角形遮挡，读者可以根据实验的结果体会深度阶段的作用。

3. 前深度模板测试（Early Depth Stencil Test）

在默认情况下，深度模板测试在像素着色器之后进行，显然，像素着色器计算未通过深度测试或模板测试的像素的过程完全是浪费的。

在像素着色器没有写入 SV_DEPTH（见 2.4.1 节）的情况下，可以为像素着色器设置 earlydepthstencil 属性，从而使深度模板测试在像素着色器之前，以提升性能，将 2.4.2 节中的像素着色器设置 earlydepthstencil 属性如下。

```
#include"GRS.hlsli"
struct Vertex_VS_OUT
{

float4 pos:SV_POSITION;

float4 color:UserDefine0;

};

struct Pixel_PS_OUT

{

float4 color:SV_TARGET0;
```

```
};
[RootSignature(GRS)]
[earlydepthstencil]//前深度模板测试
Pixel_PS_OUT main(Vertex_VS_OUT pixel)
{
Pixel_PS_OUT rtval;
rtval.color = pixel.color;
return rtval;
}
```

5.1.2 模板阶段

模板阶段用D3D12_DEPTH_STENCIL_DESC结构体（D3D12_GRAPHICS_PIPELINE_STATE_DESC结构体的DepthStencilState成员，见2.4.2节）中的StencilEnable、StencilReadMask、StencilWriteMask、FrontFace和BackFace成员定义，其中FrontFace和BackFace成员又是一个D3D12_DEPTH_STENCILOP_DESC结构体，该结构体中又有StencilFailOp、StencilDepthFailOp、StencilPassOp和StencilFunc成员。

正如2.4.1节中所述，图形流水线会将一个数组{Pixel_PS_OUT;RS_Coord} PSOutputPixelArray[ ] 传入到输出混合阶段。

1. 模板测试（Depth Test）

D3D12_DEPTH_STENCIL_DESC 结构体的 StencilEnable 成员定义了是否启用模板测试。对PSOutput PixelArray 中的每个像素，模板测试的结果被定义为表达式 StencilFunc (StencilSrc& StencilReadMask, StencilDest&StencilReadMask)的值，其中：

（1）StencilSrc

输出混合阶段的模板参考值，用ID3D12GraphicsCommandList接口的OMSetStencilRef方法设置。

（2）StencilDest

深度模板视图中的模板表面中的像素的RS_Coord中的x和y分量所确定的位置的值。

（3）StencilReadMask

即D3D12_DEPTH_STENCIL_DESC结构体的StencilReadMask成员，表示模板阶段的读取掩码。

（4）StencilFunc

根据光栅化阶段产生像素的三角形图元的正背面（见 2.4.1 节），选择 D3D12_DEPTH_STENCIL_DESC结构体的FrontFace成员或BackFace成员中的StencilFunc成员。

值得注意的是，如果相应正背面的三角形图元在光栅化阶段被剔除（见 2.4.1 节），那么不会有任何像素传入到输出混合阶段。StencilFunc 是一个 D3D12_COMPARISON_FUNC 枚举，表示一个二元谓词，该枚举的定义已经在 5.1.1 节中进行了详尽的介绍，在此不再赘述。

正如 5.1.1 节中所述，只有同时通过了深度测试（如果启用）和模板测试的像素，才有可能被写入到渲染目标视图或深度模板视图中的深度表面。

2. 模板操作（Stencil Operator）

只要启用了模板测试，就会执行模板操作。根据光栅化阶段产生像素的三角形图元的正背面（见 2.4.1 节）的不同，执行的模板操作用 D3D12_DEPTH_STENCIL_DESC 结构体的 FrontFace 成员或 BackFace 成员中的 StencilFailOp、StencilDepthFailOp 和 StencilPassOp 成员定义。

值得注意的是，如果相应的正背面的三角形图元在光栅化阶段被剔除（见 2.4.1 节），那么不会有任何像素传入到输出混合阶段。根据深度测试（如果启用）和模板测试的结果的不同，执行的模板操作用 StencilFailOp、StencilDepthFailOp 或 StencilPassOp 成员定义。

（1）StencilFailOp 模板测试未通过。

（2）StencilDepthFailOp 模板测试通过但深度测试未通过。

（3）StencilPassOp 模板测试通过且深度测试通过或未启用深度测试。

以上成员都是一个 D3D12_STENCIL_OP 枚举，该枚举的定义如下。

（1）D3D12_STENCIL_OP_KEEP 不进行任何操作。

（2）D3D12_STENCIL_OP_ZERO 将 0& StencilWriteMask 写入 StencilDest 所在的位置。

（3）D3D12_STENCIL_OP_INVERT 将(~StencilDest)& StencilWriteMask 写入到 StencilDest 所在的位置。

（4）D3D12_STENCIL_OP_INCR_SAT 将(++StencilDest)& StencilWriteMask 写入到 StencilDest 所在的位置，若++StencilDest 上溢则保持原来的值（即上界）。

（5）D3D12_STENCIL_OP_INCR_SAT 将(--StencilDest)& StencilWriteMask 写入到 StencilDest 所在的位置，若--StencilDest 下溢则保持原来的值（即下界）。

（6）D3D12_STENCIL_OP_INCR 将(++StencilDest)& StencilWriteMask 写入到 StencilDest 所在的位置，若++StencilDest 上溢则变为下界。

（7）D3D12_STENCIL_OP_DECR 将(--StencilDest)& StencilWriteMask 写入到 StencilDest 所在的位置，若--StencilDest 下溢则变为上界。

（8）D3D11_STENCIL_OP_REPLACE 将 StencilSrc& StencilWriteMask 写入到 StencilDest 所在的位置。

其中：

- StencilWriteMask

即 D3D12_DEPTH_STENCIL_DESC 结构体的 StencilWriteMask 成员，表示模板阶段的写

入掩码。

- StencilSrc

即上文中的 StencilSrc。

- StencilDest

即上文中的 StencilDest。

模板阶段可以用于确定三角形图元所覆盖的像素的位置。正如 2.4.1 节中所述，光栅化阶段会对“三角形图元覆盖的每一个像素”进行插值，但确定三角形图元所覆盖的像素的位置并不是一件容易的事（读者可以尝试设计一个的算法以体会这个事实）。显然，光栅化阶段利用硬件加速完成了相关的计算，我们可以借助于模板阶段使用该计算结果，从而充分发挥硬件加速所带来的性能上的提升。

为了方便读者理解模板阶段，我设计了以下示例程序，绘制一个“日”字，不妨对 rendermain.cpp 中的代码再进行以下修改。

```
//设置 D3D12_GRAPHICS_PIPELINE_STATE_DESC 结构体中的相关成员（见 2.4.2 节）
//光栅化阶段
psoDesc.RasterizerState.CullMode = D3D12_CULL_MODE_NONE;//确保不剔除
//模板阶段
psoDesc.DepthStencilState = {};//有效性检查要求其他成员全部赋值为 0
psoDesc.DepthStencilState.DepthEnable = FALSE;
psoDesc.DepthStencilState.StencilEnable = TRUE;
psoDesc.DepthStencilState.StencilReadMask = 0XFF;
psoDesc.DepthStencilState.StencilWriteMask = 0XFF;
psoDesc.DepthStencilState.FrontFace.StencilFailOp = D3D12_STENCIL_OP_KEEP;
psoDesc.DepthStencilState.FrontFace.StencilDepthFailOp = D3D12_STENCIL_OP_KEEP;
psoDesc.DepthStencilState.FrontFace.StencilPassOp = D3D12_STENCIL_OP_KEEP;
psoDesc.DepthStencilState.FrontFace.StencilFunc = D3D12_COMPARISON_FUNC_GREATER;
psoDesc.DepthStencilState.BackFace.StencilFailOp = D3D12_STENCIL_OP_INCR_SAT;
psoDesc.DepthStencilState.BackFace.StencilDepthFailOp = D3D12_STENCIL_OP_KEEP;
psoDesc.DepthStencilState.BackFace.StencilPassOp = D3D12_STENCIL_OP_KEEP;
psoDesc.DepthStencilState.BackFace.StencilFunc = D3D12_COMPARISON_FUNC_NEVER;

//以归零方式写入到深度模板视图中的模板表面
pDirectCommandList->ClearDepthStencilView(pDSVHeap->GetCPUDescriptorHandleForHeapStar
t(), D3D12_CLEAR_FLAG_STENCIL, 0.0f, 0U, 0, NULL);//正如 4.2.3 节中所述，此处指定的 0U 与上文
中创建 pDSTex 时指定的 D3D12_CLEAR_VALUE 中的值一致，在执行时的效率会得到提升
//绘制
pDirectCommandList->OMSetStencilRef(0U);
pDirectCommandList->DrawInstanced(4, 3, 0, 0);
pDirectCommandList->OMSetStencilRef(1U);
pDirectCommandList->DrawInstanced(4, 3, 0, 0);
```

并且在 2.4.2 节的基础上对顶点着色器的代码 VS.hlsl 进行如下修改。

```
rtval.color = float4(1.0f, 1.0f, 1.0f, 1.0f);//白色
if (vertex.iid == 0)//正面
{
	if (vertex.vid == 0)
	{
		rtval.pos = float4(-0.2f, 0.5f, 0.5f, 1.0f);

	}
```

```
        else if (vertex.vid == 1)
        {
            rtval.pos = float4(0.2f, 0.5f, 0.5f, 1.0f);
        }
        else if (vertex.vid == 2)
        {
            rtval.pos = float4(-0.2f, -0.5f, 0.5f, 1.0f);
        }
        else if (vertex.vid == 3)
        {
            rtval.pos = float4(0.2f, -0.5f, 0.5f, 1.0f);
        }
    }
    else if (vertex.iid == 1)//背面
    {
        if (vertex.vid == 0)
        {
            rtval.pos = float4(-0.125f, 0.4f, 0.5f, 1.0f);

        }
        else if (vertex.vid == 1)
        {
            rtval.pos = float4(-0.125f, 0.05f, 0.5f, 1.0f);
        }
        else if (vertex.vid == 2)
        {
            rtval.pos = float4(0.125f, 0.4f, 0.5f, 1.0f);
        }
        else if (vertex.vid == 3)
        {
            rtval.pos = float4(0.125f, 0.05f, 0.5f, 1.0f);
        }
    }
    else if (vertex.iid == 2)//背面
    {
        if (vertex.vid == 0)
        {
            rtval.pos = float4(-0.125f, -0.05f, 0.5f, 1.0f);

        }
        else if (vertex.vid == 1)
        {
            rtval.pos = float4(-0.125f, -0.4f, 0.5f, 1.0f);
        }
        else if (vertex.vid == 2)
        {
            rtval.pos = float4(0.125f, -0.05f, 0.5f, 1.0f);
        }
        else if (vertex.vid == 3)
        {
            rtval.pos = float4(0.125f, -0.4f, 0.5f, 1.0f);
        }
    }
```

再次调试我们的程序，可以看到以下运行结果，如图 5-3 所示。

正是由于模板阶段的存在，正面的四边形中的两个背面的四边形所覆盖的像素没有被绘制，读者可以根据实验的结果体会模板阶段的作用。

图 5-3　模板阶段

5.1.3　融合阶段

正如 2.4.1 节中所述，图形流水线中至多有 8 个渲染目标视图，融合阶段对不同渲染目标视图的有些行为一定相同，在结构体中的相同成员中定义，而有些行为可以不同，可以在结构体中的不同成员中定义。融合阶段用 D3D12_GRAPHICS_PIPELINE_STATE_DESC 结构体（见 2.4.2 节）中的 BlendState 成员定义，该成员是一个 D3D12_BLEND_DESC 结构体，该结构体的定义如下。

```
struct D3D12_BLEND_DESC
{
     BOOL AlphaToCoverageEnable;
     BOOL IndependentBlendEnable;
     D3D12_RENDER_TARGET_BLEND_DESC RenderTarget[ 8 ];
};
```

（1）AlphaToCoverageEnable

与 MSAA（见 4.1.1 节）有关，同时适用于 8 个渲染目标视图，暂且设为 FALSE。

（2）IndependentBlendEnable

如果 IndependentBlendEnable 为 TRUE，那么 RenderTarget 中的 8 个结构体分别适用于 8 个渲染目标视图；如果 IndependentBlendEnable 为 FALSE，那么 RenderTarget[0]同时适用于 8 个渲染目标视图。

（3）RenderTarget

由 8 个 D3D12_RENDER_TARGET_BLEND_DESC 结构体构成，该结构体的定义如下。

```
struct D3D12_RENDER_TARGET_BLEND_DESC
{
     BOOL BlendEnable;
```

```
        BOOL LogicOpEnable;
        D3D12_BLEND SrcBlend;
        D3D12_BLEND DestBlend;
        D3D12_BLEND_OP BlendOp;
        D3D12_BLEND SrcBlendAlpha;
        D3D12_BLEND DestBlendAlpha;
        D3D12_BLEND_OP BlendOpAlpha;
        D3D12_LOGIC_OP LogicOp;
        UINT8 RenderTargetWriteMask;
}
```

LogicOpEnable 和 LogicOp：与逻辑操作有关。由于并不是所有的显示适配器都支持逻辑操作，因此本书不介绍逻辑操作。

可以用 ID3D12Device 接口的 CheckFeatureSupport 方法填充 D3D12_FEATURE_DATA_D3D12_OPTIONS 结构体，该方法的原型 4.1.1 中进行了详尽的介绍，在此不再赘述。结构体的 OutputMergerLogicOp 成员表示显示适配器对逻辑操作的支持，若该成员的值为 FALSE，则表示显示适配器不支持逻辑操作。

正如 2.4.1 节中所述，图形流水线会将一个数组{Pixel_PS_OUT;RS_Coord} PSOutputPixelArray[ ] 输入到输出混合阶段。正如 5.1.1 节中所述，只有同时通过了深度测试（如果启用）和模板测试（如果启用）的像素才会被输入到融合阶段，才有可能被写入到渲染目标视图。

1. 融合操作（Blend Operator）

D3D12_RENDER_TARGET_BLEND_DESC 结构体中的 BlendEnable 定义是否启用融合操作。如果未启用融合操作，那么像素中的 Pixel_PS_OUT 中的 SV_TARGETn 的值直接被用于第 n+1 个渲染目标视图的融合写入；如果启用了融合操作，那么表达式 float4(BlendOp(SrcBlend(SV_TARGETn, RTV, BlendFactor), DestBlend(SV_TARGETn, RTV, BlendFactor)), BlendOpAlpha(SrcBlendAlpha(SV_TARGETn, RTV, BlendFactor), DestBlendAlpha(SV_TARGETn, RTV, BlendFactor)))的值被用于第 n 个渲染目标视图的融合写入，其中：

（1）SV_TARGETn

即像素中的 Pixel_PS_OUT 中的 SV_TARGETn。

（2）RTV

第 n 个渲染目标视图中的像素的 RS_Coord 中的 x 和 y 分量所确定的位置的值。

（3）BlendFactor

输出混合阶段的融合因子，用 ID3D12GraphicsCommandList 接口的 OMSetBlendFactor 方法设置。

（4）SrcBlend、DestBlend、SrcBlendAlpha、DestBlendAlpha

SrcBlend 和 DestBlend 的返回值为 float3，而 SrcBlendAlpha 和 DestBlendAlpha 的返回值为 float，分别用 D3D12_RENDER_TARGET_BLEND_DESC 结构体中的 SrcBlend、DestBlend、SrcBlendAlpha 和 DestBlendAlpha 成员定义，相关成员都是一个 D3D12_BLEND 枚举，该枚举的定义如下。

- D3D12_BLEND_ZERO

对 SrcBlend 和 DestBlend 返回值为 float3(0.0f,0.0f,0.0f)。

对 SrcBlendAlpha 和 DestBlendAlpha 返回值为 float(0.0f)。

- D3D12_BLEND_ONE

对 SrcBlend 和 DestBlend 返回值为 float3(1.0f,1.0f,1.0f)。

对 SrcBlendAlpha 和 DestBlendAlpha 返回值为 float(1.0f)。

- D3D12_BLEND_SRC_COLOR

对 SrcBlend 和 DestBlend 返回值为 float3(SV_TARGETn.xyz)。

对 SrcBlendAlpha 和 DestBlendAlpha 不适用。

- D3D12_BLEND_INV_SRC_COLOR

对 SrcBlend 和 DestBlend 返回值为 float3(1.0f - SV_TARGETn.x, 1.0f - SV_TARGETn.y, 1.0f - SV_TARGETn.z)。

对 SrcBlendAlpha 和 DestBlendAlpha 不适用。

- D3D12_BLEND_DEST_COLOR

对 SrcBlend 和 DestBlend 返回值为 float3(RTV.xyz)。

对 SrcBlendAlpha 和 DestBlendAlpha 不适用。

- D3D12_BLEND_INV_DEST_COLOR

对 SrcBlend 和 DestBlend 返回值为 float3(1.0f - RTV.x, 1.0f - RTV.y, 1.0f - RTV.z)。

对 SrcBlendAlpha 和 DestBlendAlpha 不适用。

- D3D12_BLEND_SRC_ALPHA

对 SrcBlend 返回值为 float3(SV_TARGETn.x * SV_TARGETn.w, SV_TARGETn.y * SV_TAR GETn.w, SV_TARGETn.z * SV_TARGETn.w)。

对 DestBlend 返回值为 float3(RTV.x * SV_TARGETn.w, RTV.y * SV_TARGETn.w, RTV.z * SV_ TARGETn.w)。

对 SrcBlendAlpha 和 DestBlendAlpha 返回值为 float(SV_TARGETn.w)。

- D3D12_BLEND_INV_SRC_ALPHA

对 SrcBlend 返回值为 float3(SV_TARGETn.x*(1.0f - SV_TARGETn.w), SV_TARGETn.y*(1.0f - SV_TARGETn.w), SV_TARGETn.z*(1.0f - SV_TARGETn.w))。

对 DestBlend 返回值为 float3(RTV.x*(1.0f - SV_TARGETn.w), RTV.y*(1.0f - SV_TARGETn.w), RTV.z*(1.0f - SV_TARGETn.w))。

对 SrcBlendAlpha 和 DestBlendAlpha 返回值为 float(1.0f - SV_TARGETn.w)。

- D3D12_BLEND_DEST_ALPHA

对 SrcBlend 返回值为 float3(SV_TARGETn.x * RTV.w, SV_TARGETn.y * RTV.w, SV_TARGETn.z * RTV.w)。

对 DestBlend 返回值为 float3(RTV.x * RTV.w, RTV.y * RTV.w, RTV.z * RTV.w)。

对 SrcBlendAlpha 和 DestBlendAlpha 返回值为 float(RTV.w)。

- D3D12_BLEND_INV_DEST_ALPHA

对 SrcBlend 返回值为 float3(SV_TARGETn.x*(1.0f - RTV.w), SV_TARGETn.y*(1.0f - RTV.w), SV_TARGETn.z*(1.0f - RTV.w))。

对 DestBlend 返回值为 float3(RTV.x*(1.0f - RTV.w), RTV.y*(1.0f - RTV.w), RTV.z*(1.0f - RTV.w))。

对 SrcBlendAlpha 和 DestBlendAlpha 返回值为 float(1.0f - RTV.w)。

- D3D12_BLEND_SRC_ALPHA_SAT

对 SrcBlend 返回值为 float3(SV_TARGETn.x*min(SV_TARGETn.w, 1.0f - RTV.w), SV_TARGETn.y*min(SV_TARGETn.w, 1.0f - RTV.w), SV_TARGETn.z*min(SV_TARGETn.w, 1.0f - RTV.w)。

对 DestBlend 返回值为 float3(RTV.x*min(SV_TARGETn.w, 1.0f - RTV.w), RTV.y*min(SV_TARGETn.w, 1.0f - RTV.w), RTV.z*min(SV_TARGETn.w, 1.0f - RTV.w)。

对 SrcBlendAlpha 和 DestBlendAlpha 返回值为 float(1.0f)。

- D3D12_BLEND_BLEND_FACTOR

对 SrcBlend 返回值为 float3(SV_TARGETn.x * BlendFactor.x, SV_TARGETn.y * BlendFactor.y, SV_TARGETn.z * BlendFactor.z)。

对 DestBlend 返回值为 float3(RTV.x * BlendFactor.x, RTV.y * BlendFactor.y, RTV.z * BlendFactor.z)。

对 SrcBlendAlpha 和 DestBlendAlpha 返回值为 float(BlendFactor.w)。

- D3D12_BLEND_INV_BLEND_FACTOR

对 SrcBlend 返回值为 float3(SV_TARGETn.x*(1.0f - BlendFactor.x), SV_TARGETn.y*(1.0f - BlendFactor.y), SV_TARGETn.z*(1.0f - BlendFactor.z))。

对 DestBlend 返回值为 float3(RTV.x*(1.0f - BlendFactor.x), RTV.y*(1.0f - BlendFactor.y), RTV.z*(1.0f - BlendFactor.z))。

对 SrcBlendAlpha 和 DestBlendAlpha 返回值为 float(1.0f - BlendFactor.w)。

以下枚举只有在图形流水线只有 1 个渲染目标视图（即第 1 个渲染目标视图）的条件下可用，Direct3D 12 将此称作双源融合。在双源融合中，像素中的 Pixel_PS_OUT 中的 SV_TARGET1 被赋予了特殊的含义（显然，由于并不存在第 2 个渲染目标视图，2.4.1 节中的含义不适用）。

- D3D12_BLEND_SRC1_COLOR

对 SrcBlend 和 DestBlend 返回值为 float3(SV_TARGET1.xyz)。

对 SrcBlendAlpha 和 DestBlendAlpha 不适用。

- D3D12_BLEND_INV_SRC1_COLOR

对 SrcBlend 和 DestBlend 返回值为 float3(1.0f - SV_TARGET1.x, 1.0f - SV_TARGET1.y, 1.0f - SV_TARGET1.z)。

对 SrcBlendAlpha 和 DestBlendAlpha 不适用。

- D3D12_BLEND_SRC1_ALPHA

对 SrcBlend 返回值为 float3(SV_TARGETn.x * SV_TARGET1.w, SV_TARGETn.y * SV_

TARGET1.w, SV_TARGETn.z * SV_TARGET1.w)。

对 DestBlend 返回值为 float3(RTV.x * SV_TARGET1.w, RTV.y * SV_TARGET1.w, RTV.z * SV_TARGET1.w)。

对 SrcBlendAlpha 和 DestBlendAlpha 返回值为 float(SV_TARGET1.w)。

- D3D12_BLEND_INV_SRC1_ALPHA

对 SrcBlend 返回值为 float3(SV_TARGETn.x*(1.0f - SV_TARGET1.w), SV_TARGETn.y*(1.0f - SV_TARGET1.w), SV_TARGETn.z*(1.0f - SV_TARGET1.w))。

对 DestBlend 返回值为 float3(RTV.x*(1.0f - SV_TARGET1.w), RTV.y*(1.0f - SV_TARGET1.w), RTV.z*(1.0f - SV_TARGET1.w))。

对 SrcBlendAlpha 和 DestBlendAlpha 返回值为 float(1.0f - SV_TARGET1.w)。

（5）BlendOp、BlendOpAlpha

BlendOp 操作数为两个 float3、且返回值为 float3，而 BlendOpAlpha 操作数为两个 float、且返回值为 float。分别用 D3D12_RENDER_TARGET_BLEND_DESC 结构体中的 BlendOp 和 BlendOpAlpha 成员定义，相关成员都是一个 D3D12_BLEND_OP 枚举，该枚举的定义如下。

为了方便讨论，我们将输入到 BlendOp 和 BlendOpAlpha 的两个操作数分别记作 op1 和 op2。

- D3D12_BLEND_OP_ADD

对 BlendOp 返回值为 float3(op1.x + op2.x, op1.y + op2.y, op1.z + op2.z)。

对 BlendOpAlpha 返回值为 float(op1.w + op2.w)。

- D3D12_BLEND_OP_SUBTRACT

对 BlendOp 返回值为 float3(op1.x - op2.x, op1.y - op2.y, op1.z - op2.z)。

对 BlendOpAlpha 返回值为 float(op1.w - op2.w)。

- D3D12_BLEND_OP_REV_SUBTRACT

对 BlendOp 返回值为 float3(op2.x - op1.x, op2.y - op1.y, op2.z - op1.z)。

对 BlendOpAlpha 返回值为 float(op2.w - op1.w)。

- D3D12_BLEND_OP_MIN

对 BlendOp 返回值为 float3(min(op1.x, op2.x), min(op1.y, op2.y), min(op1.z, op2.z))。

对 BlendOpAlpha 返回值为 float(min(op1.z, op2.z))。

- D3D12_BLEND_OP_MAX

对 BlendOp 返回值为 float3(max(op1.x, op2.x), max(op1.y, op2.y), max(op1.z, op2.z))。

对 BlendOpAlpha 返回值为 float(max(op1.z, op2.z))。

2. 融合写入（Blend Write）

无论是否启用了融合操作，融合写入都会执行。图形流水线会根据 D3D12_RENDER_TARGET_BLEND_DESC 结构体中的 RenderTargetWriteMask 成员，将上述的 float4 值中的相应分量写入，该成员是一个位集合，可用的位标志如下。

（1）D3D12_COLOR_WRITE_ENABLE_RED 写入 float4 值中的 x 分量。

（2）D3D12_COLOR_WRITE_ENABLE_GREEN 写入 float4 值中的 y 分量。

（3）D3D12_COLOR_WRITE_ENABLE_BLUE 写入 float4 值中的 z 分量。

（4）D3D12_COLOR_WRITE_ENABLE_ALPHA 写入 float4 值中的 w 分量。

D3D12_COLOR_WRITE_ENABLE_ALL=D3D12_COLOR_WRITE_ENABLE_RED|D3D12_COLOR_WRITE_ENABLE_GREEN|D3D12_COLOR_WRITE_ENABLE_BLUE|D3D12_COLOR_WRITE_ENABLE_ALPHA。

融合阶段一般用于实现透明效果，不妨对 rendermain.cpp 中的代码再进行以下修改。

```
//设置 D3D12_GRAPHICS_PIPELINE_STATE_DESC 结构体中的相关成员（见 2.4.2 节）
psoDesc.BlendState = D3D12_BLEND_DESC{};
psoDesc.BlendState.AlphaToCoverageEnable = FALSE;
psoDesc.BlendState.IndependentBlendEnable = FALSE;
psoDesc.BlendState.RenderTarget[0].BlendEnable = TRUE;
psoDesc.BlendState.RenderTarget[0].SrcBlend = D3D12_BLEND_SRC_ALPHA;
psoDesc.BlendState.RenderTarget[0].DestBlend = D3D12_BLEND_INV_SRC_ALPHA;
psoDesc.BlendState.RenderTarget[0].BlendOp = D3D12_BLEND_OP_ADD;
psoDesc.BlendState.RenderTarget[0].SrcBlendAlpha = D3D12_BLEND_ONE;
psoDesc.BlendState.RenderTarget[0].DestBlendAlpha = D3D12_BLEND_ZERO;
psoDesc.BlendState.RenderTarget[0].BlendOpAlpha = D3D12_BLEND_OP_ADD;
psoDesc.BlendState.RenderTarget[0].LogicOpEnable = FALSE;
psoDesc.BlendState.RenderTarget[0].RenderTargetWriteMask = D3D12_COLOR_WRITE_ENABLE_ALL;

//修改命令列表中的相关命令
pDirectCommandList->DrawInstanced(3, 2, 0, 0);
```

并且在 2.4.2 节的基础上对顶点着色器的代码 VS.hlsl 进行以下修改。

```
if (vertex.iid == 0)
{
	if (vertex.vid == 0)
	{
		rtval.pos = float4(0.0f, 0.5f, 0.5f, 1.0f);
		rtval.color = float4(1.0f, 0.0f, 0.0f, 1.0f);
	}
	else if (vertex.vid == 1)
	{
		rtval.pos = float4(0.5f, -0.5f, 0.5f, 1.0f);
		rtval.color = float4(0.0f, 1.0f, 0.0f, 1.0f);
	}
	else if (vertex.vid == 2)
	{
		rtval.pos = float4(-0.5f, -0.5f, 0.5f, 1.0f);
		rtval.color = float4(0.0f, 0.0f, 1.0f, 1.0f);
	}
}
else if (vertex.iid == 1)
{
	if (vertex.vid == 0)
	{
		rtval.pos = float4(0.25f, 0.75f, 0.5f, 1.0f);
		rtval.color = float4(1.0f, 0.0f, 0.0f, 0.5f);//注意，w 分量为 0.5f，在逻辑上，
可以将 float4 值的 w 分量看作透明度
	}
	else if (vertex.vid == 1)
	{
		rtval.pos = float4(0.75f, -0.25f, 0.5f, 1.0f);
		rtval.color = float4(0.0f, 1.0f, 0.0f, 0.5f);
```

```
        }
        else if (vertex.vid == 2)
        {
              rtval.pos = float4(-0.25f, -0.25f, 0.5f, 1.0f);
              rtval.color = float4(0.0f, 0.0f, 1.0f, 0.5f);
        }
}
```

再次调试我们的程序，可以看到以下运行结果，如图 5-4 所示。

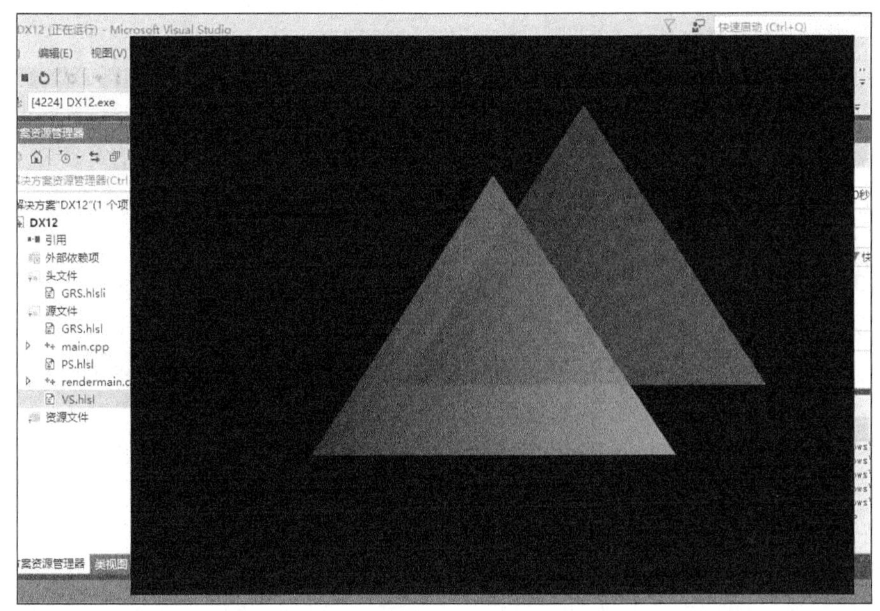

图 5-4　融合阶段

5.2 几何着色器阶段

根据 2.4.1 节中的图 2-3 可知，几何着色器阶段发生在流输出阶段之前，在未启用细分阶段的条件下，几何着色器阶段发生在顶点着色器阶段之后，图形流水线会将 Vertex_VS_OUT VSOutputVertexArray[ ]（见 2.4.1 节）和 list<PrimitiveType> IAOutputPrimitiveArray 输入到几何着色器阶段。只是在启用了几何着色器阶段的条件下，顶点着色器的输出 Vertex_VS_OUT 中不应当包含 SV_POSITION 成员，而应当在几何着色器的输出 Vertex_GS_OUT（见下文）中包含。

图形流水线对输入到几何着色器阶段的每一个图元执行一次几何着色器。每次执行几何着色器时，图形流水线会将图元在 IAOutputPrimitiveArray 中所对应的 PrimitiveType 和在 VSOutputVertexArray 中所对应的 Vertex_VS_OUT 输入到几何着色器。在伪代码中，为了方便讨论，我们将相关的 PrimitiveType 和 Vertex_VS_OUT 合并，并用结构体 GS_IN 表示，该结构体的定义如下。

```
GS_IN
{
```

```
    Vertex_VS_OUT InputPrimitive[PrimitiveLength];// PrimitiveLength 即图元中顶点的个数
（Point 为 1，Line 为 2，Triangle 为 3），Vertex_VS_OUT 即根据 IAOutputPrimitiveArray 中
PrimitiveType 中的 Index 在 VSOutputVertexArray 中索引得到的 Vertex_VS_OUT
    uint SV_PRIMITIVEID;// 即 IAOutputPrimitiveArray 中 PrimitiveType 中的 SV_PRIMITIVEID
}
```

在 4.5.3 节中，我们提到了流索引的概念。Direct3D 12 规定：流索引的取值范围从 0 到 3。也就是说，图形流水线中至多有 4 个流。几何着色器在每次执行后会输出若干个表示顶点的结构体到其中的若干个流中，为了方便讨论，我们将表示顶点的结构体记作 Vertex_GS_OUT，并将每个流记作 list<Vertex_GS_OUT> GSOutputVertexArray。

正如上文所述，在启用了几何着色器阶段的条件下，顶点着色器的输出 Vertex_VS_OUT 中不应当包含 SV_POSITION 成员，而应当在几何着色器的输出 Vertex_GS_OUT 中包含。几何着色器阶段会为每个流产生图元信息，为了方便讨论，我们将图元信息记作 list<PrimitiveType> GSOutputPrimitiveArray。

几何着色器阶段产生图元信息的过程与输入装配阶段（见 2.4.1 节）基本相同，在此不再赘述。不同的是，PrimitiveType 中的 SV_PRIMITIVEID 成员被定义为 PrimitiveType 中的 Index 中的第一个索引在 GSOutputVertexArray 中标识的 Vertex_GS_OUT 中的 SV_PRIMITIVEID 成员，如果 Vertex_GS_OUT 中没有 SV_PRIMITIVEID 成员，那么 PrimitiveType 中的 SV_PRIMITIVEID 成员是未定义的。

几何着色器阶段支持 3 种图元拓扑类型：点列表、直线条带和三角形条带（也就是说，并不支持直线列表和三角形列表）。Direct3D 12 规定：如果要使用多个流，那么几何着色器的图元拓扑类型必须为点列表。

值得注意的是，正如 4.5.3 节中所述，如果启用了流输出阶段，那么图像流水线会将条带拓扑类型转化为等效的列表拓扑类型，再输入到流输出阶段。并且，在 2.4.1 节中，我们提到了可以通过几何着色器选择在光栅化阶段使用哪个 D3D12_VIEWPORT 和 D3D12_RECT。实际上，PrimitiveType 中的 Index 中的第一个索引在 GSOutputVertexArray 中标识的 Vertex_GS_OUT 中的 SV_ViewportArrayIndex 成员即为光栅化阶段所使用的 D3D12_VIEWPORT 和 D3D12_RECT 在数组中的索引，如果 Vertex_GS_OUT 中没有 SV_ViewportArrayIndex 成员，那么光栅化阶段将使用数组中的第 0 个值。

在对所有的个图元都执行了一次几何着色器后，图形流水线将输入到光栅化阶段的流（见 4.5.3 节）对应的 list<PrimitiveType>GSOutputPrimitiveArray 和 list<Vertex_GS_OUT> GSOutputVertexArray 输入到光栅化阶段。

在 HLSL 中分别用 PointStream 对象、LineStream 对象和 TriangleStream 对象表示以上 3 种图元拓扑类型的流。

可以用以上对象的 Append 方法将 Vertex_GS_OUT 添加到相应流的 GSOutputVertexArray 中。GSOutputPrimitiveArray 是几何着色器阶段自动生成的，但对于直线条带或三角形条带，可以用以上对象的 RestartStrip 重启用条带（见 2.4.1 节）。

几何着色器主要用于使用少量的顶点产生大量的几何体，例如，我们可以用含 2 个顶点的

对角线定义一个长方形，并用几何着色器根据该对角线产生 2 个三角形绘制该长方形。不妨在 2.4.2 节的基础上将 VS.hlsl 中的代码修改如下。

```
#include"GRS.hlsli"

struct Vertex_IA_OUT
{
     uint vid : SV_VERTEXID;
     uint iid : SV_INSTANCEID;
};

struct Vertex_VS_OUT//应当与几何着色器中一致
{
     float2 pos : UserPos0;
};

[RootSignature(GRS)]
Vertex_VS_OUT main(Vertex_IA_OUT vertex)
{
     //在后文中我们会调用 DrawInstanced(2,1,0,0)进行绘制
     Vertex_VS_OUT rtval;
     rtval.pos = float2(0.0f, 0.0f);
     //定义长方形对角线中 2 个顶点的位置
     if (vertex.iid == 0)
     {
          if (vertex.vid == 0)
          {
               rtval.pos = float2(-0.5f, 0.5f);
          }
          else if (vertex.vid == 1)
          {
               rtval.pos = float2(0.5f, -0.5f);
          }
     }
     return rtval;
}
```

创建几何着色器的“源文件 GS.hlsl”，与顶点着色器和像素着色器的情形类似，只不过我们在“Visual C++”→“HLSL”中选择“几何着色器（.hlsl)”，并将名称设置为“GS.hlsl”。

同样地，选择“配置”中的“所有配置”和“平台”中的“所有平台”，在“HLSL 编译器”→“常规”中，将“着色器模型”设置为“5.1”，在“HLSL 编译器”→“输出文件”中，将“对象文件名”设置为“$(LocalDebuggerWorkingDirectory)% (Filename).cso”，删去 GS.hlsl 中自动生成的代码并添加以下代码。

```
#include"GRS.hlsli"

struct Vertex_VS_OUT//应当与顶点着色器中一致
{
     float2 pos : UserPos0;
};

struct Vertex_GS_OUT//应当与像素着色器中一致
{
     float4 pos : SV_POSITION;//正如上文所述，在启用几何着色器阶段的条件下，顶点着色器的输出
Vertex_VS_OUT 中不应当包含 SV_POSITION 成员，而应当在几何着色器的输出 Vertex_GS_OUT 中包含
     float4 color : UserColor0;
};
```

```
[RootSignature(GRS)]
[maxvertexcount(4)]//表示每次执行几何着色器时允许输出到流中的表示顶点的结构体的最大个数
void main(
        line Vertex_VS_OUT InputPrimitive[2]//即上文中所述的 GS_IN 中的 InputPrimitive
        //, uint pid : SV_PRIMITIVEID //即上文中所述的 GS_IN 中的 SV_PRIMITIVEID，实际上这
个值是可选的，如果几何着色器不使用这个值，那么图形流水线也不会将该值输入到几何着色器
        , inout TriangleStream<Vertex_GS_OUT> stream0
        //, inout PointStream<Vertex_GS_OUT> stream1 要使用多个流，只需要在形参表中添加多个表示
流的对象即可，值得注意的是，Direct3D 12 规定，如果要使用多个流，那么几何着色器的图元拓扑类型必须为点列表
        )
{
    //定义长方形中 4 个顶点的位置
    Vertex_GS_OUT vertextoadd;
    vertextoadd.pos = float4(InputPrimitive[0].pos.x, InputPrimitive[0].pos.y, 0.5f,
1.0f);//左上角
    vertextoadd.color = float4(1.0f, 0.0f, 0.0f, 1.0f);//红色
    stream0.Append(vertextoadd);
    vertextoadd.pos = float4(InputPrimitive[1].pos.x, InputPrimitive[0].pos.y, 0.5f,
1.0f);//右上角
    vertextoadd.color = float4(0.0f, 1.0f, 0.0f, 1.0f);//绿色
    stream0.Append(vertextoadd);
    vertextoadd.pos = float4(InputPrimitive[0].pos.x, InputPrimitive[1].pos.y, 0.5f,
1.0f);//左下角
    vertextoadd.color = float4(0.0f, 0.0f, 1.0f, 1.0f);//蓝色
    stream0.Append(vertextoadd);
    vertextoadd.pos = float4(InputPrimitive[1].pos.x, InputPrimitive[1].pos.y, 0.5f,
1.0f);//右下角
    vertextoadd.color = float4(1.0f, 0.0f, 0.0f, 1.0f);//红色
    stream0.Append(vertextoadd);
}
```

将 PS.hlsl 中的代码修改如下。

```
#include"GRS.hlsli"

struct Vertex_GS_OUT//应当与几何着色器中一致
{
    float4 pos : SV_POSITION;
    float4 color : UserColor0;
};

struct Pixel_PS_OUT
{
    float4 color : SV_TARGET0;
};

[RootSignature(GRS)]
Pixel_PS_OUT main(Vertex_GS_OUT pixel)
{
    Pixel_PS_OUT rtval;
        rtval.color = pixel.color;
    return rtval;
}
```

将 rendermain.cpp 进行以下修改。

```
//加载几何着色器字节码
HANDLE hGSFile = CreateFileW(L"GS.cso", GENERIC_READ, FILE_SHARE_READ, NULL, OPEN_EXISTING,
FILE_ATTRIBUTE_NORMAL, NULL);
LARGE_INTEGER szGSFile;
```

```
GetFileSizeEx(hGSFile, &szGSFile);
HANDLE hGSSection = CreateFileMappingW(hGSFile, NULL, PAGE_READONLY, 0, szGSFile.LowPart,
NULL);
void *pGSFile = MapViewOfFile(hGSSection, FILE_MAP_READ, 0, 0, szGSFile.LowPart);

//设置 D3D12_GRAPHICS_PIPELINE_STATE_DESC 结构体中的相关成员（见 2.4.2 节）
psoDesc.PrimitiveTopologyType = D3D12_PRIMITIVE_TOPOLOGY_TYPE_LINE;
psoDesc.GS.pShaderBytecode = pGSFile;
psoDesc.GS.BytecodeLength = szGSFile.LowPart;

//释放几何着色器字节码
UnmapViewOfFile(pGSFile);
CloseHandle(hGSSection);
CloseHandle(hGSFile);

//修改命令列表中的相关命令
pDirectCommandList->IASetPrimitiveTopology(D3D_PRIMITIVE_TOPOLOGY_LINELIST);
pDirectCommandList->DrawInstanced(2, 1, 0, 0);
```

再次调试我们的程序，可以看到以下运行结果，如图 5-5 所示。

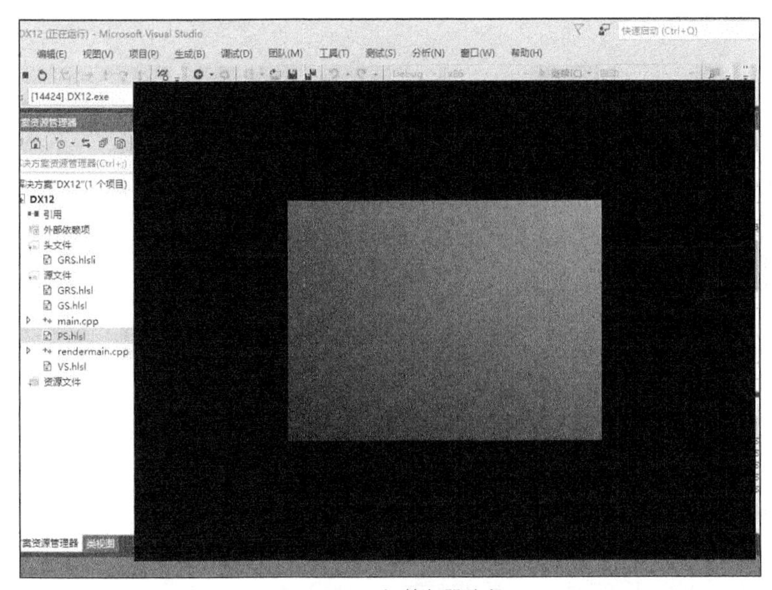

图 5-5　几何着色器阶段

正如上文所述，在每次执行几何着色器时，图形流水线会将整个图元输入到几何着色器。为了进一步发挥几何着色器的功能，Direct3D 12 还提供了带邻接信息的图元类型。由于带邻接信息的图元类型中的顶点个数更多，因此，几何着色器在每次执行时就可以得到的更多的数据量，有利于进一步发挥几何着色器的功能。

带邻接信息的图元类型有两种：邻接直线和邻接三角形。每种图元类型又分为两种拓扑类型：列表和条带。

带邻接信息的图元类型的形状并没有实际意义，而仅仅是一种形象描述。因为带邻接信息的图元类型最终会被几何着色器转换为点、直线或三角形图元类型（见 2.4.1 节）。以上四种图元拓扑类型的形象描述如下。

（1）邻接直线列表（D3D_PRIMITIVE_TOPOLOGY_LINELIST_ADJ），如图 5-6 所示。

（2）邻接直线条带（D3D_PRIMITIVE_TOPOLOGY_LINESTRIP_ADJ），如图 5-7 所示。

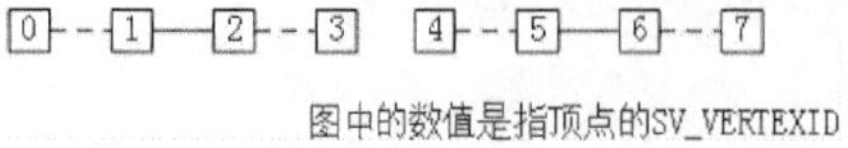

0 - - 1 — 2 - - 3　4 - - 5 — 6 - - 7

图中的数值是指顶点的SV_VERTEXID

图 5-6　邻接直线列表图元拓扑类型的形象描述

0 - - 1 — 2 - - 3　2 - - 3 — 4 - - 5　4 - - 5 — 6 - - 7

图中的数值是指顶点的SV_VERTEXID

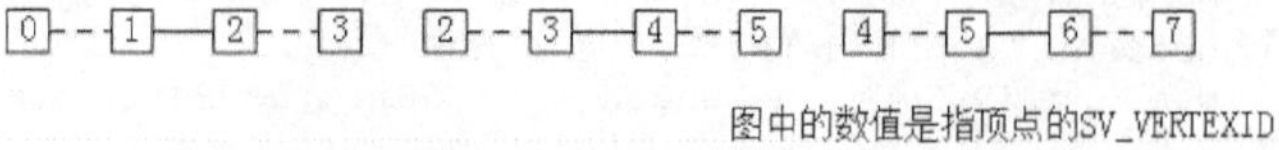

图 5-7　邻接直线条带图元拓扑类型的形象描述

（3）邻接三角形列表（D3D_PRIMITIVE_TOPOLOGY_TRIANGLELIST_ADJ），如图 5-8 所示。

（4）邻接三角形条带（D3D_PRIMITIVE_TOPOLOGY_TRIANGLESTRIP_ADJ），如图 5-9 所示。

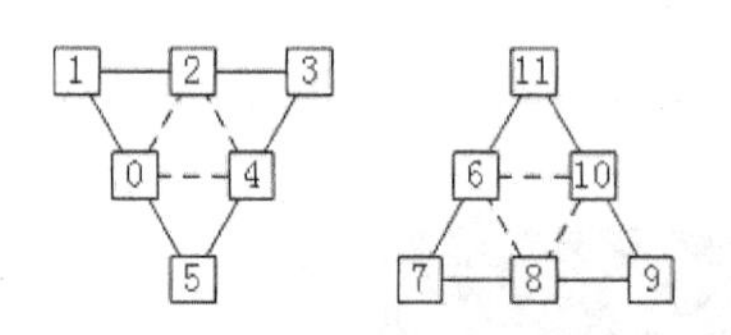

图中的数值是指顶点的SV_VERTEXID

图 5-8　邻接三角形列表图元拓扑类型的形象描述

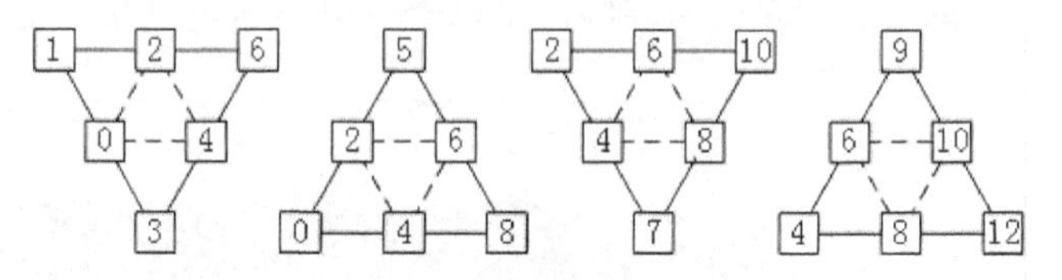

图中的数值是指顶点的SV_VERTEXID

图 5-9　邻接三角形条带图元拓扑类型的形象描述

5.3 细分阶段

外壳着色器、“细分”和域着色器 3 个阶段被统称为“细分”阶段。由此可见，“细分”这个术语实际上具有两种含义，读者需要根据上下文确定的“细分”的具体含义。根据 2.4.1 节中的图 2-3 可知，细分阶段发生在顶点着色器之后，几何着色器之前。

如果要启用细分阶段，那么输入装配阶段的图元类型必须是面片类型。与之前介绍过的点、直线和三角形图元不同，面片图元在逻辑上是一个由顶点构成的一维数组，并没有任何对应的几何形状。Direct3D 12 规定：面片图元中的顶点个数最多为 32 个。

面片图元只有一种拓扑类型，即面片列表。正如 2.4.1 节中所述，可以用 ID3D12GraphicsCommandList 接口的 IASetPrimitiveTopology 方法设置图形流水线的输入阶段的图元拓扑类型。表示面片列表图元拓扑类型的枚举有 D3D_PRIMITIVE_TOPOLOGY_?_CONTROL_POINT_PATCHLIST（其中？的取值从 1 到 32，表示面片图元中的顶点个数）。在伪代码中，我们用以下结构体来描述面片图元。

```
Patch
{
     uint Index[PatchLength];//PatchLength 的值在 ID3D12GraphicsCommandList::
IASetPrimitiveTopology 中定义，最多为 32
     uint SV_PRIMITIVEID;
}
用伪代码描述面片列表的拓扑过程如下
```

```
for(i=0;i<InstanceCount;++i)
{
    uint currentPrimitiveID=0;
for(j=0;(j+PatchLength-1)<VertexCountPerInstance;j=j+PatchLength) //如果
VertexCountPerInstance 不能被 PatchLength 整除，那么对于每一个实例（即 i 的值），最后的不到
PatchLength 个顶点会由于不够组成一个图元（组成一个图元需要有 PatchLength 个顶点）而被丢弃
    {
        Patch primitiveToAppend;
        for(k=0;k<PatchLength;++k)
            primitiveToAppend[j]= VertexCountPerInstance *i+j+k;
        primitiveToAppend SV_PRIMITIVEID= currentPrimitiveID;
        IAOutputPrimitiveArray.push_back(primitiveToAppend);
        ++currentPrimitiveID;
    }
}
```

在顶点着色器阶段，图形流水线对 IAOutputVertexArray 中的所有的顶点都执行一次顶点着色器，并得到一个数组 VSOutputVertexArray（见 2.4.1 节）。只是在启用了细分阶段的条件下，顶点着色器的输出 Vertex_VS_OUT 中不应当包含 SV_POSITION 成员，而应当在域着色器的输出 Vertex_DS_OUT（见 5.1.3 节）中包含（当然，如果还启用了几何着色器阶段，那么应当在几何着色器的输出 Vertex_GS_OUT（见 5.2 节）中包含）。

随后图形流水线进入到了细分阶段，要启用细分阶段，需要提供外壳着色器和域着色器的字节码定义这 3 个阶段。具体的做法是在用于描述图形流水线状态的 D3D12_GRAPHICS_PIPELINE_STATE_DESC 结构体的 HS 和 DS 成员中设置外壳着色器和域着色器的字节码，同时将 PrimitiveTopologyType 成员设置为 D3D12_PRIMITIVE_TOPOLOGY_TYPE_PATCH，以通过有效性检查（见 2.4.2 节）。

5.3.1 外壳着色器阶段

在外壳着色器阶段，图形流水线会将输入装配阶段产生的面片输入到外壳着色器，同时外壳着色器会输出新的面片。为了防止混淆，我们将输入到外壳着色器的面片（即输入装配阶段产生的面片）称为输入面片，将外壳着色器输出的面片称为输出面片。

图形流水线对输入装配阶段产生的每一个面片执行一次外壳着色器。每次执行外壳着色器时，图形流水线会将面片在 IAOutputPrimitiveArray 所对应的 Patch 和在 VSOutputVertexArray 中所对应的 Vertex_IA_OUT 输入到外壳着色器。在伪代码中，为了方便讨论，我们将相关的 Patch 和 Vertex_IA_OUT 合并，并用结构体 HS_IN 表示，该结构体的定义如下。

```
HS_IN
{
    VS_Vertex_OUT InputPatch[InputPatchLength];// InputPatchLength 即
IAOutputPrimitiveArray 中 Patch 中的 PatchLength，在 ID3D12GraphicsCommandList::
IASetPrimitiveTopology 中定义,VS_Vertex_OUT 即根据 IAOutputPrimitiveArray 中 Patch 中的 Index
在 VSOutputVertexArray 中索引得到的 VS_Vertex_OUT
    uint SV_PRIMITIVEID;// 即 IAOutputPrimitiveArray 中 Patch 中的 SV_PRIMITIVEID
}
```

外壳着色器在每次执行后会输出一个面片和一个面片常量。在伪代码中，我们用结构体 HS_OUT 表示外壳着色器的输出，该结构体的定义如下。

```
HS_OUT
{
    ControlPoint OutputPatch [OutPatchLength];//面片
    OUTPATCH_CONSTANT;//面片常量
    uint SV_PRIMITIVEID; // 即 HS_IN 中的 SV_PRIMITIVEID
}
```

OutPatchLength（即输出面片的长度）在外壳着色器的属性中定义。Direct3D 12 规定：该值最多为 32。OutputPatch 与输入装配阶段中的 Patch 一样，在逻辑上是一个由顶点构成的一维数组，只是 OutputPatch 中的顶点被称作控制点。在伪代码中，我们用结构体 ControlPoint 表示这些控制点。

Direct3D 12 规定：输出的结构体 OUTPATCH_CONSTANT 中必须包含 SV_TessFactor 成员（如果是四边形域或三角形域，还必须包含 SV_InsideTessFactor 成员），这些成员会在接下来的细分阶段中被用于产生域坐标，当然外壳着色器完全可以在输出的结构体 OUTPATCH_CONSTANT 中附加其他的自定义的成员。

外壳着色器阶段中实际上有两个并发执行的阶段（控制点阶段和面片常量阶段），分别负责输出 OutputPatch 和 OUTPATCH_CONSTANT。相对应地，外壳着色器的属性中定义了两个入口点函数：控制点函数和面片常量函数。

图形流水线在每次执行外壳着色器时，会执行 OutPatchLength 次控制点函数和 1 次面片常量函数。在每次执行控制点函数时，图形流水线会将 HS_IN 和执行的次数（记作 SV_OUTPUTCONTROLPOINTID，取值范围从 0 到 OutPatchLength-1）输入到控制点函数。控制点函数在每次执行后后会输出一个 ControlPoint，图形流水线会将该值作为 HS_OUT 中的 OutputPatch 成员的第 SV_OutputControlPointID 个 ControlPoint 的值。在执行面片常量函数时，图形流水线会将 HS_IN 输入到面片常量函数，面片常量函数在执行后会输出一个 OUTPATCH_CONSTANT，图形流水线会将该值作为 HS_OUT 中的 OUTPATCH_CONSTANT 成员的值。

综上所述，图形流水线在每次执行外壳着色器时，会将一个 HS_IN 输入到外壳着色器，外壳着色器在每次执行后会输出一个 HS_OUT，整个过程用伪代码描述如下。

```
HS_IN hsin;//输入
HS_OUT hsout;//输出
controlpointfunc//控制点函数
patchconstantfunc//面片常量函数
//控制点阶段和面片常量阶段是两个并发执行的阶段
//控制点阶段
for(uint SV_OUTPUTCONTROLPOINTID=0;SV_OUTPUTCONTROLPOINTID<OutPatchLength;++
SV_OUTPUTCONTROLPOINTID)
{
    hsout.
OutputPatch[SV_OUTPUTCONTROLPOINTID]=controlpointfunc(SV_OUTPUTCONTROLPOINTID, hsin);
}
//面片常量阶段
hsout.OUTPATCH_CONSTANT=patchconstantfunc(hsin);
```

在对所有的面片都执行了一次外壳着色器后，图形流水线得到了一个数组 HS_OUT HSOutputPatchArray[ ]（数组的大小与 HSInputPatchArray 相同）。

5.3.2 细分阶段

图形流水线对每一个外壳着色器输出的 HS_OUT 进行一次细分。读者可以发现，在 D3D12_GRAPHICS_PIPELINE_STATE_DESC 结构体中没有任何用于设置细分阶段的状态的成员，在 ID3D12GraphicsCommandList 接口中也没有任何用于设置细分阶段的状态的方法。实际上，细分阶段的状态在外壳着色器的属性和 HS_OUT 中 OUTPATCH_CONSTANT 中的 SV_TessFactor 成员（如果是四边形域或三角形域，那么还有 SV_InsideTessFactor 成员）中设置。

外壳着色器的属性中设置在每次细分时都相同的状态：域类型（domain）、输出拓扑类型（outputtopology）和分区类型（partitioning）。

HS_OUT 中的 OUTPATCH_CONSTANT 中设置对每一个 HS_OUT 进行细分时的状态：细分因子（SV_TessFactor 成员）（如果是四边形域或三角形域，那么还有内部细分因子（SV_InsideTessFactor 成员））。

细分阶段在每次进行后都会产生一系列域坐标和一系列图元信息，在伪代码中，我们用以下两个数组表示。

```
list<SV_DomainLocation> TSOutputDomainLocationArray;//对三角形域，SV_DomainLocation 的类型
为 float3，对四边形域或等值线域，SV_DomainLocation 的类型为 float2
list<PrimitiveType> TSOutputPrimitiveArray;// PrimitiveType 即 2.4.1 中的
list<PrimitiveType>中的 PrimitiveType，取值共 3 种：Point、Line 和 Triangle
```

外壳着色器的属性中设置的细分阶段的域类型（domain）共 3 种：等值线域（"isoline"）、四边形域（"quad"）和三角形域（"tri"）。输出拓扑类型（outputtopology）共 4 种：点列表（"point"）、直线条带（"line"）、顺时针三角形条带（"triangle_cw"）和逆时针三角形条带（"triangle_ccw"）。对于不同的域类型，支持的输出拓扑类型也不同，点列表被所有的域类型支持，直线条带只被等值线域支持，顺时针三角形条带或逆时针三角形条带只被三角形域或四边形域支持。

分区类型（partitioning）实际上是定义了结构体 OUTPATCH_CONSTANT 中的 SV_TessFactor 成员（如果是四边形域或三角形域，那么还有 SV_InsideTessFactor 成员）的取值范围。Direct3D 12 规定：在 HLSL 中，应当将 SV_TessFactor 成员和 SV_InsideTessFactor 成员的分量定义为 float 类型。显然，这两个成员的值在含义上应当是整型，实际上，它们的值会被转换为分区类型所定义的取值范围中的值，转换的规则完全由显示适配器决定，但一般情况下是满足“四舍五入”的。分区类型共 4 种，列出如下。

（1）整型（integer）：必须是 1 到 64 的整数，即{1，2，3，4，5，6，…，64}。

（2）2 的 N 次幂（pow2）：必须是 1 到 64 的整数且是 2 的 N 次幂，即{1，2，4，8，16，32，64}。

（3）偶数（fractional_even）：必须是 1 到 64 的整数且是偶数，即{2，4，6，8，10，……，64}。

（4）奇数（fractional_odd）：必须是 1 到 64 的整数且是奇数，即{1，3，5，7，9，……，64}。

细分阶段会为域坐标 TSOutputDomainLocationArray 产生图元信息 TSOutputPrimitiveArray，细分阶段产生图元信息的过程与输入装配阶段（见 2.4.1 节）基本相同，在此不再赘述。不同

的是，PrimitiveType 中的 SV_PRIMITIVEID 成员被定义为 HS_OUT 中的 SV_PRIMITIVEID 成员（即 IAOutputPrimitiveArray 中 Patch 中的 SV_PRIMITIVEID 成员，见 5.3.1 节）。

但是，对于不同的域类型，细分阶段产生域坐标的过程差异很大。接下来，我们分别对不同的域类型进行介绍

1. 等值线域

等值线域是最简单的域类型，支持点列表和直线条带两种输出拓扑类型，面片常量阶段输出的结构体 OUTPATCH_CONSTANT 中应当包含 float[2]类型的 SV_TessFactor 成员来定义细分阶段的行为。等值线域的细分在以下的坐标系中进行，如图 5-10 所示。

将 SV_TessFactor 中的各个分量转换为分区类型（partitioning，见上文）所定义的取值范围中的值后，将 y 轴 SV_TessFactor[0]等分的直线（只包含端点 y=0.0f，不包含端点 y=1.0f）和将 x 轴 SV_TessFactor[1]等分的直线（包含两个端点 x=0.0f 和 x=1.0f）的交点坐标即细分产生的 TSOutputDomainLocationArray 中的各个域坐标。例如，当 SV_TessFactor[0]=2.0f、SV_TessFactor[1]=4.0f 且 partitioning 为"integer"时，细分产生的域坐标如图 5-11 所示。

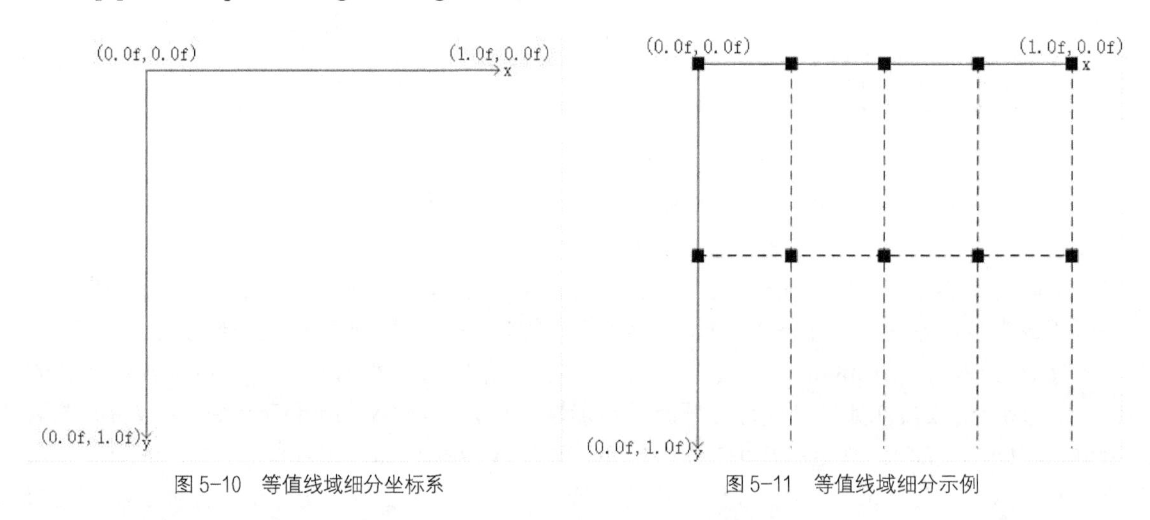

图 5-10　等值线域细分坐标系　　图 5-11　等值线域细分示例

如果输出拓扑类型为点列表，那么以上域坐标在 TSOutputDomainLocationArray 中的顺序是任意的（显然，这并不会对结果造成任何影响）。如果输出拓扑类型为直线条带，那么以上域坐标在 TSOutputDomainLocationArray 中的顺序如图 5-12 所示。

严格意义上，重启动条带（见 2.4.1 节）针对的是 TSOutputPrimitiveArray 而不是 TSOutputDomainLocationArray。

2. 四边形域

四边形域支持点列表、顺时针三角形条带（"triangle_cw"）和逆时针三角形条带（"triangle_ccw"）3 种输出拓扑类型。面片常量阶段输出的结构体 OUTPATCH_CONSTANT 中

应当包含 float[4]类型的 SV_TessFactor 成员和 float[2]类型的 SV_InsideTessFactor 成员来定义细分阶段的行为。四边形域的细分在以下的坐标系中进行，如图 5-13 所示。

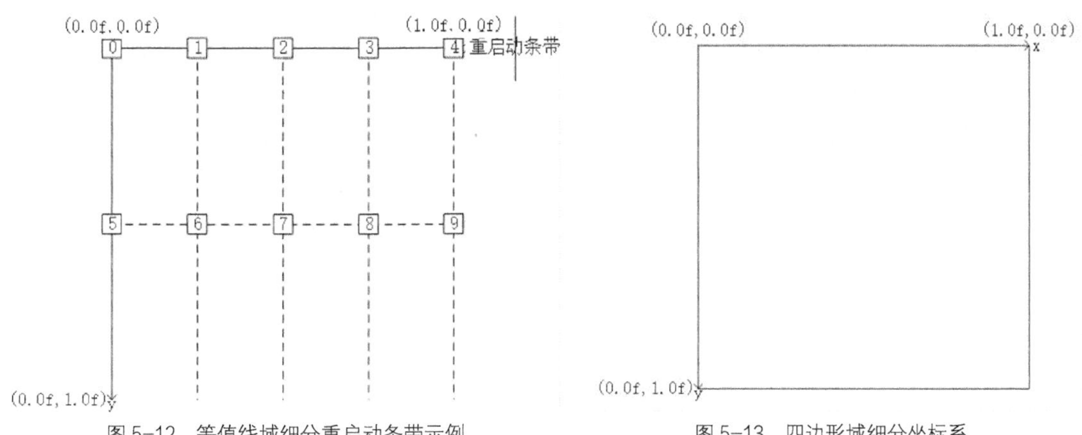

图 5-12 等值线域细分重启动条带示例

图 5-13 四边形域细分坐标系

将 SV_TessFactor 和 SV_InsideTessFactor 中的各个分量转换为分区类型（partitioning，见上文）所定义的取值范围中的值后，将 x=0 SV_TessFactor[0]等分的点、将 y=0 SV_TessFactor[1]等分的点、将 x=1 SV_TessFactor[2]等分的点、将 y=1 SV_TessFactor[3]等分的点、将 y 轴 SV_InsideTessFactor [0]等分的直线和将 x 轴 SV_InsideTessFactor [1]等分的直线的交点的坐标即细分产生的 TSOutput DomainLocationArray 中的各个域坐标。例如，当 SV_TessFactor[0]=2.0f、SV_TessFactor[1]=4.0f、SV_TessFactor[2]=2.0f、SV_TessFactor[3]=4.0f、SV_InsideTessFactor[0]=4.0f、SV_InsideTessFactor[1]= 5.0f 且 partitioning 为"integer"时，细分产生的域坐标如图 5-14 所示。

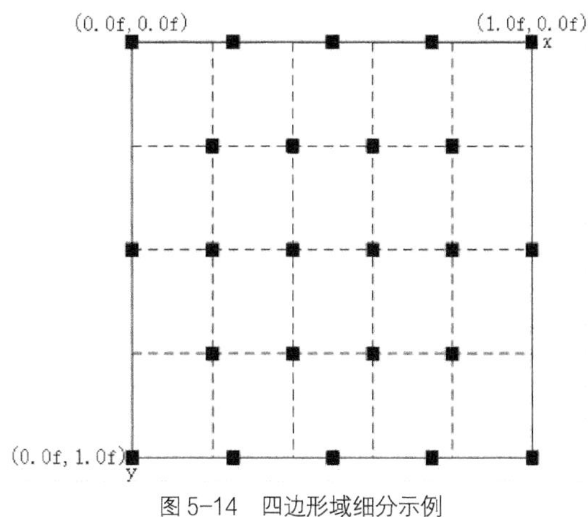

图 5-14 四边形域细分示例

如果输出拓扑类型为点列表，那么以上域坐标在 TSOutputDomainLocationArray 中的顺序是任意的（显然，这并不会对结果造成任何影响）。如果输出拓扑类型为顺时针三角形条带或逆时针三角形条带，那么以上域坐标在 TSOutputDomainLocationArray 中的顺序是完全由显示适配器决定的。但是一定保证所有的三角形恰好将整个四边形域覆盖，在必要时会重启动条带（见 2.4.1 节），并且所有的三角形的环绕方向（见 2.4.1 节）在域坐标系中都是顺时针或逆时针的。

3. 三角形域

三角形域支持点列表、顺时针三角形条带（"triangle_cw"）和逆时针三角形条带（"triangle_

ccw"）3 种输出拓扑类型。面片常量阶段输出的结构体 OUTPATCH_CONSTANT 中应当包含 float[3]类型的 SV_TessFactor 成员和 float[1]类型的 SV_InsideTessFactor 成员来定义细分阶段的行为。三角形域的细分在以下的坐标系中进行，如图 5-15 所示。

根据高中数学中向量的相关知识可知，对于平面上的任意一点 P，一定有 **OP**=x**OX**+y**OY**+z**OZ**，其中，x+y+z=1 且 x、y 和 z 有唯一解。

例如，当 SV_TessFactor[0]=2.0f、SV_TessFactor[1]=3.0f、SV_TessFactor[2]=4.0f、SV_InsideTessFactor[0]=5.0f 且 partitioning 为"integer"时，细分产生的域坐标如图 5-16 所示。

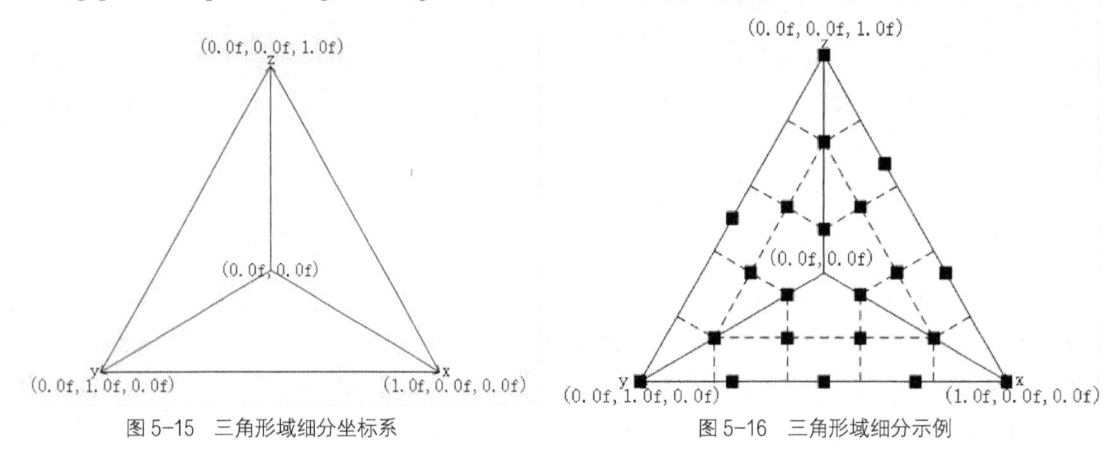

图 5-15　三角形域细分坐标系　　图 5-16　三角形域细分示例

如果输出拓扑类型为点列表，那么以上域坐标在 TSOutputDomainLocationArray 中的顺序是任意的（显然，这并不会对结果造成任何影响）。如果输出拓扑类型为顺时针三角形条带或逆时针三角形条带，那么以上域坐标在 TSOutputDomainLocationArray 中的顺序是完全由显示适配器决定的。但是一定保证所有的三角形恰好将整个三角形域覆盖，在必要时会重启动条带（见 2.4.1 节），并且所有的三角形的环绕方向（见 2.4.1 节）在域坐标系中都是顺时针或逆时针的。

在对每一个外壳着色器输出的 HS_OUT 都进行了一次细分后，图形流水线得到了以下两个数组：list<SV_DomainLocation> TSOutputDomainLocationArray [ ] 和 list<PrimitiveType> TSOutputPrimitive Array[ ]（数组的大小与 HSInputPatchArray 相同）。也就是说，每一个 HS_OUT 都对应于两个数组 list<SV_DomainLocation> TSOutputDomainLocationArray 和 list<PrimitiveType> TSOutputPrimitiveArray。

5.3.3　域着色器阶段

图形流水线对每一个外壳着色器输出的 HS_OUT 都执行一次域着色器。每次执行域着色器时，图形流水线会将 HS_OUT 和其在 list<SV_DomainLocation> TSOutputDomainLocation Array [ ]中所对应的 list<SV_DomainLocation> TSOutputDomainLocationArray 输入到域着色器。域着色器在每次执行后都会输出一系列表示顶点的结构体，在伪代码中，我们将表示顶点的结构体记作 Vertex_DS_OUT，并将域着色器的输出记作 list<Vertex_DS_OUT>DSOutputVertex Array（数组的大小与 TSOutputDomainLocationArray 相同）。

正如 5.3 节中所述，在启用了细分阶段的条件下，顶点着色器的输出 Vertex_VS_OUT 中不应当包含 SV_POSITION 成员，而应当在域着色器的输出 Vertex_DS_OUT 中包含（当然，如果还启用了几何着色器阶段，那么应当在几何着色器的输出 Vertex_GS_OUT（见 5.2 节）中包含）。

图形流水线在每次执行域着色器时，会对 TSOutputDomainLocationArray 中的每一个域坐标 SV_DomainLocation 调用一次域着色器的入口点函数。在每次调用域着色器的入口点函数时，图形流水线会将 HS_OUT 和域坐标在 TSOutputDomainLocationArray 中所对应的 SV_DomainLocation 输入到域着色器的入口点函数。域着色器的入口点函数在每次执行后后会输出一个 Vertex_DS_OUT，图形流水线会将该值添加到 DSOutputVertexArray 中。

在对每一个域坐标都调用了一次域着色器的入口点函数后，域着色器输出了一个数组 list<Vertex_DS_OUT> DSOutputVertexArray（数组的大小与 TSOutputDomainLocationArray 相同）。对每一个外壳着色器输出的 HS_OUT 都执行了一次域着色器后，图形流水线得到了一个数组 list<Vertex_DS_OUT> DSOutputVertexArray[ ]（数组大小与 TSOutputPrimitiveArray 相同）。随后图形流水线将细分阶段产生的 list<PrimitiveType> TSOutputPrimitiveArray[ ]和域着色器阶段产生的 list<Vertex_DS_OUT> DSOutputVertexArray[ ]输入到光栅化阶段。

值得注意的是，三角形在光栅化阶段的环绕方向（见 2.4.1 节）是由域着色器输出的 Vertex_DS_OUT 中的 SV_POSITION 成员决定的，与三角形在域坐标系（见 5.3.2 节）中的环绕方向不一定相同。

5.3.4 小结

细分主要用于绘制曲线和曲面，例如，我们可以用细分阶段绘制一个圆，不妨在 2.4.2 节的基础上将 VS.hlsl 中的代码修改如下。

```
#include"GRS.hlsli"

struct Vertex_IA_OUT
{
    uint vid : SV_VERTEXID;
    uint iid : SV_INSTANCEID;
};

struct Vertex_VS_OUT//应当与外壳着色器中一致
{
    float2 pos : UserPos0;
};

[RootSignature(GRS)]
Vertex_VS_OUT main(Vertex_IA_OUT vertex)
{
    //在后文中我们会调用 DrawInstanced(1,1,0,0)进行绘制
    Vertex_VS_OUT rtval;
    rtval.pos = float2(0.0f, 0.0f);
    //定义圆心的位置
    if (vertex.iid == 0)
    {
```

```
            if (vertex.vid == 0)
            {
                  rtval.pos = float2(-0.25f, 0.0f);
            }
      }
      return rtval;
}
```

1. 创建外壳着色器的源文件 HS.hlsl

与顶点着色器和像素着色器的情形类似，只不过我们在“Visual C++”→“HLSL”中选择“外壳着色器(.hlsl)”，并将名称设置为“HS.hlsl”。

同样地，选择“配置”中的“所有配置”和“平台”中的“所有平台”，在“HLSL 编译器”→“常规”中，将“着色器模型”设置为“5.1”，在“HLSL 编译器”→“输出文件”中，将“对象文件名”设置为“$(LocalDebuggerWorkingDirectory)% (Filename).cso”，删去 HS.hlsl 中自动生成的代码并添加以下代码。

```
#include"GRS.hlsli"

struct Vertex_VS_OUT//应当与顶点着色器中一致
{
      float2 pos : UserPos0;
};

struct ControlPoint//应当与域着色器中一致
{
      float2 pos : UserPos0;
};

[RootSignature(GRS)]
[outputcontrolpoints(2)]//即 HS_OUT 中的 OutputPatch 中的 OutPatchLength（见 5.3.1 节）
[patchconstantfunc("main2")]//定义了面片常量函数，控制点函数和面片常量函数是并发执行的（见 5.3.1 节）
[domain("isoline")]//细分阶段的域类型（见 5.3.2 节）
[outputtopology("line")]//细分阶段的输出拓扑类型（见 5.3.2 节）
[partitioning("integer")]//细分阶段的分区类型（见 5.3.2 节）
ControlPoint//即 HS_OUT 中的 OutputPatch 中的 ControlPoint（见 5.3.1 节）
      main(//控制点函数
            InputPatch<Vertex_VS_OUT, 1> inputpatch//即 HS_IN 中的 InputPatch（见 5.3.1 节）
            //, uint pid : SV_PRIMITIVEID //即 HS_IN 中的 SV_PRIMITIVEID（见 5.3.1 节），实际上这个值是可选的，如果外壳着色器不使用这个值，那么图形流水线也不会将该值输入到外壳着色器
            , uint i : SV_OutputControlPointID//图形流水线会执行 OutPatchLength 次控制点函数，SV_OUTPUTCONTROLPOINTID 即执行的次数（见 5.3.1 节）
            )
{
      ControlPoint rtval;
      rtval.pos = float2(0.0f, 0.0f);
      //假定圆的半径为 0.125f，根据圆心的位置确定直径的位置
      if (i == 0)
      {
            rtval.pos.x = inputpatch[0].pos.x - 0.125f;
            rtval.pos.y = inputpatch[0].pos.y;
      }
      else if (i == 1)
      {
            rtval.pos.x = inputpatch[0].pos.x + 0.125f;
```

```
            rtval.pos.y = inputpatch[0].pos.y;
        }           ;
        return rtval;
}

struct OUTPATCH_CONSTANT//应当与域着色器中一致
{
        float edge[2] : SV_TessFactor;//细分阶段的细分因子（见 5.3.2 节）
        //等值线域中并没有内部细分因子（SV_InsideTessFactor）（见 5.3.2 节）
};

OUTPATCH_CONSTANT//即 HS_OUT 中的 OUTPATCH_CONSTANT（见 5.3.1 节）
main2(//面片常量函数
        InputPatch<Vertex_VS_OUT,1> inputpatch//即 HS_IN 中的 InputPatch（见 5.3.1 节）
        //, uint pid : SV_PRIMITIVEID //即 HS_IN 中的 SV_PRIMITIVEID（见 5.3.1 节），实际上这个值
是可选的，如果外壳着色器不使用这个值，那么图形流水线也不会将该值输入到外壳着色器
        )
{
        OUTPATCH_CONSTANT rtval;
        rtval.edge[0] = 1.0f;
        rtval.edge[1] = 32.0f;//一般而言，该值越大，产生的域坐标就越多，绘制的曲线也就越平滑，当然，
还可以结合 MSAA（见 4.4.2 节）
        return rtval;
}
```

2. 创建域着色器的源文件 DS.hlsl

与顶点着色器和像素着色器的情形类似，只不过我们在“Visual C++”→“HLSL”中选择“域着色器（.hlsl）”，并将名称设置为“DS.hlsl”。

同样地，选择“配置”中的“所有配置”和“平台”中的“所有平台”，在“HLSL 编译器”→“常规”中，将“着色器模型”设置为“5.1”，在“HLSL 编译器”→“输出文件”中，将“对象文件名”设置为“$(LocalDebuggerWorkingDirectory)% (Filename).cso”，删去 DS.hlsl 中自动生成的代码并添加以下代码。

```
#include"GRS.hlsli"

struct ControlPoint//应当与外壳着色器中一致
{
        float2 pos : UserPos0;
};

struct OUTPATCH_CONSTANT//应当与外壳着色器中一致
{
        float edge[2] : SV_TessFactor;
};

struct Vertex_DS_OUT//应当与像素着色器中一致
{
        float4 pos : SV_POSITION;
};

[RootSignature(GRS)]
[domain("isoline")]//细分阶段的域类型（见 5.3.2 节），应当与外壳着色器中一致
Vertex_DS_OUT
        main(
            const OutputPatch<ControlPoint, 2> outputpatch//即 HS_OUT 中的 OutputPatch（见
5.3.1 节），应当与外壳着色器中一致，其中，OutPatchLength 在 HS.hlsl 中用 outputcontrolpoints(2)定义
```

```
          , OUTPATCH_CONSTANT outputpatchconstant//即 HS_OUT 中的 OUTPATCH_CONSTANT（见
5.3.1 节），应当与外壳着色器中一致
          , float2 domloc:SV_DomainLocation//即 TSOutputDomainLocationArray 中的域坐标（见
5.3.3 节）
          )
{
    float2 center;//圆心
    center.x = (outputpatch[0].pos.x + outputpatch[1].pos.x) / 2;
    center.y = (outputpatch[0].pos.y + outputpatch[1].pos.y) / 2;
    float radius;//半径
    radius = distance(outputpatch[0].pos, outputpatch[1].pos);//distance 是 HLSL 的内置函数

    //根据 5.3.2 节可知，TSOutputDomainLocationArray 中的各个域坐标的 x 分量为：
0/32,1/32,2/32,...,31/32,32/32，在逻辑上即相当于用 32 个线段近似表示圆
    float sin;
    float cos;
    sincos(6.28f*domloc.x, sin, cos);//sincos 是 HLSL 的内置函数，6.28f 即 2π

    Vertex_DS_OUT rtval;
    rtval.pos = float4(center.x + radius*cos, center.y + radius*sin, 0.5f, 1.0f);
    return rtval;
}
```

将 PS.hlsl 中的代码修改为如下。

```
#include"GRS.hlsli"

struct Vertex_DS_OUT//应当与域着色器中一致
{
    float4 pos : SV_POSITION;
};

struct Pixel_PS_OUT
{
    float4 color : SV_TARGET0;
};

[RootSignature(GRS)]
Pixel_PS_OUT main(Vertex_DS_OUT pixel)
{
    Pixel_PS_OUT rtval;
    rtval.color = float4(1.0f, 1.0f, 1.0f, 1.0f);//白色
    return rtval;
}
```

将 rendermain.cpp 进行以下修改。

```
//加载外壳着色器和域着色器字节码
HANDLE hHSFile = CreateFileW(L"HS.cso", GENERIC_READ, FILE_SHARE_READ, NULL, OPEN_EXISTING,
FILE_ATTRIBUTE_NORMAL, NULL);
LARGE_INTEGER szHSSize;
GetFileSizeEx(hHSFile, &szHSSize);
HANDLE hHSSection = CreateFileMappingW(hHSFile, NULL, PAGE_READONLY, 0, szHSSize.LowPart,
NULL);
void *pHSFile = MapViewOfFile(hHSSection, FILE_MAP_READ, 0, 0, szHSSize.LowPart);

HANDLE hDSFile = CreateFileW(L"DS.cso", GENERIC_READ, FILE_SHARE_READ, NULL, OPEN_EXISTING,
FILE_ATTRIBUTE_NORMAL, NULL);
```

```
LARGE_INTEGER szDSSize;
GetFileSizeEx(hDSFile, &szDSSize);
HANDLE hDSSection = CreateFileMappingW(hDSFile, NULL, PAGE_READONLY, 0, szDSSize.LowPart, NULL);
void *pDSFile = MapViewOfFile(hDSSection, FILE_MAP_READ, 0, 0, szDSSize.LowPart);

//设置 D3D12_GRAPHICS_PIPELINE_STATE_DESC 结构体中的相关成员（见 2.4.2 节）
psoDesc.PrimitiveTopologyType = D3D12_PRIMITIVE_TOPOLOGY_TYPE_PATCH;
psoDesc.HS.pShaderBytecode = pHSFile;
psoDesc.HS.BytecodeLength = szHSSize.LowPart;
psoDesc.DS.pShaderBytecode = pDSFile;
psoDesc.DS.BytecodeLength = szDSSize.LowPart;

//释放外壳着色器和域着色器字节码
UnmapViewOfFile(pHSFile);
CloseHandle(hHSSection);
CloseHandle(hHSFile);

UnmapViewOfFile(pDSFile);
CloseHandle(hDSSection);
CloseHandle(hDSFile);

//修改命令列表中的相关命令
pDirectCommandList->IASetPrimitiveTopology(D3D_PRIMITIVE_TOPOLOGY_1_CONTROL_POINT_PATC
HLIST); //应当与 HS_IN 中的 InputPatch 中的 InputPatchLength 一致（见 5.3.1 节）
pDirectCommandList->DrawInstanced(1, 1, 0, 0);
```

再次调试我们的程序，可以看到如图 5-17 所示的运行结果。

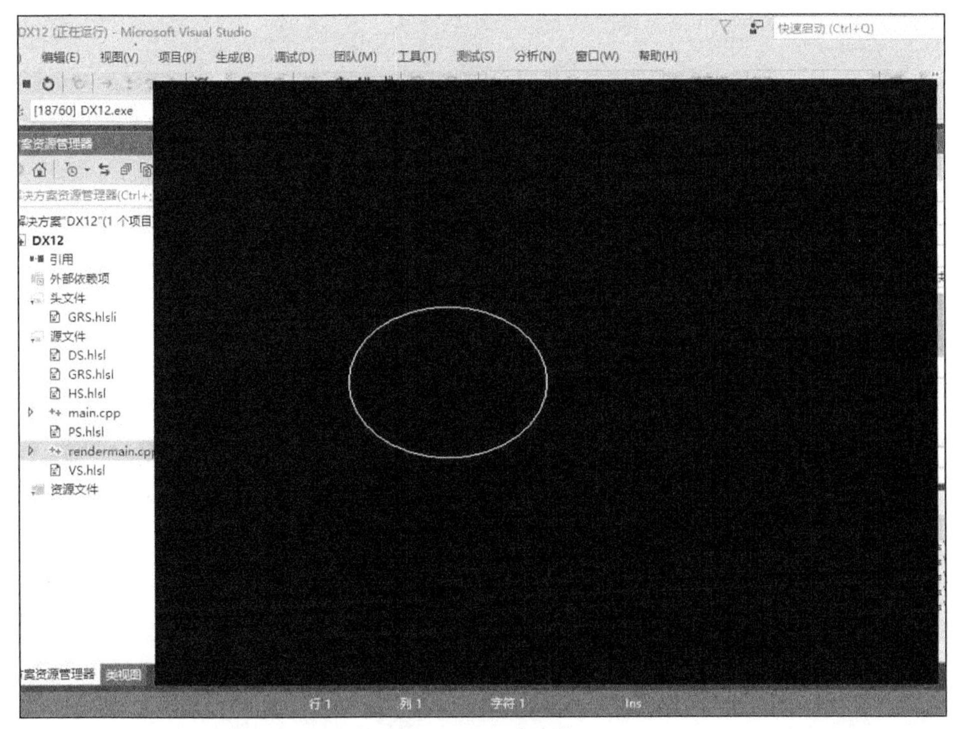

图 5-17 细分阶段

章末小结

本章对 Direct3D 12 中的图形流水线中的高级功能进行了详细的介绍，分别介绍了输出混合阶段、几何着色器阶段和细分阶段。

第6章　计算流水线

当 GPU 线程执行命令列表中的 Dispatch 命令时，会启动一个计算流水线，相对于图形流水线（见 2.4.1 节）而言，计算流水线要简单得多，如图 6-1 所示。

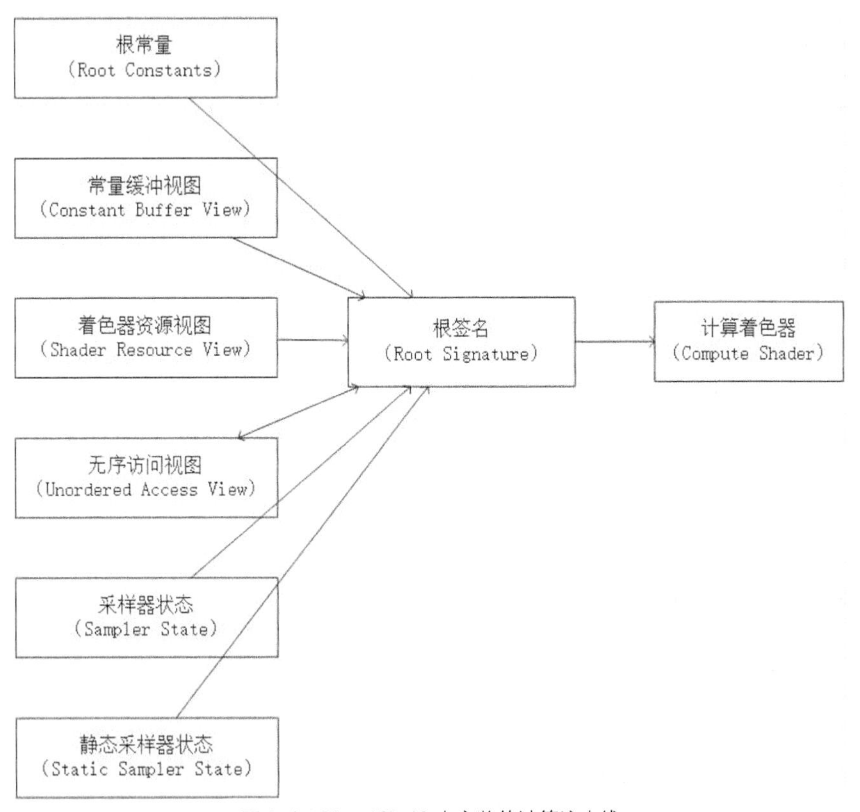

图 6-1　Direct3D 12 中完整的计算流水线

6.1 计算流水线状态

正如 2.4.1 节所述，GPU 线程会为命令列表的每次执行维护一个状态集合，其中，也包含计算流水线的各个状态。在此，我们总结如下：GPU 线程为命令列表的每次执行维护的状态集合由 4 个部分构成，分别为当前描述符堆（见 4.5.4 节）、图形流水线状态（见 2.4.1 节）、计算流水线状态和谓词（本书会在第 7 章中对谓词进行介绍）。

计算流水线状态主要由两个部分构成：根签名和计算流水线状态对象。接下来，我们分别对这两个部分进行介绍。

1. 根签名

计算流水线中的根签名在结构上与图形流水线中的根签名（见 2.4.2 节）几乎没有区别，只是对应于 GPU 线程，为命令列表的每次执行维护的状态集合中的不同状态。

计算流水线的根签名中的根标志（见 2.4.2.3 节）和所有根形参和静态采样器状态的 visibility 属性（见 4.5.5 节）没有意义。

计算流水线的根签名用 ID3D12GraphicsCommandList 接口的 SetComputeRootSignature 方法设置；图形流水线的根签名用 ID3D12GraphicsCommandList 接口的 SetGraphicsRootSignature 方法设置（见 2.4.2 节）。

计算流水线的根签名中的各个值用 ID3D12GraphicsCommandList 接口的 SetComputeRoot32 BitConstant、SetComputeRoot32BitConstants、SetComputeRootConstantBufferView、SetComputeRoot ShaderResourceView、SetComputeRootUnorderedAccessView 和 SetComputeRootDescriptorTable 方法设置；图形流水线的根签名中的各个值用 ID3D12GraphicsCommandList 接口的 SetGraphicsRoot32 BitConstant、SetGraphicsRoot32BitConstants、SetGraphicsRootConstantBuffer View、SetGraphicsRoot ShaderResourceView、SetGraphicsRootUnorderedAccessView 和 SetGraphics RootDescriptorTable 方法设置（见 4.5.5 节）。

计算着色器中的 HLSL 对象对应到计算流水线中的根签名中的值的方式与图形流水线中的情形相同（见 4.5.5 节），在此不再赘述。计算着色器中可用的 HLSL 对象可分为以下 4 类。

（1）cbuffer 着色器只读，对应于根常量，根常量缓冲视图或常量缓冲视图区间。

（2）Buffer<T>、ByteAddressBuffer、StructuredBuffer<T>、Texture1D<T>、Texture1DArray<T>、Texture2D<T>、Texture2DArray<T>、Texture3D<T>、Texture2DMS<T>和 Texture2DMSArray<T> 着色器只读，对应于着色器资源视图（如果是 ByteAddressBuffer 或 StructuredBuffer<T>，那么还可以对应于根着色器资源视图）。

（3）RWBuffer<T>、RWByteAddressBuffer、RWStructuredBuffer<T>、RWTexture1D<T>、RWTexture1 DArray<T>、RWTexture2D<T>、RWTexture2DArray<T>和 RWTexture3D<T> 着色器可写，对应于无序访问资源视图区间（如果是 RWByteAddressBuffer 或 RWStructuredBuffer<T>，那么还可对应于根无序访问资源视图）。

（4）SamplerState 着色器只读，对应于采样器状态区间或静态采样器状态。

本书在 4.5.5 节中已经对其中的 cbuffer、Texture2D<T>和 SamplerState 进行了详细的介绍。

2. 计算流水线状态对象

可以用 ID3D12Device 接口的 CreateComputePipelineState 方法创建计算流水线状态对象，该方法的原型如下。

```
HRESULT STDMETHODCALLTYPE CreateComputePipelineState(
    const D3D12_COMPUTE_PIPELINE_STATE_DESC *pDesc,//[In]
    REFIID riid, //[In]
    void **ppvObject//[Out]
    )
```

（1）pDesc

应用程序需要填充一个 D3D12_COMPUTE_PIPELINE_STATE_DESC 来描述所要创建的计算流水线状态的属性，该结构体的定义如下。

```
struct D3D12_COMPUTE_PIPELINE_STATE_DESC
{
    ID3D12RootSignature *pRootSignature;
    D3D12_SHADER_BYTECODE CS;
    UINT NodeMask;
    D3D12_CACHED_PIPELINE_STATE CachedPSO;
    D3D12_PIPELINE_STATE_FLAGS Flags;
}
```

- pRootSignature

正如上文所述，计算流水线的根签名通过 SetComputeRootSignature 设置，此处的 pRootSignature 仅用于有效性检查。

- CS

表示着色器的字节码，是一个 D3D12_SHADER_BYTECODE 结构体，该结构体的 pShaderBytecode 成员表示系统内存中的着色器的字节码的首地址，BytecodeLength 成员表示系统内存中的着色器字节码的大小。

- NodeMask

支持多 GPU 节点适配器，一般都设置为 0X1，表示第一个 GPU 节点。

- CachedPSO

缓存的计算流水线状态对象，暂且将 pCachedBlob 设置为 NULL，CachedBlobSizeInBytes 设置为 0，表示不使用缓存的计算流水线状态对象。

- Flags

一般设置为 D3D12_PIPELINE_STATE_FLAG_NONE。

（2）riid 和 ppvObject

MSDN 上的 Direct3D 官方文档指出：计算流水线状态对象支持 ID3D12PipelineState 接口，可以使用 IID_PPV_ARGS 宏。

在完成了计算流水线状态对象的创建后，设置计算流水线的计算流水线状态对象的方法共有以下两种：在创建命令列表时，可以在 ID3D12Device:: CreateCommandList 的 pInitialState 中传入计算流水线状态对象，初始化计算流水线的计算流水线状态对象，这种方式效率相对较高；可以在命令列表中添加 SetPipelineState 命令改变计算流水线的计算流水线状态对象：pDirectCommand List->SetPipelineState(pComputePipelineState);。

值得注意的是，计算流水线的计算流水线状态对象、图形流水线的图形流水线状态对象对应于 GPU 线程为命令列表的每次执行维护的状态集合中的同一个状态，用同一个命令 SetPipelineState 设置。也就是说，如果设置为计算流水线状态对象，那么只能执行 Dispatch 命令；如果设置为图形流水线状态对象，那么只能执行 DrawInstanced 或 DrawIndexedInstanced 命令。

6.2 计算流水线启动

可以调用 ID3D12GraphicsCommandList 接口的 Dispatch 方法在命令列表中添加 Dispatch 命令，该方法的原型如下。

```
void STDMETHODCALLTYPE Dispatch(
            UINT GroupCountX,//[In]
            UINT GroupCountY, //[In]
            UINT GroupCountZ//[In]
            )
```

当 GPU 线程执行该命令时，会产生 GroupCountX* GroupCountY* GroupCountZ 个组，组 ID（uint3 SV_GroupID）唯一标识了每个组，取值范围为[0, GroupCountX]×[0, GroupCountY]×[0, GroupCountZ]。

计算流水线对其中的每个组都执行一次计算着色器。计算着色器的字节码中用 numthreads (uint3(GroupThreadCountX, GroupThreadCountY, Group ThreadCountZ)）定义了每个组中的线程个数，组线程 ID（uint3 SV_GroupThreadID）唯一标识了组中的每个线程，取值范围为[0, GroupThreadCountX]×[0, GroupThreadCountY]×[0, GroupThreadCountZ]。值得注意的是，计算流水线中的“线程”和 3.1 节中命令队列唯一对应的 GPU“线程”是两个完全不同的概念。

计算流水线在每次执行计算着色器时，会对组中的每个线程都调用一次计算着色器的入口点函数。在每次调用计算着色器的入口点函数时，计算流水线会将 SV_GroupID、SV_GroupThreadID、SV_GroupIndex、SV_DispatchThreadID 输入到计算着色器的入口点函数。

SV_GroupID 和 SV_GroupThreadID 即上文中所述的组 ID 和组线程 ID。组内索引（uint SV_GroupIndex）是将组线程 ID 一维化，SV_GroupIndex 被定义为 numthreads.x*numthreads.y*SV_GroupThreadID.z+numthreads.x*SV_GroupThreadID.y+SV_GroupThreadID.x。调度线程 ID（uint3 SV_DispatchThreadID）是将组 ID 和组线程 ID 结合，唯一标识了在一次 Dispatch 命令的执行中产生的每一个线程，SV_DispatchThreadID 被定义为 uint3(numthreads.x*SV_GroupID.x+SV_Group ThreadID.x, numthreads.y*SV_GroupID.y+SV_GroupThreadID.y, numthreads.z*SV_GroupID.z+SV_ GroupThreadID.z)。

计算着色器中的变量分为 3 种类型：资源类型、组共享类型和局部类型。

（1）资源类型的变量即 4.5.5 节中介绍的用 register 关键字对应到根签名中的变量，被计算流水线中的所有组中的所有线程共享。

（2）组共享类型的变量用 groupshared 关键字在函数体外定义，对计算流水线中的每一个组都维护了一份独立的副本，被组中的所有线程共享。

（3）局部类型即在函数体内定义的变量，在每一个线程的线程栈中，只允许被一个线程访问。

可以用 HLSL 的内置函数 DeviceMemoryBarrier(WithGroupSync)、GroupMemoryBarrier(WithGroupSync)和 AllMemoryBarrier(WithGroupSync)对计算流水线中的多个线程对资源类型或组共享类型的变量的并发访问进行控制。值得注意的是，HLSL 中的“屏障”和 3.4 节中的资源“屏障”是两个完全不同的概念。

在面向 CPU 编程时，CPU 高速缓存一定是相干的，即一个 CPU 核心对内存的写入一定可以立即被其他的 CPU 核心察觉到。但是，在面向 GPU 编程时，GPU 高速缓存并不一定是相干的。也就是说，一个 GPU 核心对内存的写入并不一定会立即被其他的 GPU 核心察觉到（具体的细节随着 GPU 的不同而不同，例如，不同的操作使用不同的 GPU 高速缓存，GPU 完成执行写入操作只是将数据写入到 GPU 高速缓存中，GPU 后续执行的读取操作将无法从内存中访问到相关的数据）。

在 HLSL 中，存放资源类型的变量的内存被称作设备内存，存放组共享类型的变量的内存被称作组内存。在计算流水线中的某个线程完成了对某个写入到设备内存或组内存的 HLSL 语句的执行后，相关的数据可能需要被同步后才能被计算流水线中的其他线程读取到。

（1）DeviceMemoryBarrier 会使主调线程等待，直到写入到设备内存中的数据都从缓存中同步到了内存中为止。

（2）GroupMemoryBarrier 会使主调线程等待，直到写入到组内存的数据都从缓存中同步到了内存中为止。

（3）AllMemoryBarrier 会使主调线程等待，直到写入到所有内存（即设备内存和组内存）的数据都从缓存中同步到了内存中为止。

在以上基础上，带 WithGroupSync 后缀的函数还可用于计算流水线中同一组中的不同线程间的同步，这样会使主调线程等待，直到数据从缓存中同步到了内存中，并且主调线程所在的组中的其他所有线程都完成了对同样带 WithGroupSync 后缀的函数的调用为止。

6.3 无序访问资源视图

正如 6.1 节中所述，计算着色器中可用的读写缓冲对象 RWBuffer<T>对应于无序访问资源视图区间。接下来，我们对读写缓冲对象 RWBuffer<T>进行介绍，读者可以通过类比很容易地理解其他 HLSL 对象的用法，在此不再赘述。

读写缓冲对象 RWBuffer<T>在逻辑上可以看作是一个由数据类型为 T 的元素构成的一维数组，显然，数据类型 T 应当与无序访问资源视图中的格式匹配，但是匹配规则却是模糊不清的。在 MSDN 上的 Direct3D 官方文档中并没有明确的定义，在此，我们仅指出，在 T 为 float 的情况下，无序访问资源视图中的格式为 DXGI_FORMAT_R32_FLOAT 是匹配的。可以用读写缓冲对象 RWBuffer<T>提供的 Operator[]方法访问写缓冲对象中的某个元素的值，该方法的原型如下。

```
T Operator[](
```

```
    uint pos//[In]
);
```

pos 是读写缓冲对象中的索引，唯一标识了读写缓冲对象中的某个元素。

显然，我们需要创建一个描述符堆，并在其中定位构造一个无序访问资源视图。无序访问资源视图定义了缓冲中的一块连续的区域，可以用 ID3D12Device 接口的 CreateUnorderedAccessView 方法在描述符堆中定位构造无序访问资源视图，该方法的原型如下。

```
void STDMETHODCALLTYPE CreateUnorderedAccessView(
                        ID3D12Resource *pResource,//[In,opt]
                        ID3D12Resource *pCounterResource,//[In,opt]
                        const D3D12_UNORDERED_ACCESS_VIEW_DESC *pDesc, //[In,opt]
                        D3D12_CPU_DESCRIPTOR_HANDLE DestDescriptor)//[In]
                        )
```

1. pResource

无序访问资源视图的底层的资源。

2. pCounterResource

适用于 RWStructuredBuffer，在此暂且设置为 NULL。

3. pDesc

应用程序需要填充一个 D3D12_UNORDERED_ACCESS_VIEW_DESC 来描述所要定位构造的无序访问资源视图的属性，该结构体的定义如下。

```
struct D3D12_UNORDERED_ACCESS_VIEW_DESC
{
    DXGI_FORMAT Format;
    D3D12_UAV_DIMENSION ViewDimension;
    union
    {
        D3D12_BUFFER_UAV Buffer;
        D3D12_TEX1D_UAV Texture1D;
        D3D12_TEX1D_ARRAY_UAV Texture1DArray;
        D3D12_TEX2D_UAV Texture2D;
        D3D12_TEX2D_ARRAY_UAV Texture2DArray;
        D3D12_TEX3D_UAV Texture3D;
    };
}
```

（1）Format

正如上文所述，应当与读写缓冲对象 RWBuffer<T>中的 T 一致。

（2）ViewDimension

表示 HLSL 对象的类型，读写缓冲对象应当设置为 D3D12_UAV_DIMENSION_BUFFER。

（3）Buffer

根据 ViewDimension 的不同，使用联合体中的不同成员。显然，在此应当使用 Buffer 成员，该成员又是一个 D3D12_BUFFER_UAV 结构体，该结构体的定义如下。

```
struct D3D12_BUFFER_UAV
{
    UINT64 FirstElement;
    UINT NumElements;
    UINT StructureByteStride;
    UINT64 CounterOffsetInBytes;
    D3D12_BUFFER_UAV_FLAGS Flags;
}
```

- FirstElement

定义了的无序访问资源视图在底层的缓冲资源中的首地址，即 sizeof(T)* FirstElement。

- NumElements

定义了的无序访问资源视图的大小，即 sizeof(T)* NumElements。

- StructureByteStride

适用于 RWStructuredBuffer，在此暂且设置为 0。

- CounterOffsetInBytes;

适用于 RWStructuredBuffer，在此暂且设置为 0。

- Flags

进一步明确 HLSL 对象的类型。

D3D12_BUFFER_UAV_FLAG_NONE 表示 HLSL 对象的类型为 RWBuffer<T>或 RWStructured Buffer<T>。

D3D12_BUFFER_UAV_FLAG_RAW 表示 HLSL 对象的类型为 RWByteAddressBuffer。

4. DestDescriptor

CPU 描述符句柄，用于指定描述符堆中的位置。

当 GPU 线程在直接命令队列或计算命令队列上执行 Dispatch 命令时，作为无序访问资源视图的子资源对图形/计算类的权限必须有可作为无序访问（D3D12_RESOURCE_STATE_UNORDERED_ACCESS，见 3.4.1 节）。正如 4.2.3 节中所述，只有设置了 D3D12_RESOURCE_FLAG_ALLOW_UNORDERED_ACCESS 标志的资源中的子资源才允许对图形/计算类的权限有可作为无序访问。

6.4 二次贝塞尔曲线

二次贝塞尔曲线是由 3 个控制点定义的曲线。

设 3 个控制点的坐标为 $P_0(x_0,y_0)$、$P_1(x_1,y_1)$和 $P_2(x_2,y_2)$，对二次贝塞尔曲线上任意一点 P，有 $\mathbf{OP}=(1-t)^2\mathbf{OP_0}+2(1-t)t\mathbf{OP_1}+t^2\mathbf{OP_2}$（0.0f<=t<=1.0f）。一般而言，t 的间隔越小，产生的顶点就越多，绘制的曲线也就越平滑。

根据该表达式可知，当 t=0.0f 时，$\mathbf{OP}=\mathbf{OP_0}$，当 t=1.0f 时，$\mathbf{OP}=\mathbf{OP_2}$。也就是说，$\mathbf{P_0}$ 和 $\mathbf{P_2}$ 在二次贝塞尔曲线上，实际上，$\mathbf{P_0}$ 和 $\mathbf{P_2}$ 就是二次贝塞尔曲线的两个端点。

接下来，我们用计算着色器计算得到二次贝塞尔曲线上的各个顶点的坐标，不妨在 2.1.2 节的基础上进行修改。创建计算流水线的根签名的头文件 CRS.hlsli，与创建图形流水线的根签名的头文件 GRS.hlsli 的情形类似，只不过将名称设置为“CRS.hlsli”。在 CRS.hlsli 中添加以下代码。

```
#define CRS "\
RootConstants(b0,space=0,num32BitConstants=7),\        //对应于计算着色器中的 cbuffer
DescriptorTable(UAV(u0,space=0,NumDescriptors=1))"     //对应于计算着色器中的 RWBuffer<T>
```

创建计算流水线的根签名的源文件 CRS.hlsl，与创建图形流水线的根签名的源文件 GRS.hlsl 的情形类似，只不过将名称设置为“CRS.hlsl”。

同样地，选择“配置”中的“所有配置”和“平台”中的“所有平台”，在“HLSL 编译器”→“常规”中，将“入口点名称”设置为之前在#define 中定义的根签名对象名“CRS”，“着色器类型”设置为“生成根签名对象”，“着色器模型”设置为“/rootsig_1_0”，在“HLSL 编译器”→“输出文件”中，将“对象文件名”设置为“$(LocalDebuggerWorkingDirectory)% (Filename).cso”。在 CRS.hlsl 中添加以下代码。

```
#include "CRS.hlsli"
```

创建计算着色器的源文件 CS.hlsl，与顶点着色器和像素着色器的情形类似，只不过我们在“Visual C++”→“HLSL”中选择“计算着色器（.hlsl）”，并将“名称”设置为“CS.hlsl”。

同样地，选择“配置”中的“所有配置”和“平台”中的“所有平台”，在“HLSL 编译器”→“常规”中，将“着色器模型”设置为“5.1”，在“HLSL 编译器”→“输出文件”中，将“对象文件名”设置为“$(LocalDebuggerWorkingDirectory)% (Filename).cso”。删去 CS.hlsl 中自动生成的代码，并添加以下代码。

```
#include "CRS.hlsli"

cbuffer cb00 : register(b0, space0)
{
     float2 g_p0;
     float2 g_p1;
     float2 g_p2;
     float g_interval;
}

RWBuffer<float> BufferOut : register(u0,space0);

[RootSignature(CRS)]
[numthreads(1, 1, 1)]
void main(uint3 gid : SV_GroupID)
{
     // OP=(1-t)²OP₀+2(1-t)tOP₁+t²OP₂
     float t = g_interval*gid.x;//t
     float t_inv = 1.0f - t;//1-t
     BufferOut[2 * gid.x] = (t_inv*t_inv)*g_p0.x + (2 * t_inv*t)*g_p1.x + (t*t)*g_p2.x;//P
的坐标的 x 分量
     BufferOut[2 * gid.x + 1] = (t_inv*t_inv)*g_p0.y + (2 * t_inv*t)*g_p1.y + (t*t)*g_p2.y;
//P 的坐标的 y 分量
}
```

在 2.1.2 节的基础上在 rendermain.cpp 中添加以下代码。

```
//使用 DirectXMath 库
#include <DirectXMath.h>

//释放 DXGI 类厂
pDXGIFactory->Release();

//创建根签名
ID3D12RootSignature *pCRS;
{
    HANDLE hCRSFile = CreateFileW(L"CRS.cso", GENERIC_READ, FILE_SHARE_READ, NULL,
OPEN_EXISTING, FILE_ATTRIBUTE_NORMAL, NULL);
    LARGE_INTEGER szCRSFile;
    GetFileSizeEx(hCRSFile, &szCRSFile);
    HANDLE hCRSSection = CreateFileMappingW(hCRSFile, NULL, PAGE_READONLY, 0,
szCRSFile.LowPart, NULL);
    void *pCRSFile = MapViewOfFile(hCRSSection, FILE_MAP_READ, 0, 0, szCRSFile.LowPart);

    pD3D12Device->CreateRootSignature(0X1, pCRSFile, szCRSFile.LowPart, IID_PPV_ARGS(&pCRS));

    UnmapViewOfFile(pCRSFile);
    CloseHandle(hCRSSection);
    CloseHandle(hCRSFile);
}

//创建计算流水线状态对象
ID3D12PipelineState *pComputePipelineState;
{
    HANDLE hCSFile = CreateFileW(L"CS.cso", GENERIC_READ, FILE_SHARE_READ, NULL,
OPEN_EXISTING, FILE_ATTRIBUTE_NORMAL, NULL);
    LARGE_INTEGER szCSFile;
    GetFileSizeEx(hCSFile, &szCSFile);
    HANDLE hCSSection = CreateFileMappingW(hCSFile, NULL, PAGE_READONLY, 0,
szCSFile.LowPart, NULL);
    void *pCSFile = MapViewOfFile(hCSSection, FILE_MAP_READ, 0, 0, szCSFile.LowPart);

    D3D12_COMPUTE_PIPELINE_STATE_DESC psoDesc;

    psoDesc.pRootSignature = pCRS;

    psoDesc.CS.pShaderBytecode = pCSFile;
    psoDesc.CS.BytecodeLength = szCSFile.LowPart;

    psoDesc.NodeMask = 0X1;

    psoDesc.CachedPSO.pCachedBlob = NULL;
    psoDesc.CachedPSO.CachedBlobSizeInBytes = 0;

    psoDesc.Flags = D3D12_PIPELINE_STATE_FLAG_NONE;

    pD3D12Device->CreateComputePipelineState(&psoDesc, IID_PPV_ARGS(&pComputePipelineState));

    UnmapViewOfFile(pCSFile);
    CloseHandle(hCSSection);
    CloseHandle(hCSFile);
}


//创建自定义堆
ID3D12Heap *pCustomHeap;
{
    D3D12_HEAP_DESC heapdc;
    heapdc.SizeInBytes = D3D12_DEFAULT_RESOURCE_PLACEMENT_ALIGNMENT * 16; //只要足够存放
无序访问缓冲即可
    heapdc.Properties.Type = D3D12_HEAP_TYPE_CUSTOM;//使用自定义类型以绕过预定义类型的额外的
权限限制（见 4.2.2 节）
    heapdc.Properties.CPUPageProperty = D3D12_CPU_PAGE_PROPERTY_WRITE_BACK;
```

```
    heapdc.Properties.MemoryPoolPreference = D3D12_MEMORY_POOL_L0;
    heapdc.Properties.CreationNodeMask = 1;
    heapdc.Properties.VisibleNodeMask = 1;
    heapdc.Alignment = D3D12_DEFAULT_RESOURCE_PLACEMENT_ALIGNMENT;
    heapdc.Flags = D3D12_HEAP_FLAG_ALLOW_ONLY_BUFFERS;
    pD3D12Device->CreateHeap(&heapdc, IID_PPV_ARGS(&pCustomHeap));
}

//创建无序访问缓冲
ID3D12Resource *pUAVBuffer;
{
    D3D12_RESOURCE_DESC bufferdc;
    bufferdc.Dimension = D3D12_RESOURCE_DIMENSION_BUFFER;
    bufferdc.Alignment = D3D12_DEFAULT_RESOURCE_PLACEMENT_ALIGNMENT;
    bufferdc.Width = D3D12_DEFAULT_RESOURCE_PLACEMENT_ALIGNMENT * 16; //只要足够存放无序
访问缓冲即可
    bufferdc.Height = 1;
    bufferdc.DepthOrArraySize = 1;
    bufferdc.MipLevels = 1;
    bufferdc.Format = DXGI_FORMAT_UNKNOWN;
    bufferdc.SampleDesc.Count = 1;
    bufferdc.SampleDesc.Quality = 0;
    bufferdc.Layout = D3D12_TEXTURE_LAYOUT_ROW_MAJOR;
    bufferdc.Flags = D3D12_RESOURCE_FLAG_ALLOW_UNORDERED_ACCESS;//只有设置了该标志的资源中
的子资源才允许对图形/计算类的权限有可作为无序访问（见 4.2.3 节）
    pD3D12Device->CreatePlacedResource(pCustomHeap, 0, &bufferdc,
D3D12_RESOURCE_STATE_UNORDERED_ACCESS, NULL, IID_PPV_ARGS(&pUAVBuffer)); //正如 4.2.2 节
中所述，上传堆或回读堆中的资源在创建时，InitialState 参数必须设置为通用读或可作为复制宿，在这两种情况
下，对图形/计算类的权限为通用读或可作为复制宿，不包含可作为可作为无序访问（见 3.4.1 节），因此，必须使用
自定义类型的资源堆
}

//创建描述符堆
ID3D12DescriptorHeap *pCBVSRVUAVHeap;
{
    D3D12_DESCRIPTOR_HEAP_DESC CBVHeapDesc = { D3D12_DESCRIPTOR_HEAP_
TYPE_CBV_SRV_UAV ,1,D3D12_DESCRIPTOR_HEAP_FLAG_SHADER_VISIBLE,0X1 };
    pD3D12Device->CreateDescriptorHeap(&CBVHeapDesc, IID_PPV_ARGS(&pCBVSRVUAVHeap));
}

//定义无序访问资源视图在缓冲中的位置
UINT64 FirstFloat2 = 8U;
UINT32 NumFloat2 = 26U;

//定位构造无序访问资源视图
{
    D3D12_UNORDERED_ACCESS_VIEW_DESC uavdc;
    uavdc.Format = DXGI_FORMAT_R32_FLOAT;//应当与 HLSL 中的 RWBuffer<float>一致
    uavdc.ViewDimension = D3D12_UAV_DIMENSION_BUFFER;
    uavdc.Buffer.StructureByteStride = 0U;//RWStructuredBuffer
    uavdc.Buffer.CounterOffsetInBytes = 0U;//RWStructuredBuffer
    uavdc.Buffer.Flags = D3D12_BUFFER_UAV_FLAG_NONE;
    uavdc.Buffer.FirstElement = 2 * FirstFloat2;
    uavdc.Buffer.NumElements = 2 * NumFloat2;
    pD3D12Device->CreateUnorderedAccessView(pUAVBuffer, NULL, &uavdc,
pCBVSRVUAVHeap->GetCPUDescriptorHandleForHeapStart());
}

//正如 3.1.2 节中所述，为了充分利用硬件层面的并行性，应当在计算命令队列上执行 Dispatch 命令，因此我们
创建一个计算命令队列，一个计算命令分配器和一个计算命令列表

//创建计算命令队列
ID3D12CommandQueue *pComputeCommandQueue;
{
    D3D12_COMMAND_QUEUE_DESC cqdc;
```

```
    cqdc.Type = D3D12_COMMAND_LIST_TYPE_COMPUTE;//在这里我们创建一个计算命令队列
    cqdc.Priority = D3D12_COMMAND_QUEUE_PRIORITY_NORMAL;
    cqdc.Flags = D3D12_COMMAND_QUEUE_FLAG_NONE;
    cqdc.NodeMask = 0X1;
    pD3D12Device->CreateCommandQueue(&cqdc, IID_PPV_ARGS(&pComputeCommandQueue));
}

//创建计算命令分配器
ID3D12CommandAllocator *pComputeCommandAllocator;
pD3D12Device->CreateCommandAllocator(D3D12_COMMAND_LIST_TYPE_COMPUTE,
IID_PPV_ARGS(&pComputeCommandAllocator));

//创建计算命令列表
ID3D12GraphicsCommandList *pComputeCommandList;
pD3D12Device->CreateCommandList(0X1, D3D12_COMMAND_LIST_TYPE_COMPUTE,
pComputeCommandAllocator, NULL, IID_PPV_ARGS(&pComputeCommandList));

//用围栏和事件对象进行同步，以确定 GPU 完成计算的时机
ID3D12Fence *pComputeFence;
pD3D12Device->CreateFence(0U, D3D12_FENCE_FLAG_NONE, IID_PPV_ARGS(&pComputeFence));
HANDLE hEvent;
hEvent = CreateEventW(NULL, FALSE, FALSE, NULL);


//设置根签名
pComputeCommandList->SetComputeRootSignature(pCRS);
//设置计算流水线状态对象
pComputeCommandList->SetPipelineState(pComputePipelineState);

//cbuffer
union
{
    UINT32 ui;
    float f;
}value32bit;
//float2 g_p0;
value32bit.f = 0.25f;
pComputeCommandList->SetComputeRoot32BitConstant(0, value32bit.ui, 0);
value32bit.f = 0.25f;
pComputeCommandList->SetComputeRoot32BitConstant(0, value32bit.ui, 1);
//float2 g_p1;
value32bit.f = 0.5f;
pComputeCommandList->SetComputeRoot32BitConstant(0, value32bit.ui, 2);
value32bit.f = 0.75f;
pComputeCommandList->SetComputeRoot32BitConstant(0, value32bit.ui, 3);
//float2 g_p2;
value32bit.f = 0.75f;
pComputeCommandList->SetComputeRoot32BitConstant(0, value32bit.ui, 4);
value32bit.f = 0.75f;
pComputeCommandList->SetComputeRoot32BitConstant(0, value32bit.ui, 5);
//float g_interval;
value32bit.f = 1.0f / static_cast<float>(NumFloat2 - 1U);
pComputeCommandList->SetComputeRoot32BitConstant(0, value32bit.ui, 6);

//RWBuffer<T>
pComputeCommandList->SetDescriptorHeaps(1, &pCBVSRVUAVHeap);
pComputeCommandList->SetComputeRootDescriptorTable(1,
pCBVSRVUAVHeap->GetGPUDescriptorHandleForHeapStart());

pComputeCommandList->Dispatch(NumFloat2, 1, 1);

pComputeCommandList->Close();
```

```
pComputeCommandQueue->ExecuteCommandLists(1, reinterpret_cast<ID3D12CommandList
**>(&pComputeCommandList));

//在 ExecuteCommandLists 命令之后插入围栏
pComputeCommandQueue->Signal(pComputeFence, 1U);

//CPU 线程会等待
pComputeFence->SetEventOnCompletion(1U, hEvent);
WaitForSingleObject(hEvent, INFINITE);

//CPU 线程结束等待，表明 GPU 线程已经完成了对命令队列中的 ExecuteCommandLists 命令的执行，即完成了计
算（严格地说是完成了对 Signal 命令的执行）

//映射到 CPU 进程的虚拟地址空间中（见 4.3.1 节）
volatile DirectX::XMFLOAT2 *pVertexPos;
{
    void *p;
    D3D12_RANGE rdrg = { 8 * static_cast<SIZE_T>(FirstFloat2),8 * static_cast<SIZE_T>
(FirstFloat2 + NumFloat2) };
    pUAVBuffer->Map(0, &rdrg, &p);
    volatile UINT8 *UAVBufferData = static_cast<UINT8 *>(p);
    pVertexPos = reinterpret_cast<volatile DirectX::XMFLOAT2*>(UAVBufferData + 8 *
FirstFloat2);
}
//D3D12_RANGE wtrg = { 0, 0 }; pUAVBuffer->Unmap(0, &wtrg); //释放 CPU 进程的虚拟地址空间中
的相应的页（见 4.3.1 节）
```

在“return 0U”前设置断点，如图 6-2 所示。

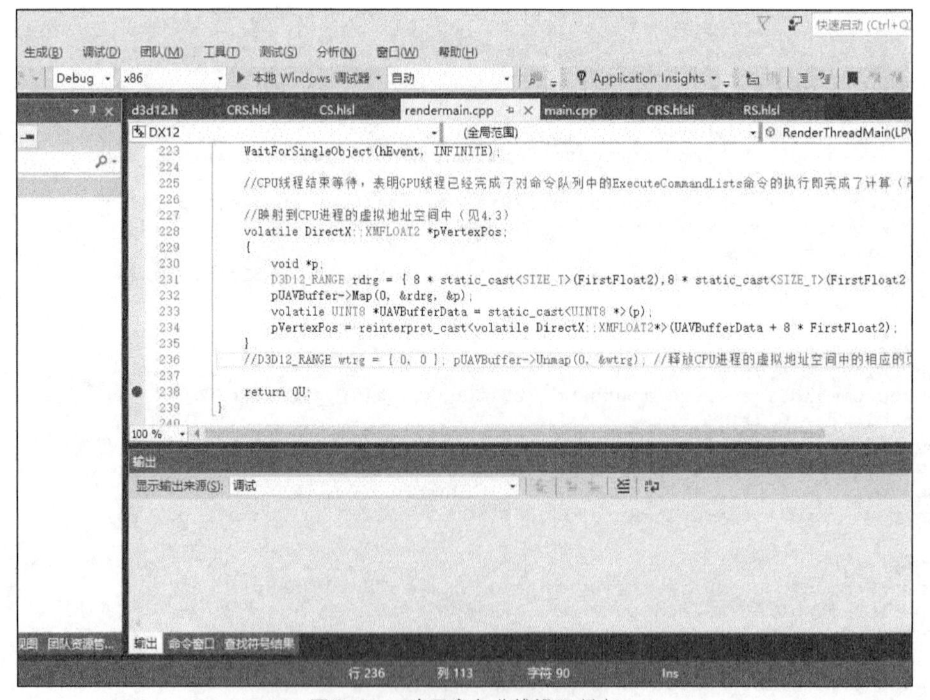

图 6-2　二次贝塞尔曲线设置断点

再次调试我们的程序，可以看到以下运行结果，如图 6-3 所示。

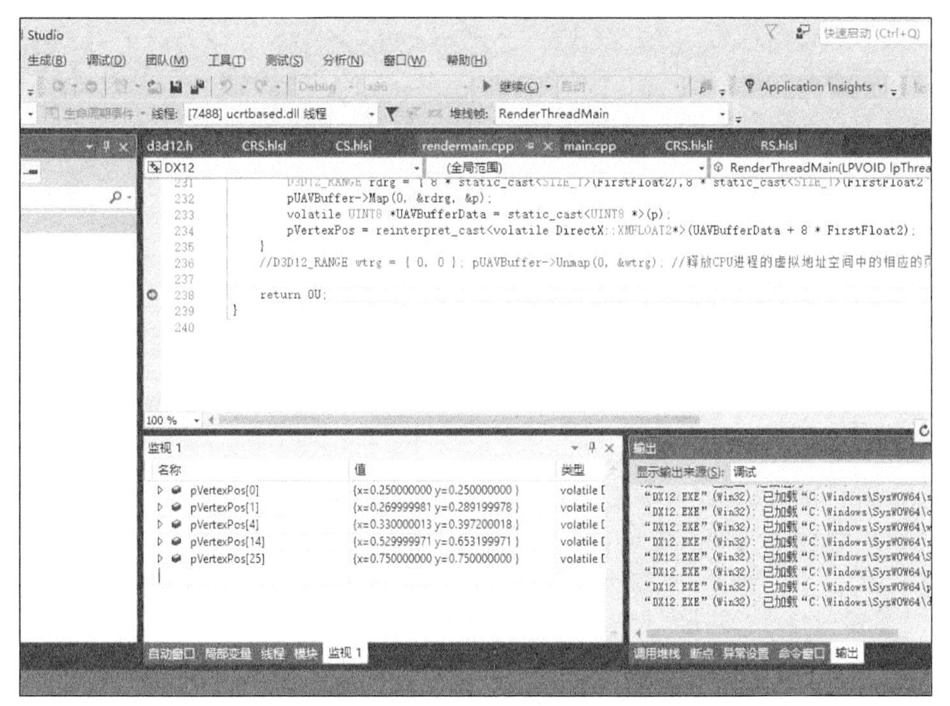

图 6-3　二次贝塞尔曲线回读

章末小结

本章对 Direct3D 12 中的计算流水线进行了详细的介绍，并给出了一个使用计算流水线来计算二次贝塞尔曲线中各个顶点坐标的示例程序。

第7章　GPU内部传参

7.1 谓词

谓词，即由GPU根据缓冲资源中的一个64位值进行判定，在GPU内部实现流程控制，从而避免GPU和CPU之间的数据传输。

谓词相当于在命令列表中添加分支语句，在启用谓词的条件下，当GPU线程执行命令列表中的以下命令时会进行判定，当且仅当谓词为真时，相关命令会被执行。

```
CopyBufferRegion
CopyTextureRegion
CopyResource
CopyTiles
ClearUnorderedAccessViewUint
ClearUnorderedAccessViewFloat
Dispatch
ExecuteIndirect
ResolveSubresource
ClearRenderTargetView
ClearDepthStencilView
DrawInstanced
DrawIndexedInstanced
```

正如2.4.1节中所述，GPU线程会为命令列表的每次执行维护一个状态集合。在Direct3D 12中，我们用该状态集合中的一个状态来指定谓词，可以用ID3D12GapricsCommandList接口的SetPredication方法设置谓词。只有计算命令列表或直接命令列表中允许存放SetPredication命令，虽然捆绑包中不允许存放SetPredication命令，但由于GPU线程在执行捆绑包时，会将谓词状态从直接命令列表中复制到捆绑包中，捆绑包中的命令还是会受到谓词的影响，该方法的原型如下。

```
void STDMETHODCALLTYPE SetPredication(
                    ID3D12Resource *pBuffer,//[In,opt]
                    UINT64 AlignedBufferOffset,//[In]
                    D3D12_PREDICATION_OP Operation//[In]
                    )
```

1. pBuffer 和 AlignedBufferOffset

如果 pBuffer 为 NULL，那么表示禁用谓词；如果 pBuffer 不为 NULL，那么用于指定一个 64 位值，pBuffer 表示该 64 位值所在的缓冲，AlignedBufferOffset 表示该 64 位值在缓冲中的偏移值。MSDN 上的 Direct3D 官方文档指出：该偏移值必须是自然对齐的（即 8 字节对齐）。

2. Operation

共两种取值，分别为：

（1）D3D12_PREDICATION_OP_EQUAL_ZERO 当且仅当上文中指定的 64 位值等于零时，谓词为假。

（2）D3D12_PREDICATION_OP_NOT_EQUAL_ZERO 当且仅当上文中指定的 64 位值不等于零时，谓词为假。

当 GPU 线程在直接命令队列或计算命令队列上执行上述命令进行判定时，该缓冲对图形/计算类的权限必须有可作为顶点或常量缓冲（D3D12_RESOURCE_STATE_VERTEX_AND_CONSTANT_BUFFER，见 3.4.1 节）；当 GPU 线程在复制命令队列上执行上述命令进行判定时，该缓冲对复制类的权限必须有可作为顶点或常量缓冲（D3D12_RESOURCE_STATE_VERTEX_AND_CONSTANT_ BUFFER，见 3.4.1 节）。

为了方便读者理解谓词，我设计了以下示例程序，不妨在 2.4.2 节的基础上对 rendermain.cpp 中的代码进行以下修改。

```
//创建上传堆
ID3D12Heap *pUploadHeap;
{
    D3D12_HEAP_DESC heapdc;
    heapdc.SizeInBytes = D3D12_DEFAULT_RESOURCE_PLACEMENT_ALIGNMENT * 1; //只要足够存放
64 位值即可
    heapdc.Properties.Type = D3D12_HEAP_TYPE_UPLOAD;
    heapdc.Properties.CPUPageProperty = D3D12_CPU_PAGE_PROPERTY_UNKNOWN;
    heapdc.Properties.MemoryPoolPreference = D3D12_MEMORY_POOL_UNKNOWN;
    heapdc.Properties.CreationNodeMask = 1;
    heapdc.Properties.VisibleNodeMask = 1;
    heapdc.Alignment = D3D12_DEFAULT_RESOURCE_PLACEMENT_ALIGNMENT;
    heapdc.Flags = D3D12_HEAP_FLAG_ALLOW_ONLY_BUFFERS;
    pD3D12Device->CreateHeap(&heapdc, IID_PPV_ARGS(&pUploadHeap));
}
//创建缓冲
ID3D12Resource *pUploadBuffer;
{
    D3D12_RESOURCE_DESC bufferdc;
    bufferdc.Dimension = D3D12_RESOURCE_DIMENSION_BUFFER;
    bufferdc.Alignment = D3D12_DEFAULT_RESOURCE_PLACEMENT_ALIGNMENT;
    bufferdc.Width = D3D12_DEFAULT_RESOURCE_PLACEMENT_ALIGNMENT * 1; //只要足够存放 64 位
值即可
    bufferdc.Height = 1;
    bufferdc.DepthOrArraySize = 1;
    bufferdc.MipLevels = 1;
    bufferdc.Format = DXGI_FORMAT_UNKNOWN;
    bufferdc.SampleDesc.Count = 1;
    bufferdc.SampleDesc.Quality = 0;
```

```
    bufferdc.Layout = D3D12_TEXTURE_LAYOUT_ROW_MAJOR;
    bufferdc.Flags = D3D12_RESOURCE_FLAG_NONE;
    pD3D12Device->CreatePlacedResource(pUploadHeap, 0, &bufferdc,
D3D12_RESOURCE_STATE_GENERIC_READ, NULL, IID_PPV_ARGS(&pUploadBuffer)); // 正如 4.2.2 节
中所述，上传堆中的资源在创建时 InitialState 参数必须设置为通用读。在这种情况下，对图形/计算类的权限为
通用读，通用读包含了可作为顶点或常量缓冲（见 3.4.1 节）
}
//映射到 CPU 进程的虚拟地址空间中（见 4.3.1 节）
volatile UINT8 *pUploadBufferData;
{
    void *p;
    D3D12_RANGE range = { 0,0 };
    pUploadBuffer->Map(0, &range, &p);
    pUploadBufferData = static_cast<UINT8 *>(p);
}

//设置 64 位值在缓冲中的偏移值
SIZE_T pdoffset = 0; //只要不发生重叠即可

//写入数据
{
    volatile UINT8 *pByte;
    pByte = pUploadBufferData + pdoffset;
    *reinterpret_cast<volatile UINT64 *>(pByte) = 0U;//如果设置为非零，那么谓词判定会有相反
的结果
}

//在命令列表中 DrawInstanced 之前添加以下命令
pDirectCommandList->SetPredication(pUploadBuffer, pdoffset,
D3D12_PREDICATION_OP_EQUAL_ZERO);
```

调试并运行我们的程序，由于谓词为假，因此并没有绘制任何三角形。将上文中的*reinterpret_cast<volatile UINT64 *>(pByte) = FALSE；修改成*reinterpret_cast<volatile UINT64 *>(pByte) = 1U;，再次调试并运行我们的程序。由于谓词为真，因此，可以看到和 2.4.2 节中相同的运行结果。

在示例程序中，我们通过 CPU 将数据传输到上传堆中。在实际应用中，显然应当使用默认堆，并且由 GPU 将数据写入到上传堆中，从而避免 GPU 和 CPU 之间的数据传输。

7.2 间接执行

间接执行，即由 GPU 从参数缓冲中读取 Dispatch、SetComputeRoot32BitConstants、SetCompute RootConstantBufferView、SetComputeRootShaderResourceView、SetComputeRoot UnorderedAccessView、DrawInstance、DrawIndexedInstance、IASetVertexBuffers、IASetIndex Buffer、SetGraphicsRoot32Bit Constants、SetGraphicsRootConstantBufferView、SetGraphicsRoot ShaderResourceView 和 SetGraphics RootUnorderedAccessView 命令的参数值并执行，显然，可以由 GPU 将相关的参数值写入到参数缓冲中，从而避免了 GPU 和 CPU 之间的数据传输。

7.2.1 创建命令签名

要进行间接执行，必须先创建一个命令签名，可以用 ID3D12Device 接口的 CreateCommand

Signature 方法来创建命令签名，该方法的原型如下。

```
HRESULT STDMETHODCALLTYPE CreateCommandSignature(
    const D3D12_COMMAND_SIGNATURE_DESC *pDesc,//[In]
    D3D12RootSignature *pRootSignature,//[In]
    REFIID riid,//[In]
    void **ppvObject//[Out]
    )
```

1. pDesc

应用程序需要填充一个 D3D12_COMMAND_SIGNATURE_DESC 结构体来描述所要创建的命令签名的属性，该结构体的定义如下。

```
struct D3D12_COMMAND_SIGNATURE_DESC
{
    UINT ByteStride;
    UINT NumArgumentDescs;
    const D3D12_INDIRECT_ARGUMENT_DESC *pArgumentDescs;
    UINT NodeMask;
}
```

命令签名定义了一个命令集合。正如 2.4.1 节中所述，GPU 线程会为命令列表的每次执行维护一个状态集合，当 GPU 线程处理命令列表中的 ExecuteIndirect 命令（见下文）进行间接执行时，又会为命令集合的每次执行维护一个状态集合（一次间接执行可以包含多次命令集合的执行，见下文），并且 GPU 线程会将命令列表的状态集合复制到命令集合的该次执行的状态集合中。

命令集合由一个 Dispatch 或 DrawInstanced 或 DrawIndexedInstanced 命令和若干个设置命令集合的该次执行[1] 的状态集合中的状态的命令构成。GPU 线程会保证先执行设置状态的命，令最后执行命令集合中唯一的 Dispatch 或 DrawInstanced 或 DrawIndexedInstanced 命令。显然，命令集合中的设置状态的命令并不会影响到命令集合的下一次执行，更不会影响到命令列表中的后续命令。

（1）NumArgumentDescs 和 pArgumentDescs

NumArgumentDescs 定义了 pArgumentDescs 中的结构体的个数，pArgumentDescs 中的每一个结构体定义了命令集合中的一个命令，该结构体的定义如下。

```
struct D3D12_INDIRECT_ARGUMENT_DESC
{
    D3D12_INDIRECT_ARGUMENT_TYPE Type;
    union
    {
        struct
        {
            UINT Slot;
        }VertexBuffer;
        struct
        {
            UINT RootParameterIndex;
```

① “命令集合的该次执行”可理解为一个名同。例如，“程序的执行”被定义为“进程”，但“命令集合的执行”并没有相关名词定义。

```
            UINT DestOffsetIn32BitValues;
            UINT Num32BitValuesToSet;
        }Constant;
        struct
        {
            UINT RootParameterIndex;
        }ConstantBufferView;
        struct
        {
            UINT RootParameterIndex;
        }ShaderResourceView;
        struct
        {
            UINT RootParameterIndex;
        }UnorderedAccessView;
    };
}
```

其中，Type 定义了命令的类型共有以下 9 种。

- D3D12_INDIRECT_ARGUMENT_TYPE_DISPATCH

Dispatch 命令，所有参数值都在参数缓冲中设置，用 D3D12_DISPATCH_ARGUMENTS 结构体表示。

- D3D12_INDIRECT_ARGUMENT_TYPE_DRAW

DrawInstanced 命令，所有参数值都在参数缓冲中设置，用 D3D12_DRAW_ARGUMENTS 结构体表示。

- D3D12_INDIRECT_ARGUMENT_TYPE_DRAW_INDEXED

DrawIndexedInstance 命令，所有参数值都在参数缓冲中设置，用 D3D12_DRAW_INDEXED_ARGUMENTS 结构体表示。

- D3D12_INDIRECT_ARGUMENT_TYPE_CONSTANT

命令集合中有唯一的 Dispatch 命令时，为 SetComputeRoot32BitConstants 命令；命令集合中有唯一的 DrawInstanced 或 DrawIndexedInstanced 命令时，为 SetGraphicsRoot32BitConstants 命令。

RootParameterIndex、Num32BitValuesToSet 和 DestOffsetIn32BitValues 的参数值在联合体的 Constant 成员中设置，pSrcData 的参数值在参数缓冲中设置。

- D3D12_INDIRECT_ARGUMENT_TYPE_CONSTANT_BUFFER_VIEW

命令集合中有唯一的 Dispatch 命令时，为 SetComputeRootConstantBufferView 命令；命令集合中有唯一的 DrawInstanced 或 DrawIndexedInstanced 命令时，为 SetGraphicsRootConstantBufferView 命令。

RootParameterIndex 的参数值在联合体的 ConstantBufferView 成员中设置，BufferLocation 的参数值在参数缓冲中设置。

- D3D12_INDIRECT_ARGUMENT_TYPE_SHADER_RESOURCE_VIEW

命令集合中有唯一的 Dispatch 命令时，为 SetComputeRootShaderResourceView；命令集合中有唯一的 DrawInstanced 或 DrawIndexedInstanced 命令时，为 SetGraphicsRootShaderResourceView。

RootParameterIndex 的参数值在联合体的 ShaderResourceView 成员中设置，BufferLocation

的参数值在参数缓冲中设置。

- D3D12_INDIRECT_ARGUMENT_TYPE_UNORDERED_ACCESS_VIEW

命令集合中有唯一的 Dispatch 命令时，为 SetComputeRootUnorderedAccessView 命令集合中有唯一的 DrawInstanced 或 DrawIndexedInstanced 命令时，为 SetGraphicsRootUnorderedAccessView。

RootParameterIndex 的参数值在联合体的 UnorderedAccessView 成员中设置，BufferLocation 的参数值在参数缓冲中设置。

- D3D12_INDIRECT_ARGUMENT_TYPE_VERTEX_BUFFER_VIEW

IASetVertexBuffers 命令，与 IASetVertexBuffers 命令略有不同，该命令只是将某个输入槽索引和某个顶点缓冲视图对应。输入槽索引在联合体的 VertexBuffer 成员中设置，顶点缓冲视图在参数缓冲中设置，用 D3D12_VERTEX_BUFFER_VIEW 结构体表示。

- D3D12_INDIRECT_ARGUMENT_TYPE_INDEX_BUFFER_VIEW

IASetIndexBuffer 命令。所有参数值都在参数缓冲中设置，用 D3D12_INDEX_BUFFER_VIEW 结构体表示。

（2）ByteStride

参数缓冲的跨度，关于跨度的含义见下文。

（3）NodeMask

支持多 GPU 节点适配器，一般都传入 0X1 表示第 1 个 GPU 节点。

2. pRootSignature

根签名是通过 SetComputeRootSignature 或 SetGraphicsRootSignature 设置的，显然，此处的 pRootSignature 仅用于有效性检查。

如果命令集合中不存在任何设置根签名中的值的命令（SetComputeRoot32BitConstants、SetComputeRootConstantBufferView、SetComputeRootShaderResourceView、SetComputeRootUnorderedAccessView、SetGraphicsRoot32BitConstants、SetGraphicsRootConstantBufferView、SetGraphicsRootShaderResourceView 和 SetGraphicsRootUnorderedAccessView），那么 pRootSignature 应当设置为 NULL。

如果命令集合中存在设置根签名中值的命令，那么 pRootSignature 应当设置为用于有效性检查的根签名。显然，命令集合中有唯一的 Dispatch 命令时，应当传入计算流水线的根签名；命令集合中有唯一的 DrawInstanced 或 DrawIndexedInstanced 命令时，应当传入图形流水线的根签名。

3. riid 和 ppvObject

MSDN 上的 Direct3D 官方文档指出：命令签名支持 ID3D12CommandSignature 接口，可以使用辅助宏 IID_PPV_ARGS。

7.2.2 添加间接执行命令

在完成了命令签名的创建后，我们便可以用 ID3D12GraphicsCommandList 接口的 Execute

Indirect 方法在命令列表中添加 ExecuteIndirect 命令进行间接执行了，该方法的原型如下。

```
void STDMETHODCALLTYPE ExecuteIndirect(
            ID3D12CommandSignature *pCommandSignature,//[In]
            UINT MaxCommandCount,//[In]
            ID3D12Resource *pArgumentBuffer,//[In]
            UINT64 ArgumentBufferOffset,//[In]
            ID3D12Resource *pCountBuffer,//[In,opt]
            UINT64 CountBufferOffset//[In]
            )
```

1. pD3D12CommandSignature

即上文中所创建的命令签名。

2. pCountBuffer、MaxCommandCount 和 CountBufferOffset

如果 pCountBuffer 为 NULL，那么 MaxCommandCount 定义了命令集合的执行次数；如果 pCountBuffer 不为 NULL，那么相对于 pCountBuffer 的首地址的偏移为 CountBufferOffset 的 32 位值定义了命令集合的执行次数，MaxCommandCount 定义了该次数的上界。

3. pArgumentBuffer 和 ArgumentBufferOffset

pArgumentBuffer 定义了参数缓冲。在命令集合的一次执行期间，其中各个命令在参数缓冲中设置的参数值的地址（相对于参数缓冲的首地址的偏移）为 ArgumentBufferOffset+ByteStride*i+ByteOffset，其中：

（1）ArgumentBufferOffset

ExecuteIndirect 中传入的参数。

（2）ByteStride

表示参数缓冲的跨度（见 D3D12_COMMAND_SIGNATURE_DESC 结构体中的 ByteStride 成员），参数缓冲在逻辑上可以看作一个由大小为跨度的元素构成的一维数组。

（3）i

表示参数缓冲的索引，可以唯一对应到参数缓冲中的某个元素，参数缓冲的索引即命令集合的执行次数（从 0 开始计数）。

（4）ByteOffset

表示各个命令在参数缓冲中设置的参数值的地址相对于其所在参数缓冲中所对应元素的地址的偏移。

根据 D3D12_INDIRECT_ARGUMENT_DESC 结构体在 D3D12_COMMAND_SIGNATURE_DESC 结构体中的顺序，可以定义各个的命令间的偏序关系。Direct3D 12 规定：根据该偏序关系，下一个命令在参数缓冲中设置的参数值紧邻上一个命令在参数缓冲中设置的参数值，从而定义了各个命令在参数缓冲中设置的参数值的 ByteOffset，此外，命令在参数缓冲中设置的参数值占用的内存不得超出其对应的参数缓冲中的元素的边界（即 ByteOffset+命令在参数缓冲中设置的参数值的数据类型的大小不得大于 ByteStride）。

当 GPU 线程在直接命令队列或计算命令队列上执行 ExecuteIndirect 命令时，作为参数缓冲的子资源对图形/计算类的权限必须有可作为间接参数（D3D12_RESOURCE_STATE_INDIRECT_ARGUMENT，见 3.4.1 节），但表示命令集合执行次数的 32 位值所在缓冲中的子资源并没有任何权限要求。

为了方便读者理解间接执行，我设计了以下示例程序，不妨在 2.4.2 节的基础上对 rendermain.cpp 中的代码进行以下修改。

```
//创建上传堆
ID3D12Heap *pUploadHeap;
{
    D3D12_HEAP_DESC heapdc;
    heapdc.SizeInBytes = D3D12_DEFAULT_RESOURCE_PLACEMENT_ALIGNMENT * 4; //只要足够存放
D3D12_DRAW_ARGUMENTS 值即可
    heapdc.Properties.Type = D3D12_HEAP_TYPE_UPLOAD;
    heapdc.Properties.CPUPageProperty = D3D12_CPU_PAGE_PROPERTY_UNKNOWN;
    heapdc.Properties.MemoryPoolPreference = D3D12_MEMORY_POOL_UNKNOWN;
    heapdc.Properties.CreationNodeMask = 1;
    heapdc.Properties.VisibleNodeMask = 1;
    heapdc.Alignment = D3D12_DEFAULT_RESOURCE_PLACEMENT_ALIGNMENT;
    heapdc.Flags = D3D12_HEAP_FLAG_ALLOW_ONLY_BUFFERS;
    pD3D12Device->CreateHeap(&heapdc, IID_PPV_ARGS(&pUploadHeap));
}
//创建缓冲
ID3D12Resource *pUploadBuffer;
{
    D3D12_RESOURCE_DESC bufferdc;
    bufferdc.Dimension = D3D12_RESOURCE_DIMENSION_BUFFER;
    bufferdc.Alignment = D3D12_DEFAULT_RESOURCE_PLACEMENT_ALIGNMENT;
    bufferdc.Width = D3D12_DEFAULT_RESOURCE_PLACEMENT_ALIGNMENT * 4; //只要足够存放
D3D12_DRAW_ARGUMENTS 即可
    bufferdc.Height = 1;
    bufferdc.DepthOrArraySize = 1;
    bufferdc.MipLevels = 1;
    bufferdc.Format = DXGI_FORMAT_UNKNOWN;
    bufferdc.SampleDesc.Count = 1;
    bufferdc.SampleDesc.Quality = 0;
    bufferdc.Layout = D3D12_TEXTURE_LAYOUT_ROW_MAJOR;
    bufferdc.Flags = D3D12_RESOURCE_FLAG_NONE;
    pD3D12Device->CreatePlacedResource(pUploadHeap, 0, &bufferdc,
D3D12_RESOURCE_STATE_GENERIC_READ, NULL, IID_PPV_ARGS(&pUploadBuffer)); // 正如 4.2.2 节
中所述，上传堆中的资源在创建时 InitialState 参数必须设置为通用读，在这种情况下，对图形/计算类的权限为
通用读，通用读包含了可作为间接参数（见 3.4.1 节）
}

//映射到 CPU 进程的虚拟地址空间中（见 4.3.1 节）
volatile UINT8 *pUploadBufferData;
{
    void *p;
    D3D12_RANGE range = { 0,0 };
    pUploadBuffer->Map(0, &range, &p);
    pUploadBufferData = static_cast<UINT8 *>(p);
}

//设置偏移值
UINT64 argOffset = 0; //只要不发生重叠即可

//创建命令签名
ID3D12CommandSignature *pCmdSig;
{
```

```
    D3D12_INDIRECT_ARGUMENT_DESC argdc[1];
    argdc[0].Type = D3D12_INDIRECT_ARGUMENT_TYPE_DRAW;
    D3D12_COMMAND_SIGNATURE_DESC csdc;
    csdc.ByteStride = sizeof(D3D12_DRAW_ARGUMENTS);
    csdc.NumArgumentDescs = 1U;
    csdc.pArgumentDescs = argdc;
    csdc.NodeMask = 0X1;
    pD3D12Device->CreateCommandSignature(&csdc, NULL, IID_PPV_ARGS(&pCmdSig));
}

//写入数据
{
    volatile UINT8 *pByte;
    pByte = pUploadBufferData + argOffset;
    volatile D3D12_DRAW_ARGUMENTS *pDrawArgs = reinterpret_cast<volatile
D3D12_DRAW_ARGUMENTS *>(pByte);
    pDrawArgs->VertexCountPerInstance = 3;
    pDrawArgs->InstanceCount = 1;
    pDrawArgs->StartVertexLocation = 0;
    pDrawArgs->StartInstanceLocation = 0;
}

//将命令列表中 DrawInstanced 命令替换为以下命令
pDirectCommandList->ExecuteIndirect(pCmdSig, 1U, pUploadBuffer, argOffset, NULL, 0U);
```

再次调试我们的程序，可以看到和 2.4.2 节中相同的运行结果。

在示例程序中，我们通过 CPU 将数据传输到上传堆中。在实际应用中，应当使用默认堆，并且由 GPU 将数据写入到上传堆中，从而避免 GPU 和 CPU 之间的数据传输。

7.3 查询

在 7.1 节和 7.2 节中，我们通过 CPU 将数据传输到上传堆中，因此，谓词或间接执行减少 GPU 和 CPU 之间的数据传输的作用并不明显，在一般情况下，谓词或间接执行应当与查询结合使用，查询的结果可以直接被 GPU 用于谓词或间接执行，从而避免了 GPU 和 CPU 之间的数据传输。

1. 创建查询堆

要进行查询，需要先创建查询堆，可以用 ID3D12Device 接口的 CreateQueryHeap 方法来创建查询堆，该方法的原型如下。

```
HRESULT STDMETHODCALLTYPE CreateQueryHeap(
                const D3D12_QUERY_HEAP_DESC *pDesc,//[In]
                REFIID riid,//[In]
                void **ppvHeap//[Out]
                )
```

（1）pDesc

应用程序需要填充一个 D3D12_QUERY_HEAP_DESC 结构体来描述所要创建的描述符堆的属性，该结构体的定义如下。

```
struct D3D12_QUERY_HEAP_DESC
```

```
{
     D3D12_QUERY_HEAP_TYPE Type;
     UINT Count;
     UINT NodeMask;
}
```

- Type

查询堆的类型，表示允许在查询堆中存放的查询项的类型（D3D12_QUERY_TYPE，见下文），共 4 种。

D3D12_QUERY_HEAP_TYPE_OCCLUSION 遮挡：允许 D3D12_QUERY_TYPE_OCCLUSION 和 D3D12_QUERY_TYPE_BINARY_OCCLUSION。

D3D12_QUERY_HEAP_TYPE_TIMESTAMP 时间戳：允许 D3D12_QUERY_TYPE_TIMESTAMP。

- D3D12_QUERY_HEAP_TYPE_PIPELINE_STATISTICS 流水线统计：允许 D3D12_QUERY_TYPE_PIPELINE_STATISTICS。
- D3D12_QUERY_HEAP_TYPE_SO_STATISTICS 流输出统计：允许 D3D12_QUERY_TYPE_SO_STATISTICS_STREAM0、D3D12_QUERY_TYPE_SO_STATISTICS_STREAM1、D3D12_QUERY_TYPE_SO_STATISTICS_STREAM2 和 D3D12_QUERY_TYPE_SO_STATISTICS_STREAM3。
- Count

查询堆中可容纳的查询项的个数，查询堆在逻辑上可以看作一个由查询项构成的一维数组。

- NodeMask

支持多 GPU 节点适配器，一般都传入 0X1 表示第 1 个 GPU 节点。

（2）riid 和 ppvObject

MSDN 上的 Direct3D 官方文档指出：查询堆对象支持 ID3D12QueryHeap 接口，可以使用辅助宏 IID_PPV_ARGS。

2. 时间戳查询

正如 3.1.2 节中所述，时间戳可以在计算引擎或图形引擎上查询。要查询时间戳，需要先由 GPU 线程执行命令列表中的 EndQuery 命令将查询结果写入到相应查询堆中的相应查询项，再由 GPU 线程执行命令列表中的 ResolveQueryData 命令将相应查询堆中的相应查询项写入到缓冲资源中。正如上文所述，缓冲资源中的数据可以直接被 GPU 用于谓词或间接执行，从而避免了 GPU 和 CPU 之间的数据传输。

（1）添加结束查询命令

可以用 ID3D12GraphicsCommandList 接口的 EndQuery 方法在命令列表中添加 EndQuery 命令，该方法的原型如下。

```
void STDMETHODCALLTYPE EndQuery(
            ID3D12QueryHeap *pQueryHeap,//[In]
            D3D12_QUERY_TYPE Type,//[In]
```

```
                UINT Index//[In]
                )
```

- pQueryHeap、Index

表示 GPU 会将查询结果写入到 pQueryHeap 标识的查询堆中索引为 Index 的查询项中。

- Type

查询类型，即写入的查询项的类型。正如上文所述，应当与查询堆的类型相匹配。在此，应当设置为 D3D12_QUERY_TYPE_TIMESTAMP 表示查询时间戳，相匹配的查询堆类型为 D3D12_ QUERY_HEAP_TYPE_TIMESTAMP。

（2）添加解析查询数据命令

可以用 ID3D12GraphicsCommandList 接口的 ResolveQueryData 方法在命令列表中添加 ResolveQueryData 命令，该方法的原型如下。

```
void STDMETHODCALLTYPE ResolveQueryData(
                ID3D12QueryHeap *pQueryHeap,//[In]
                D3D12_QUERY_TYPE Type,//[In]
                UINT StartIndex,//[In]
                UINT NumQueries,//[In]
                ID3D12Resource *pDestinationBuffer,//[In]
                UINT64 AlignedDestinationBufferOffset//[In]
                )
```

- pQueryHeap、StartIndex、NumQueries

表示 GPU 会将 pQueryHeap 标识的查询堆中索引在区间[StartIndex, NumQueries]内的各个查询项复制到缓冲中。

- Type

表示查询项的类型，显然，应当与 GPU 执行 EndQuery 命令时指定的查询项类型相同。

- pDestinationBuffer

表示 GPU 会将查询项写入 pDestinationBuffer 标识的缓冲中，查询项的类型决定了写入值的数据类型，各个类型的查询项对应的数据类型如下。

D3D12_QUERY_TYPE_OCCLUSION：UINT64。

D3D12_QUERY_TYPE_BINARY_OCCLUSION：UINT64。

D3D12_QUERY_TYPE_TIMESTAMP：UINT64。

D3D12_QUERY_TYPE_PIPELINE_STATISTICS：D3D12_QUERY_DATA_PIPELINE_STATISTICS 结构体。

D3D12_QUERY_TYPE_SO_STATISTICS_STREAM0：D3D12_QUERY_DATA_SO_STATISTICS 结构体。

D3D12_QUERY_TYPE_SO_STATISTICS_STREAM1：D3D12_QUERY_DATA_SO_STATISTICS 结构体。

D3D12_QUERY_TYPE_SO_STATISTICS_STREAM2：D3D12_QUERY_DATA_SO_STATISTICS 结构体。

D3D12_QUERY_TYPE_SO_STATISTICS_STREAM3：D3D12_QUERY_DATA_SO_STATISTICS 结构体。

- AlignedDestinationBufferOffset

表示写入的位置相对于缓冲资源的首地址的偏移。MSDN 上的 Direct3D 官方文档指出：该偏移值必须是 8 字节对齐的。

当 GPU 线程在直接命令队列或计算命令队列上执行 ResolveQueryData 命令时，被写入的缓冲资源中的子资源对图形/计算类的权限必须有可作为复制宿（D3D12_RESOURCE_STATE_COPY_DEST，见 3.4.1 节）。

为了方便读者理解时间戳查询，我设计了以下示例程序，不妨在 2.4.2 节的基础上对 rendermain.cpp 中的代码进行以下修改。

```
//创建回读堆
ID3D12Heap *pReadBackHeap;
{
    D3D12_HEAP_DESC heapdc;
    heapdc.SizeInBytes = D3D12_DEFAULT_RESOURCE_PLACEMENT_ALIGNMENT * 1; //只要足够存放
64 位值即可
    heapdc.Properties.Type = D3D12_HEAP_TYPE_READBACK;
    heapdc.Properties.CPUPageProperty = D3D12_CPU_PAGE_PROPERTY_UNKNOWN;
    heapdc.Properties.MemoryPoolPreference = D3D12_MEMORY_POOL_UNKNOWN;
    heapdc.Properties.CreationNodeMask = 1;
    heapdc.Properties.VisibleNodeMask = 1;
    heapdc.Alignment = D3D12_DEFAULT_RESOURCE_PLACEMENT_ALIGNMENT;
    heapdc.Flags = D3D12_HEAP_FLAG_ALLOW_ONLY_BUFFERS;
    pD3D12Device->CreateHeap(&heapdc, IID_PPV_ARGS(&pReadBackHeap));
}
//创建缓冲
ID3D12Resource *pQueryBuffer;
{
    D3D12_RESOURCE_DESC bufferdc;
    bufferdc.Dimension = D3D12_RESOURCE_DIMENSION_BUFFER;
    bufferdc.Alignment = D3D12_DEFAULT_RESOURCE_PLACEMENT_ALIGNMENT;
    bufferdc.Width = D3D12_DEFAULT_RESOURCE_PLACEMENT_ALIGNMENT * 1; //只要足够存放 64 位值即可
    bufferdc.Height = 1;
    bufferdc.DepthOrArraySize = 1;
    bufferdc.MipLevels = 1;
    bufferdc.Format = DXGI_FORMAT_UNKNOWN;
    bufferdc.SampleDesc.Count = 1;
    bufferdc.SampleDesc.Quality = 0;
    bufferdc.Layout = D3D12_TEXTURE_LAYOUT_ROW_MAJOR;
    bufferdc.Flags = D3D12_RESOURCE_FLAG_NONE;
    pD3D12Device->CreatePlacedResource(pReadBackHeap, 0, &bufferdc,
D3D12_RESOURCE_STATE_COPY_DEST, NULL, IID_PPV_ARGS(&pQueryBuffer)); // 正如 4.2.2 节中所述，
回读中的资源在创建时 InitialState 参数必须设置为可作为复制宿，在这种情况下，对图形/计算类的权限为可作
为复制宿（见 3.4.1 节）
}

//创建查询堆
ID3D12QueryHeap *pQueryHeap;
{
    D3D12_QUERY_HEAP_DESC qhdc;
    qhdc.Type = D3D12_QUERY_HEAP_TYPE_TIMESTAMP;
    qhdc.Count = 1;
    qhdc.NodeMask = 0X1;
    pD3D12Device->CreateQueryHeap(&qhdc, IID_PPV_ARGS(&pQueryHeap));
```

```
}

//设置偏移值
UINT64 qrOffset = 0; //只要不发生重叠即可

//在命令列表中添加相关命令
pDirectCommandList->EndQuery(pQueryHeap, D3D12_QUERY_TYPE_TIMESTAMP, 0);
pDirectCommandList->ResolveQueryData(pQueryHeap, D3D12_QUERY_TYPE_TIMESTAMP, 0, 1,
pQueryBuffer, qrOffset);

//映射到 CPU 进程的虚拟地址空间中（见 4.3.1 节）
volatile UINT64 *pTimeStamp;
{
    void *p;
    D3D12_RANGE rdrg = { qrOffset, qrOffset + sizeof(UINT64) };
    pQueryBuffer->Map(0, &rdrg, &p);
    volatile UINT8 *pQueryBufferData = static_cast<UINT8 *>(p);
    pTimeStamp = reinterpret_cast<volatile UINT64*>(pQueryBufferData + qrOffset);
}
//D3D12_RANGE wtrg = { 0, 0 };pQueryBuffer->Unmap(0, &wtrg); //释放 CPU 进程的虚拟地址空间
中相应的页（见 4.3.1 节）
```

在“return 0U”前设置断点，如图 7-1 所示。

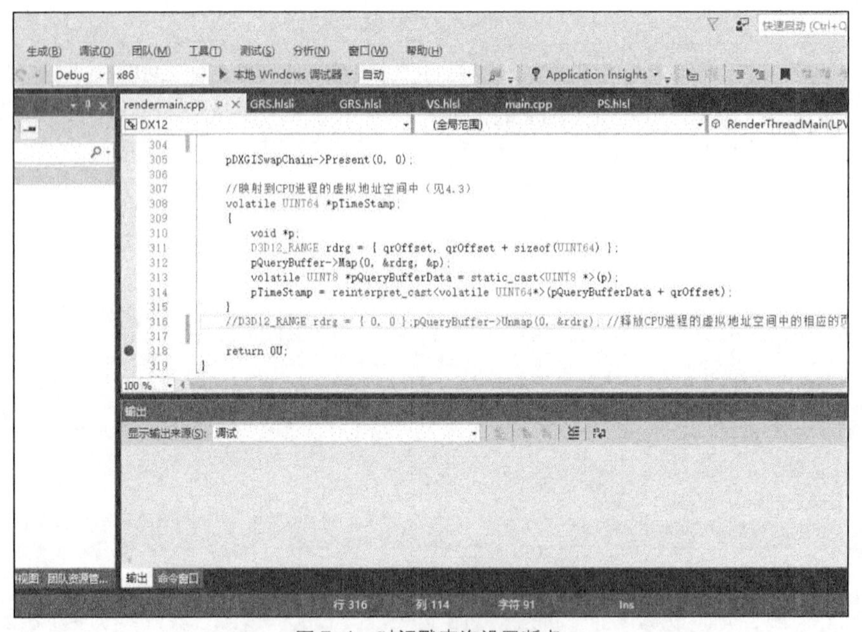

图 7-1　时间戳查询设置断点

再次调试我们的程序，可以看到以下运行结果，如图 7-2 所示。

除了时间戳以外的类型的查询都是针对图形流水线而言的，都只能在图形引擎上查询。与时间戳查询不同的是，图形流水线查询还需要在命令列表中添加 BeginQuery 命令。BeginQuery 命令的参数是冗余的，必须与对应的 EndQuery 命令的参数相同。在 BeginQuery 命令和 EndQuery 命令之间的 DrawInstance 命令或 DrawIndexedInstance 命令的相关执行信息会被统计，当 GPU 线程执行命令列表中的 EndQuery 命令时，会将相关结果写入到查询堆中。

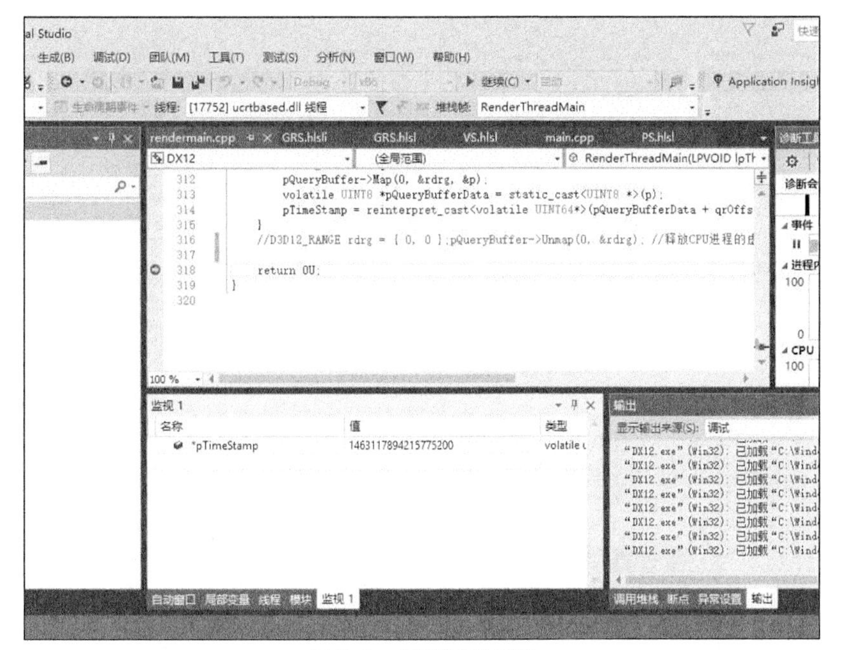

图 7-2　时间戳查询回读

为了方便读者理解图形流水线查询，我设计了以下示例程序，不妨对 rendermain.cpp 中的代码再进行以下修改。

```
//创建查询堆
ID3D12QueryHeap *pQueryHeap;
{
    D3D12_QUERY_HEAP_DESC qhdc;
    qhdc.Type = D3D12_QUERY_HEAP_TYPE_PIPELINE_STATISTICS;
    qhdc.Count = 1;
    qhdc.NodeMask = 0X1;
    pD3D12Device->CreateQueryHeap(&qhdc, IID_PPV_ARGS(&pQueryHeap));
}

//设置偏移值
UINT64 qrOffset = 0;

//在命令列表中添加相关命令
pDirectCommandList->BeginQuery(pQueryHeap, D3D12_QUERY_TYPE_PIPELINE_STATISTICS, 0);
pDirectCommandList->DrawInstanced(3, 1, 0, 0);
pDirectCommandList->EndQuery(pQueryHeap, D3D12_QUERY_TYPE_PIPELINE_STATISTICS, 0);
pDirectCommandList->ResolveQueryData(pQueryHeap, D3D12_QUERY_TYPE_PIPELINE_STATISTICS,
0, 1, pQueryBuffer, qrOffset);

//映射到 CPU 进程的虚拟地址空间中（见 4.3.1 节）
volatile D3D12_QUERY_DATA_PIPELINE_STATISTICS *pPipelineStatistics;
{
     void *p;
     D3D12_RANGE rdrg = { qrOffset, qrOffset + sizeof(D3D12_QUERY_DATA_PIPELINE_STATISTICS) };
     pQueryBuffer->Map(0, &rdrg, &p);
     volatile UINT8 *pQueryBufferData = static_cast<UINT8 *>(p);
     pPipelineStatistics = reinterpret_cast<volatile
D3D12_QUERY_DATA_PIPELINE_STATISTICS*>(pQueryBufferData + qrOffset);
```

```
}
//D3D12_RANGE wtrg = { 0, 0 };pQueryBuffer->Unmap(0, &wtrg); //释放 CPU 进程的虚拟地址空间
中的相应的页（见 4.3.1 节）
```

在“return 0U”前设置断点，如图 7-3 所示。

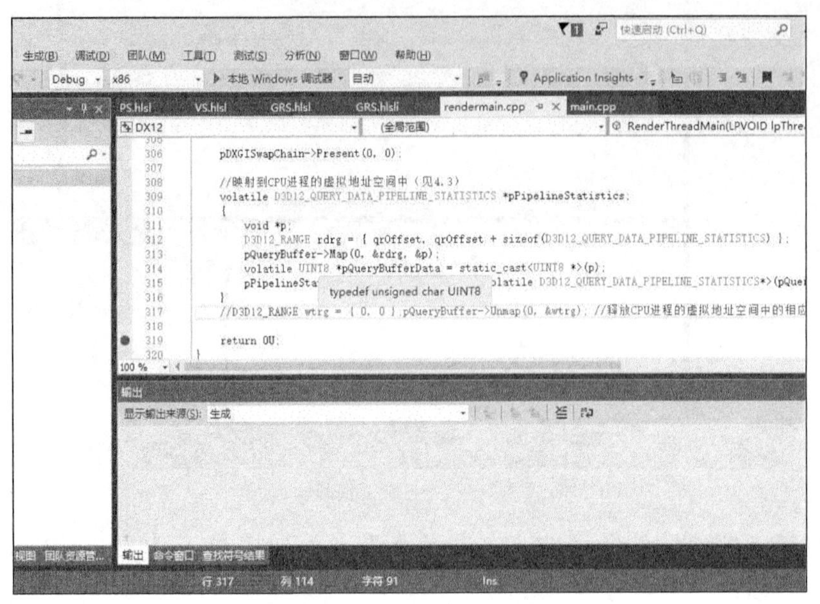

图 7-3　图形流水线查询设置断点

再次调试我们的程序，可以看到以下运行结果，如图 7-4 所示。

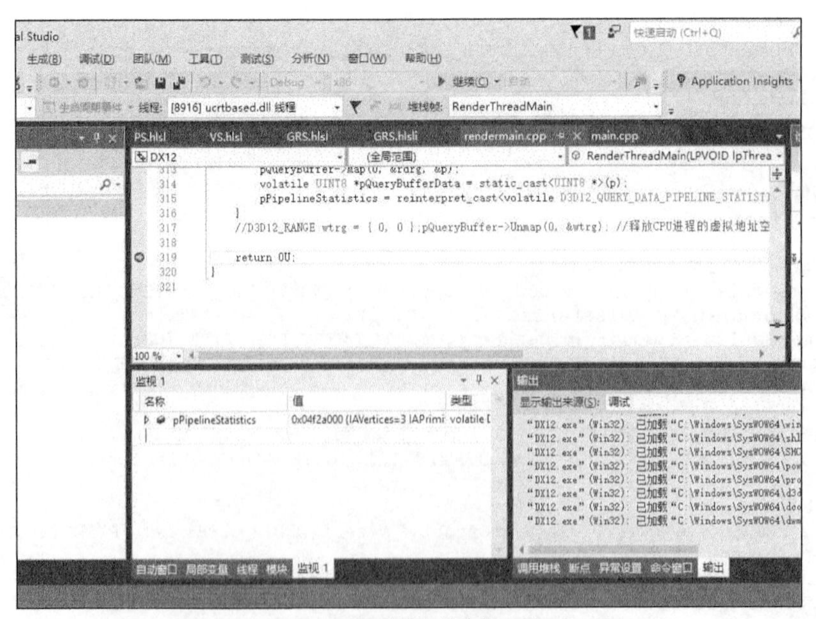

图 7-4　图形流水线查询回读

章末小结

本章对 Direct3D 12 中的 GPU 内部传参的相关技术进行了详细的介绍，分别介绍了谓词、间接执行和查询。

第8章　字体引擎

在前 7 章中，我们已经全面地介绍了 Direct3D 12 的各个方面的知识。接下来，我们将介绍一个综合应用——基于 Direct3D 12 实现的字体引擎。

在早期，3D 图形库中往往会提供一些辅助功能，但随着 3D 图形库的发展，这些辅助功能逐渐被剔除，3D 图形库越来越趋向于纯粹的核心功能。就绘制文本而言，Direct3D 9 中提供了 D3DXCreateFont 和 D3DXCreateFontIndirect，Direct3D 10 中提供了 D3DX10CreateFont 和 D3DX10 CreateFontIndirect，但从 Direct3D 11 开始不再有相关的 API。

GLX 也呈现出了同样的趋势，glXUseXFont 从 OpenGL 3.1 开始不再被 OpenGL 的核心模式支持。在新兴的移动平台上，例如 Android 平台下的 EGL，从 1.0 版本开始就不存在绘制文本的 API。

以上事实都一致地表明，随着 3D 图形库的发展，越来越有必要在应用程序层次上实现字体引擎，而不再依赖于 3D 图形库的 API。接下来，本书将介绍一种基于 TrueType 字体实现的字体引擎。

8.1 TrueType 字体

Apple 公司的 TrueType 字体是目前世界上最流行的字体之一，本书只对 TrueType 字体进行简单的介绍，Apple 公司的官方文档（http://developer.apple.com/fonts/TrueType-Reference-Manual）对 TrueType 字体进行了详细的介绍。我编写了一个用于解析 TTF 文件的库供读者使用，读者可以在 http://github.com/ Direct3D 12TTF/TTFLibrary 中下载该库，其中，TTF.h 中的代码如下。

```
#ifndef TTF_H
#define TTF_H

#include <stdint.h>

#ifdef __cplusplus
extern "C" {
#endif /* __cplusplus */

#define TTSUCCESS 0
#define TTNOTINITIALISED 1
#define TTINVALIDARGUMENTS 2
```

```
#define TTMEMORYALLOCFAILED 3
#define TTINVALIEFONTFORMAT 4


uint8_t __stdcall TTLibraryInit(void *(__stdcall *const pAlloc)(size_t size),
void(__stdcall *const pFree)(void *p));
uint8_t __stdcall TTLibraryFree();

typedef struct TTHFont__ {} *TTHFont;
uint8_t __stdcall TTFontLoadFromMemory(const void *pData, size_t size, TTHFont *phFont);
uint8_t __stdcall TTFontFree(TTHFont hFont);

typedef struct
{
    int16_t xMin;
    int16_t yMin;
    int16_t xMax;
    int16_t yMax;
}TTRect;
uint8_t __stdcall TTFontGetBound(TTHFont hFont, const TTRect **ppBound);


uint8_t __stdcall TTFontIsUCS2Supported(TTHFont hFont, uint8_t *pbIsSupported);
uint8_t __stdcall TTFontGetGlyphIDUCS2(TTHFont hFont, uint16_t UCS2CharCode, uint16_t
*pGlyphID);
uint8_t __stdcall TTFontIsUCS4Supported(TTHFont hFont, uint8_t *pbIsSupported);
uint8_t __stdcall TTFontGetGlyphIDUCS4(TTHFont hFont, uint32_t UCS4CharCode, uint16_t
*pGlyphID);

typedef struct TTHGlyph__ {} *TTHGlyph;
uint8_t __stdcall TTGlyphInit(TTHFont hFont, uint16_t glyphID, TTHGlyph *phGlyph);
uint8_t __stdcall TTGlyphFree(TTHGlyph hGlyph);

uint8_t __stdcall TTGlyphGetBound(TTHGlyph hGlyph, const TTRect **ppBound);
uint8_t __stdcall TTGlyphIsSimple(TTHGlyph hGlyph, uint8_t *pbIsSimple);

uint8_t __stdcall TTGlyphSimpleGetContourNumber(TTHGlyph hGlyph, uint16_t
*pContourNumber);
uint8_t __stdcall TTGlyphSimpleGetContourEndPointerIndex(TTHGlyph hGlyph, const uint16_t
**ppContourEndPointerIndexArray);

typedef struct
{
    uint8_t bIsOnCurve;
    int16_t x;
    int16_t y;
}TTGlyphSimplePoint;
uint8_t __stdcall TTGlyphSimpleGetPointNumber(TTHGlyph hGlyph, uint16_t *pPointNumber);
uint8_t __stdcall TTGlyphSimpleGetPointArray(TTHGlyph hGlyph, const TTGlyphSimplePoint
**pPointArray);

typedef struct
{
    union
    {
        struct
        {
            float _11, _12;
            float _21, _22;
        };
        float m[2][2];
    };
}TTFLOAT2X2;
typedef struct
{
    uint16_t glyphID;
```

```
        uint8_t bIsTransitionVector;
        uint8_t bIsTransitionRoundToGrid;//仅适用于 Vector
        union
        {
            struct
            {
                int16_t x;
                int16_t y;
            }vector;
            struct
            {
                uint16_t ParentPointerIndex;
                uint16_t ChildPointerIndex;
            }match;
        }transition;
        TTFLOAT2X2 rotationscale;
}TTGlyphCompoundChild;
uint8_t __stdcall TTGlyphCompoundGetChildNumber(TTHGlyph hGlyph, uint16_t *pChildNumber);
uint8_t __stdcall TTGlyphCompoundGetChildArray(TTHGlyph hGlyph, const TTGlyphCompound
Child **ppChildArray);

#ifdef __cplusplus
}
#endif  /* __cplusplus */

#endif
```

在使用该库时，首先需要用 TTLibraryInit 初始化该库，在示例程序中，为了方便，我们使用 COM 提供的内存分配函数。

TTLibraryInit((void *(__stdcall *)(size_t))CoTaskMemAlloc, CoTaskMemFree);

接下来，我们需要用 TTFontLoadFromMemory 加载一个 TTF 文件，并创建一个 TrueType 字体，该库用一个 TTHFont 句柄表示所创建的 TrueType 字体。将“C:\Windows\Fonts”中的“仿宋常规（simfang.ttf）”复制到“D:\”中，如图 8-1 所示。

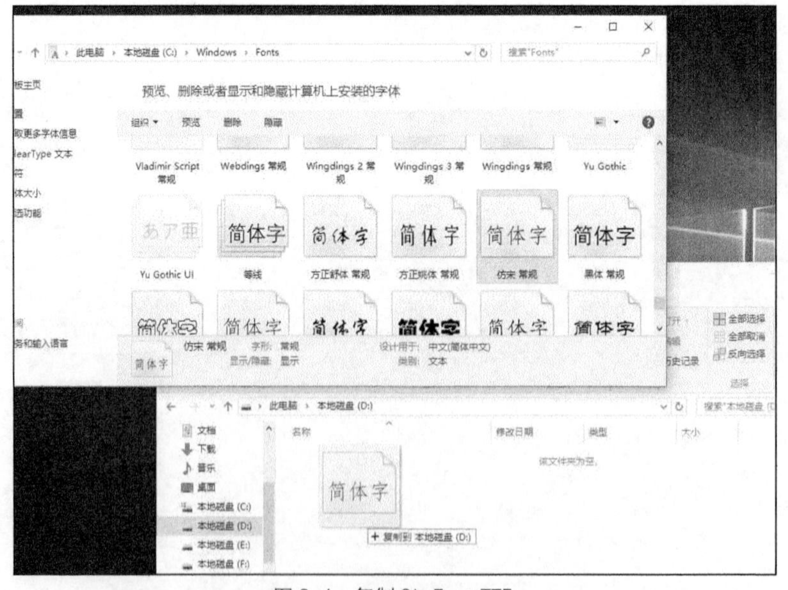

图 8-1 复制 SimFang.TTF

值得注意的是，并不是所有的 TrueType 字体都支持 UCS-2 编码或 UCS-4 编码，如果读者尝试使用其他的 TrueType 字体，那么我并不能保证示例程序能够正常地运行。

在示例程序中，为了方便，我们使用内存映射文件将 TTF 文件加载到系统内存中，并创建一个 TrueType 字体。

```
TTHFont hFont;
{
    HANDLE hTTFFile = CreateFileW(L"D:\\simfang.ttf", GENERIC_READ, FILE_SHARE_READ, NULL,
OPEN_EXISTING, FILE_ATTRIBUTE_NORMAL, NULL);
    LARGE_INTEGER szTTFFile;
    GetFileSizeEx(hTTFFile, &szTTFFile);
    HANDLE hTTFSection = CreateFileMappingW(hTTFFile, NULL, PAGE_READONLY, 0,
szTTFFile.LowPart, NULL);
    void *pTTFFile = MapViewOfFile(hTTFSection, FILE_MAP_READ, 0, 0, szTTFFile.LowPart);

    TTFontLoadFromMemory(pTTFFile, szTTFFile.LowPart, &hFont);

    UnmapViewOfFile(pTTFFile);
    CloseHandle(hTTFSection);
    CloseHandle(hTTFFile);
}
```

TrueType 字体中的字形是由该字形的轮廓定义的，轮廓的顶点在字体坐标系中，如图 8-2 所示。

顶点坐标的 x 和 y 分量都在区间[-32768,32767]内，在 C/C++中，可以方便地用 uint16_t 表示。

TrueType 字体定义了一个字体矩形，里面包含字体中的所有字形，可以用 TTFontGetBound 得到该字体矩形。

在 Direct3D 中，我们习惯在归一化坐标系（见 2.4.1 节）中用浮点数表示顶点坐标。一般情况下，我们都将字体矩形的正中央认为是 TrueType 字体中每个字形的正中央，并将顶点坐标转换到以下坐标系中，以方便在 Direct3D 中使用，如图 8-3 所示。

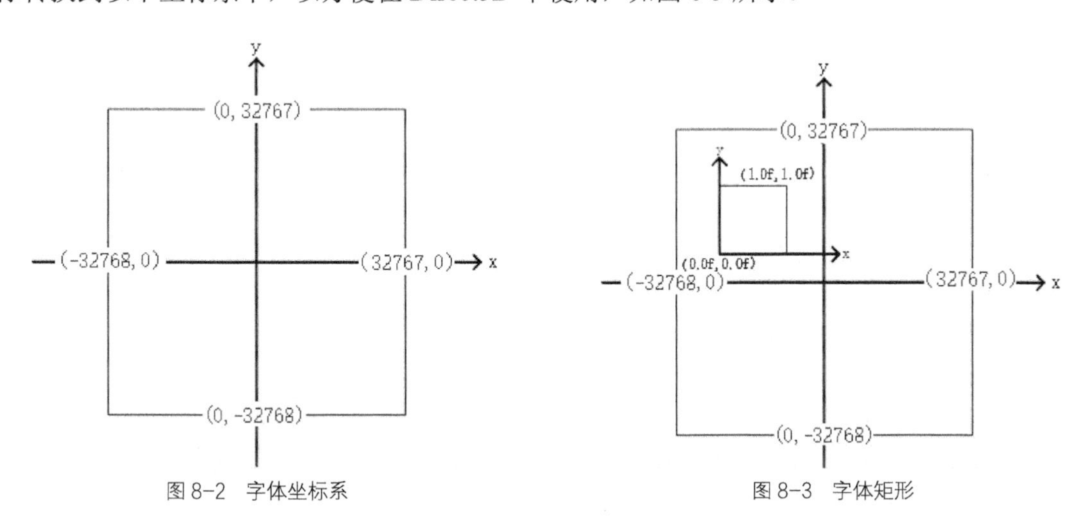

图 8-2 字体坐标系

图 8-3 字体矩形

我们知道，计算机中的字符是用一个数值表示的，称为字符的编码。TrueType 字体支持多种编码，在此，我们只用到 UCS-2 和 UCS-4 两种编码。Unicode 编码的取值范围是从 0X000000 到 0X10FFFF，UCS-2 编码中每个字符占 16 位，包含了从 0X0000 到 0XFFFF 的 Unicode 编码，UCS-4 编码中每个字符占 32 位，包含所有的 Unicode 编码。

在 Visual C++中，宽字符串常量（即 const wchar_t*，字面值为 L"XXX"）采用 UTF-16 编码，即 wchar_t 是一个 16 位的值，UTF-16 编码转换到 UCS-2 编码或 UCS-4 编码的规则为：如果 wchar_t 的值不在区间[0XD800,0XDFFF]内，那么该 wchar_t 即表示一个 UCS-2 编码，同时也可以表示一个 UCS-4 编码（UCS-4 编码的高 16 位取 0，低 16 位为该 wchar_t 的值）；如果 wchar_t 的值在区间[0XD800,0XDFFF]内，那么该 wchar_t 和下一个 wchar_t 共同表示一个 UCS-4 编码。

可以用 TTFontGetGlyphIDUCS2 或 TTFontGetGlyphIDUCS4 将字符编码对应到 GlyphID，GlyphID 唯一标识了 TrueType 字体中的某个字形，GlyphID 0 表示空字形。如果某个字符编码对应到 GlyphID 0，那么可以认为 TrueType 字体不支持该字符编码。在示例程序中，我们将绘制一个“日”字。

```
uint16_t glyphID;
{
     uint8_t bIsSupported;
     TTFontIsUCS2Supported(hFont, &bIsSupported);
     if(bIsSupported)
           TTFontGetGlyphIDUCS2(hFont, L'日', &glyphID);
}
```

在得到了 GlyphID 后，我们便可以用 TTGlyphInit 创建相应的字形，该库用一个 TTHGlyph 句柄表示所创建的字形。

```
TTHGlyph hGlyph;
TTGlyphInit(hFont, glyphID, &hGlyph);
```

TrueType 字体中的每个字形还定义了一个字形矩形（注意区别于图 8-3 中的字体矩形），字形中的所有顶点都在该字形矩形内，可以用 TTGlyphGetBound 得到该字形矩形。在 8.2 节中用 Direct3D 绘制时，会用到该字形矩形。

TrueType 字体中的每个字形分为两种：简单和复合。该库提供了 TTGlyphIsSimple 用于 RTTI（RunTime Type Identification，运行时类型识别），简单字形和复合字形支持的方法是不同的。在实际中，我们很少遇到复合字形，因此本书不介绍复合字形，Apple 公司的官方文档对此进行了详细的介绍。

正如上文所述，TrueType 字体中的字形是由该字形的轮廓定义的。该库提供了 TTGlyphSimpleGetPointNumber 和 TTGlyphSimpleGetPointArray 得到字形的一个顶点数组，定义了字形中的各个轮廓中的各个顶点。同时，该库提供了 TTGlyphSimpleGetContourNumber 和 TTGlyphSimpleGetContourEndPointerIndex 得到字形的一个索引数组，定义了字形中的各个轮廓中最后一个顶点在上述顶点数组中的索引。

在 TrueType 中，外轮廓的顶点是顺时针的，而内轮廓的顶点是逆时针的。例如，在示例程序中，我们要绘制的“日”字大致是由以下两个轮廓构成的，如图 8-4 所示。

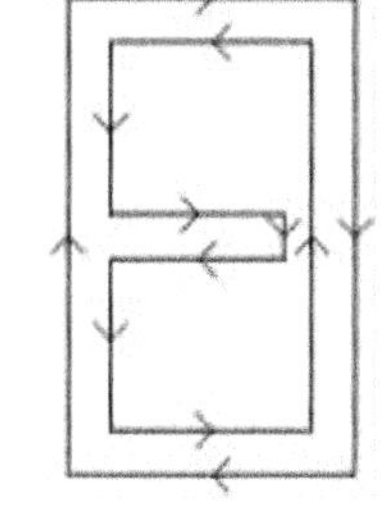
图 8-4 “日”字的轮廓

TrueType 中的轮廓是由直线和二次贝塞尔曲线构成的，本书已经在 6.4 节中对二次贝塞尔曲线进行了详细的介绍，在此不再赘述。

该库中用 TTGlyphSimplePoint 定义轮廓中的顶点，TTGlyphSimplePoint 中的 x 成员和 y 成员即为上述的字体坐标系中的坐标的两个分量，TTGlyphSimplePoint 中还有一个 bIsOnCurve 成员，用于表示该顶点所在的图元是直线还是二次贝塞尔曲线。

拓扑的过程类似于直线条带（见 2.4.1 节），例如，根据顶点序列 0(On) 1(On) 2(Off) 3(On) 4(Off) 5(On)拓扑产生的图元序列为：直线（0,1）、二次贝塞尔曲线（1,2,3）、二次贝塞尔曲线（3,4,5）。并且，TrueType 字体规定，如果在两个 Off 之间的 On 恰好是两个 Off 的中点，那么该 On 可以省略。例如，如果上述顶点序列中的 3 恰好是 2 和 4 的中点，那么 3 可以省略。

值得注意的是，轮廓上的顶点实际上是环形的，即在严格意义上，并不存在第一个顶点和最后一个顶点。例如，根据顶点序列 0(Off) 1(On) 2(On) 3(On) 拓扑产生的图元序列为二次贝塞尔曲线（3,0,1），直线（1,2），直线（2,3）。

8.2 绘制字形

在开始绘制字形之前，首先概括介绍整体思路。我们可以借助于模板缓冲（见 5.1.2 节）确定字形所覆盖的像素的位置。首先，我们写入到模板缓冲。将像素着色器输出的 Pixel_PS_OUT 定义为没有任何 SV_TARGETn（见 2.4.1 节），因为我们并不需要写入到渲染目标视图。MSDN 上的 Direct3D 官方文档指出：在这种情况下，可以禁用像素着色器，从而进一步提升性能将模板操作设置为按位取反，将模板读掩码和模板写掩码都设置为 0X1。将模板缓冲全部归零为 0U，绘制内外轮廓所表示的多边形。在完成绘制后，模板缓冲中为 1U 的像素即为字形所覆盖的像素。

然后，我们写入到渲染目标视图。将模板测试设置为模板测试通过当且仅当模板缓冲中的值为 1U，从而确保只有字形所覆盖的像素才会被写入到渲染目标视图。启用像素着色器，绘制字形的字形矩形（即两个三角形）到渲染目标视图。正如 8.1 节中所述，字形中的所有顶点都在字形矩形内，从而确保只要是字形所覆盖的像素就会被写入到渲染目标视图。

在以上两个条件下，像素会被写入到渲染目标视图当且仅当像素被字形所覆盖。

在上述过程中，我们需要绘制内外轮廓所表示的多边形，但 Direct3D 中并没有多边形类型的图元类型。实际上，我们可以将任意多边形三角化，如图 8-5 所示。

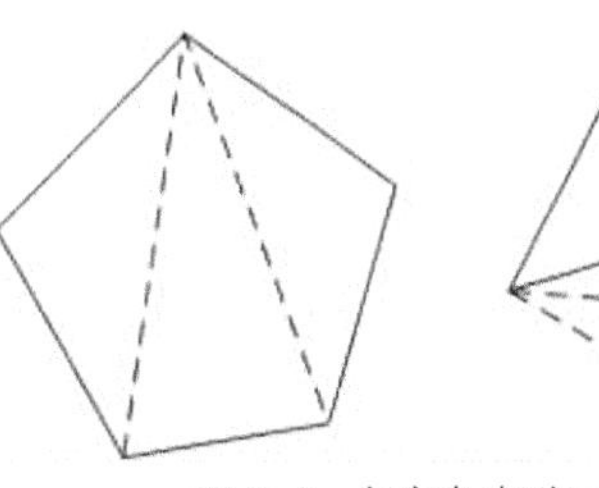
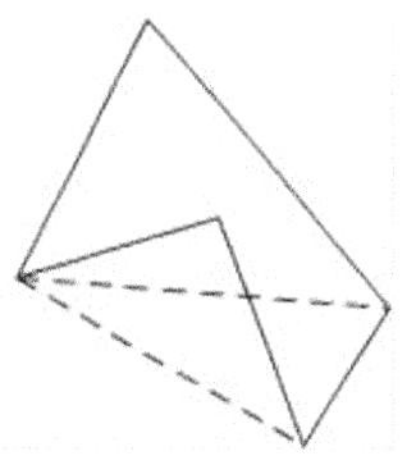
图 8-5 任意多边形三角化

根据图 8-5 可知，无论是凸多边形还是凹多边形，都可以借助于模板缓冲确定多边形所覆盖的像素的位置。只需要将模板操作设置为按位取反，将模板缓冲全部归零为 0U，绘制所有的三角形，在完成绘制后，模板缓冲中为 1U 的像素即为多边形所覆盖的像素。

不妨在 2.1.2 节的基础上对 DirectX 12 项目进行修改，最终 DirectX 12 项目中应当有以下文件。

```
//main.cpp--------------------------------------------------------------------------
与 1.1.4 节中相同，在此不再赘述

//computemain.h---------------------------------------------------------------------
#ifndef COMPUTEMAIN_H
#define COMPUTEMAIN_H

#include <sdkddkver.h>
#define WIN32_LEAN_AND_MEAN
#include <Windows.h>
#include <d3d12.h>

#define WMDX_COMPUTENEW (WM_APP+1)
//wParam
struct ComputeDefine
{
     float p0[2];
     float p1[2];
     float p2[2];
     float interval;
     UINT32 NumFloat2;
     UINT64 FirstFloat2;
     ID3D12Resource *pUAVBuffer;
};
//ComputeDefine *pData
//lParam
//void (__stdcall *pFree)(void*);//用于释放 ComputeDefine 结构体

#define WMDX_COMPUTEWAIT (WM_APP+2)
//wParam
//HANDLE hEvent

DWORD WINAPI ComputeThreadMain(LPVOID);

#endif

//computemain.cpp-------------------------------------------------------------------
#include <sdkddkver.h>
#define WIN32_LEAN_AND_MEAN
#include <Windows.h>
#include <d3d12.h>
#include <DirectXMath.h>

#include "computemain.h"

DWORD WINAPI ComputeThreadMain(LPVOID lpThreadParameter)
{

   ID3D12Device *pD3D12Device;
   {
       struct {
            ID3D12Device *pD3D12Device;
            HANDLE hEvent;
```

```
        } *pComputeThreadMainParameter =
static_cast<decltype(pComputeThreadMainParameter)>(lpThreadParameter);//即我们在
reandermain.cpp 中传入的 ComputeThreadMainParameter 结构体
        pD3D12Device = pComputeThreadMainParameter->pD3D12Device;
        MSG msg;
        PeekMessageW(&msg, NULL, 0, 0, PM_NOREMOVE);//只有当线程访问消息队列后，消息队列才会被初始化
        SetEvent(pComputeThreadMainParameter->hEvent);//只有线程完成了对消息队列的初始化后，
才会执行到此处
    }



    //创建根签名
    ID3D12RootSignature *pCRS;
    {
        HANDLE hCRSFile = CreateFileW(L"CRS.cso", GENERIC_READ, FILE_SHARE_READ, NULL,
OPEN_EXISTING, FILE_ATTRIBUTE_NORMAL, NULL);
        LARGE_INTEGER szCRSFile;
        GetFileSizeEx(hCRSFile, &szCRSFile);
        HANDLE hCRSSection = CreateFileMappingW(hCRSFile, NULL, PAGE_READONLY, 0,
szCRSFile.LowPart, NULL);
        void *pCRSFile = MapViewOfFile(hCRSSection, FILE_MAP_READ, 0, 0, szCRSFile.LowPart);

        pD3D12Device->CreateRootSignature(0X1, pCRSFile, szCRSFile.LowPart, IID_PPV_
ARGS(&pCRS));

        UnmapViewOfFile(pCRSFile);
        CloseHandle(hCRSSection);
        CloseHandle(hCRSFile);
    }

    //创建计算流水线状态对象
    ID3D12PipelineState *pComputePipelineState;
    {
        HANDLE hCSFile = CreateFileW(L"CS.cso", GENERIC_READ, FILE_SHARE_READ, NULL,
OPEN_EXISTING, FILE_ATTRIBUTE_NORMAL, NULL);
        LARGE_INTEGER szCSFile;
        GetFileSizeEx(hCSFile, &szCSFile);
        HANDLE hCSSection = CreateFileMappingW(hCSFile, NULL, PAGE_READONLY, 0,
szCSFile.LowPart, NULL);
        void *pCSFile = MapViewOfFile(hCSSection, FILE_MAP_READ, 0, 0, szCSFile.LowPart);

        D3D12_COMPUTE_PIPELINE_STATE_DESC psoDesc;

        psoDesc.pRootSignature = pCRS;

        psoDesc.CS.pShaderBytecode = pCSFile;
        psoDesc.CS.BytecodeLength = szCSFile.LowPart;

        psoDesc.NodeMask = 0X1;

        psoDesc.CachedPSO.pCachedBlob = NULL;
        psoDesc.CachedPSO.CachedBlobSizeInBytes = 0;

        psoDesc.Flags = D3D12_PIPELINE_STATE_FLAG_NONE;

        pD3D12Device->CreateComputePipelineState(&psoDesc, IID_PPV_ARGS
(&pComputePipelineState));

        UnmapViewOfFile(pCSFile);
        CloseHandle(hCSSection);
        CloseHandle(hCSFile);
```

```
    }

    //创建描述符堆
    ID3D12DescriptorHeap *pCBVSRVUAVHeap;
    {
        D3D12_DESCRIPTOR_HEAP_DESC CBVHeapDesc = { D3D12_DESCRIPTOR_HEAP_TYPE_CBV_SRV_UAV,
1,D3D12_DESCRIPTOR_HEAP_FLAG_SHADER_VISIBLE,0X1 };
        pD3D12Device->CreateDescriptorHeap(&CBVHeapDesc, ID_PPV_ARGS(&pCBVSRVUAVHeap));
    }

    //创建计算命令队列
    ID3D12CommandQueue *pComputeCommandQueue;
    {
        D3D12_COMMAND_QUEUE_DESC cqdc;
        cqdc.Type = D3D12_COMMAND_LIST_TYPE_COMPUTE;//创建一个计算命令队列
        cqdc.Priority = D3D12_COMMAND_QUEUE_PRIORITY_NORMAL;
        cqdc.Flags = D3D12_COMMAND_QUEUE_FLAG_NONE;
        cqdc.NodeMask = 0X1;
        pD3D12Device->CreateCommandQueue(&cqdc, IID_PPV_ARGS(&pComputeCommandQueue));
    }

    //创建计算命令分配器
    ID3D12CommandAllocator *pComputeCommandAllocator;
    pD3D12Device->CreateCommandAllocator(D3D12_COMMAND_LIST_TYPE_COMPUTE,
IID_PPV_ARGS(&pComputeCommandAllocator));

    //创建计算命令列表
    ID3D12GraphicsCommandList *pComputeCommandList;
    pD3D12Device->CreateCommandList(0X1, D3D12_COMMAND_LIST_TYPE_COMPUTE,
pComputeCommandAllocator, NULL, IID_PPV_ARGS(&pComputeCommandList));
    pComputeCommandList->Close();//在用 ID3D12GraphicsCommandList 接口的 Reset 方法创建命令列
表时，与命令分配器关联的所有命令列表都必须处于关闭状态

    //用围栏和事件对象进行同步，以确定 GPU 完成计算的时机
    ID3D12Fence *pComputeFence;
    pD3D12Device->CreateFence(0U, D3D12_FENCE_FLAG_NONE, IID_PPV_ARGS(&pComputeFence));
    HANDLE hEvent;
    hEvent = CreateEventW(NULL, FALSE, FALSE, NULL);


    bool bIsContinued = true;
    while (bIsContinued)
    {
        MSG msg;
        GetMessageW(&msg, NULL, 0, 0);
        switch (msg.message)
        {
        case WMDX_COMPUTENEW:
        {
            //解析 wParam 和 lParam
            ComputeDefine *pData = reinterpret_cast<ComputeDefine *>(msg.wParam);
            void(__stdcall *pFree)(void*) = reinterpret_cast<void(__stdcall
*)(void*)>(msg.lParam);

            //释放命令分配器中的内存
            pComputeCommandAllocator->Reset();

            //设置计算流水线状态对象
            pComputeCommandList->Reset(pComputeCommandAllocator, pComputePipelineState);
            //设置根签名
            pComputeCommandList->SetComputeRootSignature(pCRS);
```

```
            //cbuffer
            union
            {
               UINT32 ui;
               float f;
            }value32bit;
            //float2 g_p0;
            value32bit.f = pData->p0[0];
            pComputeCommandList->SetComputeRoot32BitConstant(0, value32bit.ui, 0);
            value32bit.f = pData->p0[1];
            pComputeCommandList->SetComputeRoot32BitConstant(0, value32bit.ui, 1);
            //float2 g_p1;
            value32bit.f = pData->p1[0];
            pComputeCommandList->SetComputeRoot32BitConstant(0, value32bit.ui, 2);
            value32bit.f = pData->p1[1];
            pComputeCommandList->SetComputeRoot32BitConstant(0, value32bit.ui, 3);
            //float2 g_p2;
            value32bit.f = pData->p2[0];
            pComputeCommandList->SetComputeRoot32BitConstant(0, value32bit.ui, 4);
            value32bit.f = pData->p2[1];
            pComputeCommandList->SetComputeRoot32BitConstant(0, value32bit.ui, 5);
            //float g_interval;
            value32bit.f = pData->interval;
            pComputeCommandList->SetComputeRoot32BitConstant(0, value32bit.ui, 6);

            //RWBuffer<T>
            pComputeCommandList->SetDescriptorHeaps(1, &pCBVSRVUAVHeap);
            pComputeCommandList->SetComputeRootDescriptorTable(1,
pCBVSRVUAVHeap->GetGPUDescriptorHandleForHeapStart());
            //定位构造无序访问资源视图
            D3D12_UNORDERED_ACCESS_VIEW_DESC uavdc;
            uavdc.Format = DXGI_FORMAT_R32_FLOAT;//应当与 HLSL 中的 RWBuffer<float>一致
            uavdc.ViewDimension = D3D12_UAV_DIMENSION_BUFFER;
            uavdc.Buffer.StructureByteStride = 0U;//RWStructuredBuffer
            uavdc.Buffer.CounterOffsetInBytes = 0U;//RWStructuredBuffer
            uavdc.Buffer.Flags = D3D12_BUFFER_UAV_FLAG_NONE;
            uavdc.Buffer.FirstElement = 2 * pData->FirstFloat2;
            uavdc.Buffer.NumElements = 2 * pData->NumFloat2;
            pD3D12Device->CreateUnorderedAccessView(pData->pUAVBuffer, NULL, &uavdc,
pCBVSRVUAVHeap->GetCPUDescriptorHandleForHeapStart());

            pComputeCommandList->Dispatch(pData->NumFloat2, 1, 1);

            pComputeCommandList->Close();

            //ComputeThreadMain 有义务释放内存
            pFree(pData);

            pComputeCommandQueue->ExecuteCommandLists(1, reinterpret_cast
<ID3D12CommandList **>(&pComputeCommandList));

            //在上一个 ExecuteCommandLists 命令之后插入围栏
            pComputeCommandQueue->Signal(pComputeFence, 1U);

            //CPU 线程会等待
            pComputeFence->SetEventOnCompletion(1U, hEvent);
            WaitForSingleObject(hEvent, INFINITE);

            //将围栏重置为 0
            pComputeFence->Signal(0U);

            //CPU 线程在描述符堆中定位构造无序访问资源视图的进度和 GPU 线程执行 Dispatch 命令的进
度必须相同，因此，必须使用围栏进行同步
```

```
			}
			break;
			case WMDX_COMPUTEWAIT:
			{
				//消息队列保证了串行化，只有线程完成了对之前所有的 WMDX_COMPUTENEW 消息的处理后，才会执行到此处

				//解析 wParam 和 lParam
				HANDLE hEvent = reinterpret_cast<HANDLE>(msg.wParam);
				SetEvent(hEvent);

			}
			break;
			}
	}

	return 0U;
}

//CRS.hlsli---------------------------------------------------------------------
#define CRS "\
RootConstants(b0,space=0,num32BitConstants=7),\
DescriptorTable(UAV(u0,space=0,NumDescriptors=1))"

//CRS.hlsl----------------------------------------------------------------------
#include"CRS.hlsli"

//CS.hlsl-----------------------------------------------------------------------
#include "CRS.hlsli"

cbuffer cb00 : register(b0, space0)
{
	float2 g_p0;
	float2 g_p1;
	float2 g_p2;
	float g_interval;
}

RWBuffer<float> BufferOut : register(u0, space0);

[RootSignature(CRS)]
[numthreads(1, 1, 1)]
void main(uint3 gid : SV_GroupID)
{
	float t = g_interval*(gid.x + 1);//计算着色器输出的顶点中不包括二次贝塞尔曲线的端点
	float t_inv = 1.0f - t;
	BufferOut[2 * gid.x] = (t_inv*t_inv)*g_p0.x + (2 * t_inv*t)*g_p1.x + (t*t)*g_p2.x;
	BufferOut[2 * gid.x + 1] = (t_inv*t_inv)*g_p0.y + (2 * t_inv*t)*g_p1.y + (t*t)*g_p2.y;
}

//rendermain.cpp----------------------------------------------------------------
#include <sdkddkver.h>
#define WIN32_LEAN_AND_MEAN
#include <Windows.h>
#include <dxgi.h>
#include <d3d12.h>
#include <DirectXMath.h>
#include <cmath>

#include <process.h>
//_beginthreadex 的参数类型与 Windows 数据类型不匹配，定义了以下 BeginThread 辅助宏
#ifndef BeginThread
```

```
#define BeginThread(lpThreadAttributes,dwStackSize,lpStartAddress,lpParameter,
dwCreationFlags,lpThreadId) (_beginthreadex)(reinterpret_cast<void
*>(lpThreadAttributes),static_cast<unsigned>(dwStackSize),reinterpret_cast<unsigned
(__stdcall *) (void *)>(lpStartAddress),static_cast<void *>(lpParameter),static_
cast<unsigned>(dwCreationFlags),reinterpret_cast<unsigned *>(lpThreadId))
#endif
//注意，由于排版的原因，以上代码可能被印刷成多行，但是根据C/C++的语法可知，以上代码应当写在同一行(当
然读者也可以使用 \ 写成多行)

#include "computemain.h"

#include <TTF.h>

DWORD WINAPI RenderThreadMain(LPVOID lpThreadParameter)
{

   HWND hWnd = static_cast<HWND>(lpThreadParameter);//即我们在main.cpp中传入的窗口句柄

//启用Direct3D 12调试层
#if defined(_DEBUG)
     {
          ID3D12Debug *pD3D12Debug;
          if(SUCCEEDED(D3D12GetDebugInterface(IID_PPV_ARGS(&pD3D12Debug))))
          {
               pD3D12Debug->EnableDebugLayer();
          }
          pD3D12Debug->Release();
     }
#endif

     //创建Direct3D 12设备
     IDXGIFactory *pDXGIFactory;
     CreateDXGIFactory(IID_PPV_ARGS(&pDXGIFactory));

     ID3D12Device *pD3D12Device = NULL;
     {
          IDXGIAdapter *pDXGIAdapter;
          //遍历所有的适配器进行尝试，优先尝试主适配器
          for (UINT i = 0U; SUCCEEDED(pDXGIFactory->EnumAdapters(i, &pDXGIAdapter)); ++i)
          {
               if (SUCCEEDED(D3D12CreateDevice(pDXGIAdapter, D3D_FEATURE_LEVEL_11_0,
IID_PPV_ARGS(&pD3D12Device))))
               {
                    pDXGIAdapter->Release();//实际上，在完成创建设备对象以后，DXGI适配器对象
就可以释放
                    break;
               }
               pDXGIAdapter->Release();
          }
     }

     DWORD ComputeThreadID;
     {
          struct {
               ID3D12Device *pD3D12Device;
               HANDLE hEvent;
          }ComputeThreadMainParameter;
          ComputeThreadMainParameter.pD3D12Device = pD3D12Device;
          ComputeThreadMainParameter.hEvent = CreateEventW(NULL, FALSE, FALSE, NULL);
          BeginThread(NULL, 0, ComputeThreadMain, static_cast<void
*>(&ComputeThreadMainParameter), 0, &ComputeThreadID);
```

```
        WaitForSingleObject(ComputeThreadMainParameter.hEvent, INFINITE);//等待
ComputeThreadMain 完成对消息队列的初始化
        CloseHandle(ComputeThreadMainParameter.hEvent);
    }

    //创建自定义堆
    ID3D12Heap *pCustomHeap;
    {
        D3D12_HEAP_DESC heapdc;
        heapdc.SizeInBytes = D3D12_DEFAULT_RESOURCE_PLACEMENT_ALIGNMENT * 32; //只要
足够存放顶点缓冲和索引缓冲即可
        heapdc.Properties.Type = D3D12_HEAP_TYPE_CUSTOM;//使用自定义类型以绕过预定义类型的
额外的权限限制（见 4.2.2 节）
        heapdc.Properties.CPUPageProperty = D3D12_CPU_PAGE_PROPERTY_WRITE_COMBINE;
        heapdc.Properties.MemoryPoolPreference = D3D12_MEMORY_POOL_L0;
        heapdc.Properties.CreationNodeMask = 1;
        heapdc.Properties.VisibleNodeMask = 1;
        heapdc.Alignment = D3D12_DEFAULT_RESOURCE_PLACEMENT_ALIGNMENT;
        heapdc.Flags = D3D12_HEAP_FLAG_ALLOW_ONLY_BUFFERS;
        pD3D12Device->CreateHeap(&heapdc, IID_PPV_ARGS(&pCustomHeap));
    }

    //创建顶点缓冲
    ID3D12Resource *pVertexBuffer;
    {
        D3D12_RESOURCE_DESC bufferdc;
        bufferdc.Dimension = D3D12_RESOURCE_DIMENSION_BUFFER;
        bufferdc.Alignment = D3D12_DEFAULT_RESOURCE_PLACEMENT_ALIGNMENT;
        bufferdc.Width = D3D12_DEFAULT_RESOURCE_PLACEMENT_ALIGNMENT * 16; //只要足够存
放顶点缓冲即可
        bufferdc.Height = 1;
        bufferdc.DepthOrArraySize = 1;
        bufferdc.MipLevels = 1;
        bufferdc.Format = DXGI_FORMAT_UNKNOWN;
        bufferdc.SampleDesc.Count = 1;
        bufferdc.SampleDesc.Quality = 0;
        bufferdc.Layout = D3D12_TEXTURE_LAYOUT_ROW_MAJOR;
        bufferdc.Flags = D3D12_RESOURCE_FLAG_ALLOW_UNORDERED_ACCESS;//只有设置了该标志的
资源中的子资源才允许对图形/计算类的权限有可作为无序访问（见 4.2.3 节）
        pD3D12Device->CreatePlacedResource(pCustomHeap, 0, &bufferdc, D3D12_RESOURCE_
STATE_UNORDERED_ACCESS, NULL, IID_PPV_ARGS(&pVertexBuffer)); //正如 4.2.2 节中所述，上传堆
或回读堆中的资源在创建时 InitialState 参数必须设置为通用读或可作为复制宿，在这两种情况下，对图形/计算
类的权限为通用读或可作为复制宿，不包含可作为无序访问（见 3.4.1 节），因此，必须使用自定义类型的资源堆
    }

    //映射到 CPU 进程的虚拟地址空间中（见 4.3.1 节）
    volatile UINT8 *pVertexBufferData;
    {
        void *p;
        D3D12_RANGE range = { 0,0 };
        pVertexBuffer->Map(0, &range, &p);
        pVertexBufferData = static_cast<UINT8 *>(p);
    }

    //创建索引缓冲
    ID3D12Resource *pIndexBuffer;
    {
        D3D12_RESOURCE_DESC bufferdc;
        bufferdc.Dimension = D3D12_RESOURCE_DIMENSION_BUFFER;
        bufferdc.Alignment = D3D12_DEFAULT_RESOURCE_PLACEMENT_ALIGNMENT;
        bufferdc.Width = D3D12_DEFAULT_RESOURCE_PLACEMENT_ALIGNMENT * 16; //只要足够存
放索引缓冲即可
```

```
            bufferdc.Height = 1;
            bufferdc.DepthOrArraySize = 1;
            bufferdc.MipLevels = 1;
            bufferdc.Format = DXGI_FORMAT_UNKNOWN;
            bufferdc.SampleDesc.Count = 1;
            bufferdc.SampleDesc.Quality = 0;
            bufferdc.Layout = D3D12_TEXTURE_LAYOUT_ROW_MAJOR;
            bufferdc.Flags = D3D12_RESOURCE_FLAG_NONE;
            pD3D12Device->CreatePlacedResource(pCustomHeap, D3D12_DEFAULT_RESOURCE_
PLACEMENT_ALIGNMENT * 16//只要索引缓冲和顶点缓冲不重叠即可
                , &bufferdc, D3D12_RESOURCE_STATE_INDEX_BUFFER, NULL,
IID_PPV_ARGS(&pIndexBuffer));
        }

        //映射到 CPU 进程的虚拟地址空间中（见 4.3.1 节）
        volatile UINT8 *pIndexBufferData;
        {
            void *p;
            D3D12_RANGE range = { 0,0 };
            pIndexBuffer->Map(0, &range, &p);
            pIndexBufferData = static_cast<UINT8 *>(p);
        }

        //填充输入布局
        D3D12_INPUT_ELEMENT_DESC inputlayout[1];
        inputlayout[0].SemanticName = "UserPos";
        inputlayout[0].SemanticIndex = 0;
        inputlayout[0].Format = DXGI_FORMAT_R32G32_FLOAT;
        inputlayout[0].InputSlot = 0;
        inputlayout[0].AlignedByteOffset = 0;
        inputlayout[0].InputSlotClass = D3D12_INPUT_CLASSIFICATION_PER_VERTEX_DATA;
        inputlayout[0].InstanceDataStepRate = 0;

        //设置顶点缓冲视图在缓冲中的偏移值
        UINT64 vboffset = 0U;//只要顶点缓冲视图间不发生重叠即可
        //填充顶点缓冲视图
        D3D12_VERTEX_BUFFER_VIEW vbview;
        vbview.BufferLocation = pVertexBuffer->GetGPUVirtualAddress() + vboffset;
        vbview.StrideInBytes = 8U;//对应于 float2 类型
        //vbview.SizeInBytes 会在下文中设置

        //设置索引缓冲视图在缓冲中的偏移值
        UINT64 iboffset = 0;//只要索引缓冲视图间不发生重叠即可
        //填充索引缓冲视图
        D3D12_INDEX_BUFFER_VIEW ibview;
        ibview.BufferLocation = pIndexBuffer->GetGPUVirtualAddress() + iboffset;
        //ibView.SizeInBytes 会在下文中设置
        ibview.Format = DXGI_FORMAT_R32_UINT;

        //在示例程序中，为了方便，我们使用 COM 提供的内存分配函数
        TTLibraryInit((void *(__stdcall *)(size_t))CoTaskMemAlloc, CoTaskMemFree);

        TTHFont hFont;
        {
            HANDLE hTTFFile = CreateFileW(L"D:\\simfang.ttf", GENERIC_READ,
FILE_SHARE_READ, NULL, OPEN_EXISTING, FILE_ATTRIBUTE_NORMAL, NULL);
            LARGE_INTEGER szTTFFile;
            GetFileSizeEx(hTTFFile, &szTTFFile);
            HANDLE hTTFSection = CreateFileMappingW(hTTFFile, NULL, PAGE_READONLY, 0,
szTTFFile.LowPart, NULL);
            void *pTTFFile = MapViewOfFile(hTTFSection, FILE_MAP_READ, 0, 0,
szTTFFile.LowPart);
```

```
        TTFontLoadFromMemory(pTTFFile, szTTFFile.LowPart, &hFont);

        UnmapViewOfFile(pTTFFile);
        CloseHandle(hTTFSection);
        CloseHandle(hTTFFile);
    }

    const TTRect *pFontRect;
    TTFontGetBound(hFont, &pFontRect);
    float FontRectWidth = static_cast<float>(pFontRect->xMax - pFontRect->xMin);
    float FontRectHeight = static_cast<float>(pFontRect->yMax - pFontRect->yMin);

    uint16_t glyphID;
    {
        uint8_t bIsSupported;
        TTFontIsUCS2Supported(hFont, &bIsSupported);
        if (bIsSupported)
            TTFontGetGlyphIDUCS2(hFont, L"日"[0], &glyphID);
    }


    TTHGlyph hGlyph;
    TTGlyphInit(hFont, glyphID, &hGlyph);

    const TTRect *pGlyphRect;
    TTGlyphGetBound(hGlyph, &pGlyphRect);
    float glyphxMin = static_cast<float>(pGlyphRect->xMin - pFontRect->xMin) / FontRectWidth;
    float glyphxMax = static_cast<float>(pGlyphRect->xMax - pFontRect->xMin) / FontRectWidth;
    float glyphyMin = static_cast<float>(pGlyphRect->yMin - pFontRect->yMin) / FontRectHeight;
    float glyphyMax = static_cast<float>(pGlyphRect->yMax - pFontRect->yMin) / FontRectHeight;

    uint16_t PointerNumber;
    const TTGlyphSimplePoint *PointArray;
    uint16_t ContourNumber;
    const uint16_t *pContourEndPointerIndexArray;

    TTGlyphSimpleGetPointNumber(hGlyph, &PointerNumber);
    TTGlyphSimpleGetPointArray(hGlyph, &PointArray);
    TTGlyphSimpleGetContourNumber(hGlyph, &ContourNumber);
    TTGlyphSimpleGetContourEndPointerIndex(hGlyph, &pContourEndPointerIndexArray);

    //写入顶点数据和索引数据
    volatile UINT8 *pvbViewData = pVertexBufferData + vboffset;
    volatile UINT8 *pibViewData = pIndexBufferData + iboffset;
    UINT32 vbi = 0U;//顶点缓冲中的索引
    UINT32 ibi = 0U;//索引缓冲中的索引

    uint16_t ContourIndexBegin;
    uint16_t ContourIndexEnd = (uint16_t)-1;

    for (uint16_t ci = 0U; ci < ContourNumber; ++ci)
    {
        ContourIndexBegin = ContourIndexEnd + 1U;
        ContourIndexEnd = pContourEndPointerIndexArray[ci];

        //写入顶点数据
        uint16_t pi = ContourIndexBegin;
        UINT32 ContourVbiBegin = vbi;
        do {
            if (PointArray[pi].bIsOnCurve)//顶点在轮廓上
            {
```

```
                    reinterpret_cast<volatile DirectX::XMFLOAT2*>(pvbViewData +
vbview.StrideInBytes*vbi + inputlayout[0].AlignedByteOffset)->x =
static_cast<float>(PointArray[pi].x - pFontRect->xMin) / FontRectWidth;
                    reinterpret_cast<volatile DirectX::XMFLOAT2*>(pvbViewData +
vbview.StrideInBytes*vbi + inputlayout[0].AlignedByteOffset)->y =
static_cast<float>(PointArray[pi].y - pFontRect->yMin) / FontRectHeight;
                    ++vbi;//添加一个顶点
               }
               else//顶点是二次贝塞尔曲线的控制点
               {
                    float p0[2];
                    float p1[2];
                    float p2[2];
                    p1[0] = static_cast<float>(PointArray[pi].x - pFontRect->xMin) /
FontRectWidth;
                    p1[1] = static_cast<float>(PointArray[pi].y - pFontRect->yMin) /
FontRectHeight;

                    uint16_t lastindex = pi - 1;
                    if (lastindex == uint16_t(-1) //考虑到 lastindex 为 0 时溢出的情形
                         || lastindex < ContourIndexBegin)
                         lastindex = ContourIndexEnd - (ContourIndexBegin - lastindex - 1U);
                    if (PointArray[lastindex].bIsOnCurve)//顶点在轮廓上
                    {
                         p0[0] = static_cast<float>(PointArray[lastindex].x -
pFontRect->xMin) / FontRectWidth;
                         p0[1] = static_cast<float>(PointArray[lastindex].y -
pFontRect->yMin) / FontRectHeight;
                         //在当顶点在轮廓上成立的判断分支中会添加该顶点，不需要在此添加
                    }
                    else//两个 Off 之间的中点 On 被省略
                    {
                         int16_t x = PointArray[lastindex].x / 2U + PointArray[pi].x / 2U;
                         int16_t y = PointArray[lastindex].y / 2U + PointArray[pi].y / 2U;
                         reinterpret_cast<volatile DirectX::XMFLOAT2*>(pvbViewData +
vbview.StrideInBytes*vbi + inputlayout[0].AlignedByteOffset)->x = static_cast<float>(x
- pFontRect->xMin) / FontRectWidth;
                         reinterpret_cast<volatile DirectX::XMFLOAT2*>(pvbViewData +
vbview.StrideInBytes*vbi + inputlayout[0].AlignedByteOffset)->y = static_cast<float>(y
- pFontRect->yMin) / FontRectHeight;
                         ++vbi;//添加被省略的顶点
                         p0[0] = static_cast<float>(x - pFontRect->xMin) / FontRectWidth;
                         p0[1] = static_cast<float>(y - pFontRect->yMin) / FontRectHeight;
                    }

                    uint16_t nextindex = pi + 1;
                    if (nextindex ==0 //考虑到 nextindex 为 uint16_t(-1)时溢出的情形
                         ||nextindex > ContourIndexEnd)
                         nextindex = ContourIndexBegin + (nextindex - ContourIndexEnd - 1U);
                    if (PointArray[nextindex].bIsOnCurve)
                    {
                         p2[0] = static_cast<float>(PointArray[nextindex].x -
pFontRect->xMin) / FontRectWidth;
                         p2[1] = static_cast<float>(PointArray[nextindex].y -
pFontRect->yMin) / FontRectHeight;
                         //在当顶点在轮廓上成立的判断分支中会添加该顶点，不需要在此添加
                    }
                    else//两个 Off 之间的中点 On 被省略
                    {
                         int16_t x = PointArray[nextindex].x / 2U + PointArray[pi].x / 2U;
                         int16_t y = PointArray[nextindex].y / 2U + PointArray[pi].y / 2U;
                         //该被省略的顶点会在下一个二次贝塞尔曲线中被添加，不需要在此添加
```

```
                    p2[0] = static_cast<float>(x - pFontRect->xMin) / FontRectWidth;
                    p2[1] = static_cast<float>(y - pFontRect->yMin) / FontRectHeight;
                }

                float dst = 0.0f;
                float x = p1[0] - p0[0];
                float y = p1[1] - p0[1];
                dst += std::sqrtf(x*x + y*y);
                x = p2[0] - p1[0];
                y = p2[1] - p1[1];
                dst += std::sqrtf(x*x + y*y);

                static const float g_interval = 0.1f;//显然，间隔越小，产生的顶点就越多，
绘制的曲线也就越平滑，当然，还可以结合 MSAA（见 4.4.2 节）
                UINT32 NumFloat2 = static_cast<UINT32>(dst / g_interval);
                if (NumFloat2 > 1U)//否则，由于计算着色器输出的顶点中不包括二次贝塞尔曲线的
端点，不需要计算着色器输出顶点
                {
                    //在示例程序中，为了方便，我们使用 COM 提供的内存分配函数
                    ComputeDefine *pComputeDefine = static_cast<ComputeDefine
*>(CoTaskMemAlloc(sizeof(ComputeDefine)));//rendermain.cpp 有义务分配内存
                    pComputeDefine->p0[0] = p0[0];
                    pComputeDefine->p0[1] = p0[1];
                    pComputeDefine->p1[0] = p1[0];
                    pComputeDefine->p1[1] = p1[1];
                    pComputeDefine->p2[0] = p2[0];
                    pComputeDefine->p2[1] = p2[1];
                    pComputeDefine->NumFloat2 = NumFloat2;

                    pComputeDefine->interval = 1.0f /
static_cast<float>(pComputeDefine->NumFloat2);

                    --pComputeDefine->NumFloat2;//计算着色器输出的顶点中不包括二次贝塞
尔曲线的端点

                    pComputeDefine->FirstFloat2 = vboffset / 8U + vbi; //假定 vboffset
是 8 的整数倍

                    pComputeDefine->pUAVBuffer = pVertexBuffer;

                    PostThreadMessageW(ComputeThreadID, WMDX_COMPUTENEW,
reinterpret_cast<WPARAM>(pComputeDefine),
reinterpret_cast<LPARAM>(CoTaskMemFree));//ComputeThreadMain 有义务释放内存

                    vbi += pComputeDefine->NumFloat2;//产生 NumFloat2 个顶点
                }
            }
            ++pi;
            if (pi == 0 //考虑到 pi 为 uint16_t(-1)时溢出的情形
                ||pi > ContourIndexEnd)
                pi = ContourIndexBegin + (pi - ContourIndexEnd - 1U);
        } while (pi != ContourIndexBegin);

        //写入索引数据
        UINT32 ContourVbiEnd = vbi - 1U;
        //将多边形三角化
        for (UINT32 i = ContourVbiBegin + 1U; i < ContourVbiEnd; ++i)
        {
            *reinterpret_cast<volatile UINT32*>(pibViewData + sizeof(UINT32)*ibi) =
ContourVbiBegin;
            ++ibi;
            *reinterpret_cast<volatile UINT32*>(pibViewData + sizeof(UINT32)*ibi) = i;
```

```
                ++ibi;
                *reinterpret_cast<volatile UINT32*>(pibViewData + sizeof(UINT32)*ibi) = (i + 1);
                ++ibi;
            }
        }
        vbview.SizeInBytes = vbview.StrideInBytes*vbi;
        ibview.SizeInBytes = sizeof(UINT32)*ibi;

        //等待 GPU 线程完成计算
        HANDLE hEvent = CreateEventW(NULL, FALSE, FALSE, NULL);
        PostThreadMessageW(ComputeThreadID, WMDX_COMPUTEWAIT, reinterpret_cast<WPARAM>(hEvent), 0);
        WaitForSingleObject(hEvent, INFINITE);


        //开始绘制
        //创建直接命令队列
        ID3D12CommandQueue *pDirectCommandQueue;
        {
            D3D12_COMMAND_QUEUE_DESC cqdc;
            cqdc.Type = D3D12_COMMAND_LIST_TYPE_DIRECT;//创建一个直接命令队列，因为
IDXGISwapChain::Present（见 2.1.4 节）只能在直接命令队列上执行
            cqdc.Priority = D3D12_COMMAND_QUEUE_PRIORITY_NORMAL;
            cqdc.Flags = D3D12_COMMAND_QUEUE_FLAG_NONE;
            cqdc.NodeMask = 0X1;
            pD3D12Device->CreateCommandQueue(&cqdc, IID_PPV_ARGS(&pDirectCommandQueue));
        }

        //创建交换链
        IDXGISwapChain *pDXGISwapChain;
        {
            DXGI_SWAP_CHAIN_DESC scdc;
            scdc.BufferDesc.Width = 0U;
            scdc.BufferDesc.Height = 0U;
            scdc.BufferDesc.RefreshRate.Numerator = 60U;
            scdc.BufferDesc.RefreshRate.Denominator = 1U;
            scdc.BufferDesc.Format = DXGI_FORMAT_R8G8B8A8_UNORM;
            scdc.BufferDesc.ScanlineOrdering = DXGI_MODE_SCANLINE_ORDER_UNSPECIFIED;
            scdc.BufferDesc.Scaling = DXGI_MODE_SCALING_UNSPECIFIED;
            scdc.SampleDesc.Count = 1U;//注意多重采样的设置方式
            scdc.SampleDesc.Quality = 0U;
            scdc.BufferUsage = DXGI_USAGE_BACK_BUFFER | DXGI_USAGE_RENDER_TARGET_OUTPUT;
            scdc.BufferCount = 2;
            scdc.OutputWindow = hWnd;//即我们在 main.cpp 中传入的窗口句柄
            scdc.Windowed = TRUE;//设置为窗口模式更加友好
            scdc.SwapEffect = DXGI_SWAP_EFFECT_FLIP_SEQUENTIAL;//读者也可以使用
DXGI_SWAP_EFFECT_FLIP_DISCARD
            scdc.Flags = 0U;
            pDXGIFactory->CreateSwapChain(pDirectCommandQueue, &scdc, &pDXGISwapChain);
        }
        pDXGIFactory->Release();//实际上，在完成创建交换链对象以后，DXGI 类厂对象就可以释放

        //创建渲染目标视图
        ID3D12Resource *pFrameBuffer;
        pDXGISwapChain->GetBuffer(0, IID_PPV_ARGS(&pFrameBuffer));

        ID3D12DescriptorHeap *pRTVHeap;
        {
            D3D12_DESCRIPTOR_HEAP_DESC RTVHeapDesc =
{ D3D12_DESCRIPTOR_HEAP_TYPE_RTV ,1,D3D12_DESCRIPTOR_HEAP_FLAG_NONE,0X1 };
            pD3D12Device->CreateDescriptorHeap(&RTVHeapDesc, IID_PPV_ARGS(&pRTVHeap));
        }
```

```
    pD3D12Device->CreateRenderTargetView(pFrameBuffer, NULL,
pRTVHeap->GetCPUDescriptorHandleForHeapStart());

    //创建默认堆
    ID3D12Heap *pRTDSHeap;
    {
        D3D12_HEAP_DESC heapdc;
        heapdc.SizeInBytes = D3D12_DEFAULT_RESOURCE_PLACEMENT_ALIGNMENT * 64;//只要足够存放作为深度模板的 2D 纹理数组即可
        heapdc.Properties.Type = D3D12_HEAP_TYPE_DEFAULT;
        heapdc.Properties.CPUPageProperty = D3D12_CPU_PAGE_PROPERTY_UNKNOWN;
        heapdc.Properties.MemoryPoolPreference = D3D12_MEMORY_POOL_UNKNOWN;
        heapdc.Properties.CreationNodeMask = 0X1;
        heapdc.Properties.VisibleNodeMask = 0X1;
        heapdc.Alignment = D3D12_DEFAULT_RESOURCE_PLACEMENT_ALIGNMENT;
        heapdc.Flags = D3D12_HEAP_FLAG_ALLOW_ONLY_RT_DS_TEXTURES;
        pD3D12Device->CreateHeap(&heapdc, IID_PPV_ARGS(&pRTDSHeap));
    }
    //创建纹理
    ID3D12Resource *pDSTex;
    {
        D3D12_RESOURCE_DESC rcdc;
        rcdc.Dimension = D3D12_RESOURCE_DIMENSION_TEXTURE2D;
        rcdc.Alignment = D3D12_DEFAULT_RESOURCE_PLACEMENT_ALIGNMENT;
        rcdc.Width = 800;//输出混合阶段的各个渲染目标视图和深度模板视图的底层资源的宽度和高度必须相同
        rcdc.Height = 600;
        rcdc.DepthOrArraySize = 1;
        rcdc.MipLevels = 1;
        rcdc.Format = DXGI_FORMAT_D24_UNORM_S8_UINT;//正如 4.1.1 节中所述，在 Direct3D 12 中，显示适配器一定支持 DXGI_FORMAT_D24_UNORM_S8_UINT 格式，一般都使用该格式
        rcdc.SampleDesc.Count = 1;
        rcdc.SampleDesc.Quality = 0;
        rcdc.Layout = D3D12_TEXTURE_LAYOUT_UNKNOWN;
        rcdc.Flags = D3D12_RESOURCE_FLAG_ALLOW_DEPTH_STENCIL | D3D12_RESOURCE_FLAG_
DENY_SHADER_RESOURCE;
        D3D12_CLEAR_VALUE clval;
        clval.Format = DXGI_FORMAT_D24_UNORM_S8_UINT;
        clval.DepthStencil.Depth = 1.0f;
        clval.DepthStencil.Stencil = 0U;
        pD3D12Device->CreatePlacedResource(pRTDSHeap, 0, &rcdc, D3D12_RESOURCE_STATE_
DEPTH_WRITE, &clval, IID_PPV_ARGS(&pDSTex));
    }
    //创建深度模板视图
    ID3D12DescriptorHeap *pDSVHeap;
    {
        D3D12_DESCRIPTOR_HEAP_DESC DSVHeapDesc = { D3D12_DESCRIPTOR_HEAP_TYPE_DSV ,
1,D3D12_DESCRIPTOR_HEAP_FLAG_NONE,0X1 };
        pD3D12Device->CreateDescriptorHeap(&DSVHeapDesc, IID_PPV_ARGS(&pDSVHeap));
    }
    pD3D12Device->CreateDepthStencilView(pDSTex, NULL,
pDSVHeap->GetCPUDescriptorHandleForHeapStart());

    //创建根签名
    ID3D12RootSignature *pGRSGlyph;
    {
        //加载根签名字节码到内存中
        HANDLE hGRSFile = CreateFileW(L"GRSGlyph.cso", GENERIC_READ, FILE_SHARE_READ,
NULL, OPEN_EXISTING, FILE_ATTRIBUTE_NORMAL, NULL);
        LARGE_INTEGER szGRSFile;
        GetFileSizeEx(hGRSFile, &szGRSFile);
        HANDLE hGRSSection = CreateFileMappingW(hGRSFile, NULL, PAGE_READONLY, 0,
szGRSFile.LowPart, NULL);
```

```
        void *pGRSFile = MapViewOfFile(hGRSSection, FILE_MAP_READ, 0, 0, szGRSFile.LowPart);

        //创建根签名对象
        pD3D12Device->CreateRootSignature(0X1, pGRSFile, szGRSFile.LowPart,
IID_PPV_ARGS(&pGRSGlyph));

        //在完成了根签名对象的创建之后，相关字节码的内存就可以释放
        UnmapViewOfFile(pGRSFile);
        CloseHandle(hGRSSection);
        CloseHandle(hGRSFile);
    }

    ID3D12RootSignature *pGRSRect;
    {
        //加载根签名字节码到内存中
        HANDLE hGRSFile = CreateFileW(L"GRSRect.cso", GENERIC_READ, FILE_SHARE_READ,
NULL, OPEN_EXISTING, FILE_ATTRIBUTE_NORMAL, NULL);
        LARGE_INTEGER szGRSFile;
        GetFileSizeEx(hGRSFile, &szGRSFile);
        HANDLE hGRSSection = CreateFileMappingW(hGRSFile, NULL, PAGE_READONLY, 0,
szGRSFile.LowPart, NULL);
        void *pGRSFile = MapViewOfFile(hGRSSection, FILE_MAP_READ, 0, 0, szGRSFile.LowPart);

        //创建根签名对象
        pD3D12Device->CreateRootSignature(0X1, pGRSFile, szGRSFile.LowPart,
IID_PPV_ARGS(&pGRSRect));

        //在完成了根签名对象的创建之后，相关字节码的内存就可以释放
        UnmapViewOfFile(pGRSFile);
        CloseHandle(hGRSSection);
        CloseHandle(hGRSFile);
    }

    //创建图形流水线状态对象
    ID3D12PipelineState *pGraphicPipelineStateGlyph;
    {
        HANDLE hVSFile = CreateFileW(L"VSGlyph.cso", GENERIC_READ, FILE_SHARE_READ,
NULL, OPEN_EXISTING, FILE_ATTRIBUTE_NORMAL, NULL);
        LARGE_INTEGER szVSFile;
        GetFileSizeEx(hVSFile, &szVSFile);
        HANDLE hVSSection = CreateFileMappingW(hVSFile, NULL, PAGE_READONLY, 0,
szVSFile.LowPart, NULL);
        void *pVSFile = MapViewOfFile(hVSSection, FILE_MAP_READ, 0, 0, szVSFile.LowPart);

        D3D12_GRAPHICS_PIPELINE_STATE_DESC psoDesc;
        psoDesc.pRootSignature = pGRSGlyph;

        //在根签名没有指定ALLOW_INPUT_ASSEMBLER_INPUT_LAYOUT标志的情况下，InputLayout必须为空
        psoDesc.InputLayout.NumElements = 1;
        psoDesc.InputLayout.pInputElementDescs = inputlayout;

        //禁用重启动条带
        psoDesc.IBStripCutValue = D3D12_INDEX_BUFFER_STRIP_CUT_VALUE_0xFFFFFFFF;
        //用于有效性检查，一般和IASetPrimitiveTopology中设置的值一致
        psoDesc.PrimitiveTopologyType = D3D12_PRIMITIVE_TOPOLOGY_TYPE_TRIANGLE;

        //顶点着色器
        psoDesc.VS.pShaderBytecode = pVSFile;
        psoDesc.VS.BytecodeLength = szVSFile.LowPart;
        //以下着色器暂时不使用
        psoDesc.PS.pShaderBytecode = NULL;
        psoDesc.PS.BytecodeLength = 0;
```

```
        psoDesc.HS.pShaderBytecode = NULL;
        psoDesc.HS.BytecodeLength = 0;
        psoDesc.DS.pShaderBytecode = NULL;
        psoDesc.DS.BytecodeLength = 0;
        psoDesc.GS.pShaderBytecode = NULL;
        psoDesc.GS.BytecodeLength = 0;

        //在根签名没有指定 ALLOW_STREAM_OUTPUT 标志的情况下，StreamOutputr 必须全部赋值为 0
        psoDesc.StreamOutput = {};

        //光栅化阶段
        psoDesc.RasterizerState.FillMode = D3D12_FILL_MODE_SOLID;
        psoDesc.RasterizerState.CullMode = D3D12_CULL_MODE_NONE;
        psoDesc.RasterizerState.FrontCounterClockwise = FALSE;
        psoDesc.RasterizerState.DepthBias = 0;
        psoDesc.RasterizerState.DepthBiasClamp = 0.0f;
        psoDesc.RasterizerState.SlopeScaledDepthBias = 0.0f;
        psoDesc.RasterizerState.DepthClipEnable = FALSE;
        psoDesc.RasterizerState.MultisampleEnable = FALSE;
        psoDesc.RasterizerState.AntialiasedLineEnable = FALSE;
        psoDesc.RasterizerState.ForcedSampleCount = 0U;
        psoDesc.RasterizerState.ConservativeRaster = D3D12_CONSERVATIVE_
RASTERIZATION_MODE_OFF;

        //有效性检查
        psoDesc.NumRenderTargets = 0;//不写入渲染目标视图
        psoDesc.RTVFormats[0] = DXGI_FORMAT_UNKNOWN;//没有用到的渲染目标，要求全部设置为
DXGI_FORMAT_UNKNOWN
        psoDesc.RTVFormats[1] = DXGI_FORMAT_UNKNOWN;
        psoDesc.RTVFormats[2] = DXGI_FORMAT_UNKNOWN;
        psoDesc.RTVFormats[3] = DXGI_FORMAT_UNKNOWN;
        psoDesc.RTVFormats[4] = DXGI_FORMAT_UNKNOWN;
        psoDesc.RTVFormats[5] = DXGI_FORMAT_UNKNOWN;
        psoDesc.RTVFormats[6] = DXGI_FORMAT_UNKNOWN;
        psoDesc.RTVFormats[7] = DXGI_FORMAT_UNKNOWN;

        psoDesc.DSVFormat = DXGI_FORMAT_D24_UNORM_S8_UINT;

        //多重采样状态，与渲染目标视图中一致
        psoDesc.SampleDesc.Count = 1;
        psoDesc.SampleDesc.Quality = 0;

        //采样掩码
        psoDesc.SampleMask = 0XFFFFFFFF;

        //深度测试和模板测试
        psoDesc.DepthStencilState = {};//有效性检查要求其他成员全部赋值为 0
        psoDesc.DepthStencilState.DepthEnable = FALSE;
        psoDesc.DepthStencilState.StencilEnable = TRUE;
        psoDesc.DepthStencilState.StencilReadMask = 0X1;
        psoDesc.DepthStencilState.StencilWriteMask = 0X1;
        psoDesc.DepthStencilState.FrontFace.StencilFailOp = D3D12_STENCIL_OP_INVERT;
        psoDesc.DepthStencilState.FrontFace.StencilDepthFailOp = D3D12_STENCIL_OP_KEEP;
        psoDesc.DepthStencilState.FrontFace.StencilPassOp = D3D12_STENCIL_OP_KEEP;
        psoDesc.DepthStencilState.FrontFace.StencilFunc = D3D12_COMPARISON_FUNC_NEVER;
        psoDesc.DepthStencilState.BackFace.StencilFailOp = D3D12_STENCIL_OP_INVERT;
        psoDesc.DepthStencilState.BackFace.StencilDepthFailOp = D3D12_STENCIL_OP_KEEP;
        psoDesc.DepthStencilState.BackFace.StencilPassOp = D3D12_STENCIL_OP_KEEP;
        psoDesc.DepthStencilState.BackFace.StencilFunc = D3D12_COMPARISON_FUNC_NEVER;

        //融合
        //不写入渲染目标视图
```

```
        psoDesc.BlendState = D3D12_BLEND_DESC{};//有效性检查要求其他成员全部赋值为 0

        psoDesc.NodeMask = 0X1;

        psoDesc.CachedPSO.pCachedBlob = NULL;
        psoDesc.CachedPSO.CachedBlobSizeInBytes = 0;

        psoDesc.Flags = D3D12_PIPELINE_STATE_FLAG_NONE;

        //创建图形流水线状态对象
        pD3D12Device->CreateGraphicsPipelineState(&psoDesc,
IID_PPV_ARGS(&pGraphicPipelineStateGlyph));

        //在完成了图形流水线状态对象的创建之后，相关字节码的内存就可以释放
        UnmapViewOfFile(pVSFile);
        CloseHandle(hVSSection);
        CloseHandle(hVSFile);

    }

    ID3D12PipelineState *pGraphicPipelineStateRect;
    {
        HANDLE hVSFile = CreateFileW(L"VSRect.cso", GENERIC_READ, FILE_SHARE_READ, NULL,
OPEN_EXISTING, FILE_ATTRIBUTE_NORMAL, NULL);
        LARGE_INTEGER szVSFile;
        GetFileSizeEx(hVSFile, &szVSFile);
        HANDLE hVSSection = CreateFileMappingW(hVSFile, NULL, PAGE_READONLY, 0,
szVSFile.LowPart, NULL);
        void *pVSFile = MapViewOfFile(hVSSection, FILE_MAP_READ, 0, 0, szVSFile.LowPart);

        HANDLE hPSFile = CreateFileW(L"PSRect.cso", GENERIC_READ, FILE_SHARE_READ, NULL,
OPEN_EXISTING, FILE_ATTRIBUTE_NORMAL, NULL);
        LARGE_INTEGER szPSFile;
        GetFileSizeEx(hPSFile, &szPSFile);
        HANDLE hPSSection = CreateFileMappingW(hPSFile, NULL, PAGE_READONLY, 0,
szPSFile.LowPart, NULL);
        void *pPSFile = MapViewOfFile(hPSSection, FILE_MAP_READ, 0, 0, szPSFile.LowPart);

        D3D12_GRAPHICS_PIPELINE_STATE_DESC psoDesc;
        psoDesc.pRootSignature = pGRSRect;

        //在根签名没有指定ALLOW_INPUT_ASSEMBLER_INPUT_LAYOUT标志的情况下，InputLayout必须为空
        psoDesc.InputLayout.NumElements = 0;
        psoDesc.InputLayout.pInputElementDescs = NULL;

        //禁用重启动条带
        psoDesc.IBStripCutValue = D3D12_INDEX_BUFFER_STRIP_CUT_VALUE_DISABLED;
        //用于有效性检查，一般和 IASetPrimitiveTopology 中设置的值一致
        psoDesc.PrimitiveTopologyType = D3D12_PRIMITIVE_TOPOLOGY_TYPE_TRIANGLE;

        //顶点着色器和像素着色器
        psoDesc.VS.pShaderBytecode = pVSFile;
        psoDesc.VS.BytecodeLength = szVSFile.LowPart;
        psoDesc.PS.pShaderBytecode = pPSFile;
        psoDesc.PS.BytecodeLength = szPSFile.LowPart;
        //以下着色器暂时不使用
        psoDesc.HS.pShaderBytecode = NULL;
        psoDesc.HS.BytecodeLength = 0;
        psoDesc.DS.pShaderBytecode = NULL;
        psoDesc.DS.BytecodeLength = 0;
        psoDesc.GS.pShaderBytecode = NULL;
        psoDesc.GS.BytecodeLength = 0;
```

```
        //在根签名没有指定 ALLOW_STREAM_OUTPUT 标志的情况下，StreamOutputr 必须全部赋值为 0
        psoDesc.StreamOutput = {};

        //光栅化阶段
        psoDesc.RasterizerState.FillMode = D3D12_FILL_MODE_SOLID;
        psoDesc.RasterizerState.CullMode = D3D12_CULL_MODE_NONE;
        psoDesc.RasterizerState.FrontCounterClockwise = FALSE;
        psoDesc.RasterizerState.DepthBias = 0;
        psoDesc.RasterizerState.DepthBiasClamp = 0.0f;
        psoDesc.RasterizerState.SlopeScaledDepthBias = 0.0f;
        psoDesc.RasterizerState.DepthClipEnable = FALSE;
        psoDesc.RasterizerState.MultisampleEnable = FALSE;
        psoDesc.RasterizerState.AntialiasedLineEnable = FALSE;
        psoDesc.RasterizerState.ForcedSampleCount = 0U;
        psoDesc.RasterizerState.ConservativeRaster =
D3D12_CONSERVATIVE_RASTERIZATION_MODE_OFF;

        //有效性检查
        psoDesc.NumRenderTargets = 1;
        psoDesc.RTVFormats[0] = DXGI_FORMAT_R8G8B8A8_UNORM;
        psoDesc.RTVFormats[1] = DXGI_FORMAT_UNKNOWN;//没有用到的渲染目标，要求全部设置为
DXGI_FORMAT_UNKNOWN
        psoDesc.RTVFormats[2] = DXGI_FORMAT_UNKNOWN;
        psoDesc.RTVFormats[3] = DXGI_FORMAT_UNKNOWN;
        psoDesc.RTVFormats[4] = DXGI_FORMAT_UNKNOWN;
        psoDesc.RTVFormats[5] = DXGI_FORMAT_UNKNOWN;
        psoDesc.RTVFormats[6] = DXGI_FORMAT_UNKNOWN;
        psoDesc.RTVFormats[7] = DXGI_FORMAT_UNKNOWN;

        psoDesc.DSVFormat = DXGI_FORMAT_D24_UNORM_S8_UINT;

        //多重采样状态，与渲染目标视图中一致
        psoDesc.SampleDesc.Count = 1;
        psoDesc.SampleDesc.Quality = 0;

        //采样掩码
        psoDesc.SampleMask = 0XFFFFFFFF;

        //深度测试和模板测试
        psoDesc.DepthStencilState = {};//有效性检查要求其他成员全部赋值为 0
        psoDesc.DepthStencilState.DepthEnable = FALSE;
        psoDesc.DepthStencilState.StencilEnable = TRUE;
        psoDesc.DepthStencilState.StencilReadMask = 0X1;
        psoDesc.DepthStencilState.StencilWriteMask = 0X1;
        psoDesc.DepthStencilState.FrontFace.StencilFailOp = D3D12_STENCIL_OP_KEEP;
        psoDesc.DepthStencilState.FrontFace.StencilDepthFailOp =
D3D12_STENCIL_OP_KEEP;
        psoDesc.DepthStencilState.FrontFace.StencilPassOp = D3D12_STENCIL_OP_KEEP;
        psoDesc.DepthStencilState.FrontFace.StencilFunc =
D3D12_COMPARISON_FUNC_EQUAL;
        psoDesc.DepthStencilState.BackFace.StencilFailOp = D3D12_STENCIL_OP_KEEP;
        psoDesc.DepthStencilState.BackFace.StencilDepthFailOp =
D3D12_STENCIL_OP_KEEP;
        psoDesc.DepthStencilState.BackFace.StencilPassOp = D3D12_STENCIL_OP_KEEP;
        psoDesc.DepthStencilState.BackFace.StencilFunc = D3D12_COMPARISON_FUNC_EQUAL;

        //禁用融合操作
        psoDesc.BlendState = D3D12_BLEND_DESC{};//有效性检查要求其他成员全部赋值为 0
        psoDesc.BlendState.AlphaToCoverageEnable = FALSE;
        psoDesc.BlendState.IndependentBlendEnable = FALSE;
        psoDesc.BlendState.RenderTarget[0].BlendEnable = FALSE;
```

```
            psoDesc.BlendState.RenderTarget[0].LogicOpEnable = FALSE;
            psoDesc.BlendState.RenderTarget[0].RenderTargetWriteMask =
D3D12_COLOR_WRITE_ENABLE_ALL;

            psoDesc.NodeMask = 0X1;

            psoDesc.CachedPSO.pCachedBlob = NULL;
            psoDesc.CachedPSO.CachedBlobSizeInBytes = 0;

            psoDesc.Flags = D3D12_PIPELINE_STATE_FLAG_NONE;

            //创建图形流水线状态对象
            pD3D12Device->CreateGraphicsPipelineState(&psoDesc, IID_PPV_ARGS
(&pGraphicPipelineStateRect));

            //在完成了图形流水线状态对象的创建之后，相关字节码的内存就可以释放
            UnmapViewOfFile(pVSFile);
            CloseHandle(hVSSection);
            CloseHandle(hVSFile);

            UnmapViewOfFile(pPSFile);
            CloseHandle(hPSSection);
            CloseHandle(hPSFile);
      }

      //创建直接命令分配器
      ID3D12CommandAllocator *pDirectCommandAllocator;
      pD3D12Device->CreateCommandAllocator(D3D12_COMMAND_LIST_TYPE_DIRECT, IID_PPV_ARGS
(&pDirectCommandAllocator));


      //创建直接命令列表
      ID3D12GraphicsCommandList *pDirectCommandList;
      pD3D12Device->CreateCommandList(0X1, D3D12_COMMAND_LIST_TYPE_DIRECT,
pDirectCommandAllocator, NULL, IID_PPV_ARGS(&pDirectCommandList));


      D3D12_VIEWPORT vp = { 0.0f,0.0f,800.0f,600.0f,0.0f,1.0f };//正如前文所述，Direct3D 12
规定，MinDepth 和 MaxDepth 必须都在[0.0f,1.0f]内
      pDirectCommandList->RSSetViewports(1, &vp);//将视口变换的效果设置为将整个归一化坐标系变
换到整个渲染目标视图
      D3D12_RECT sr = { 0,0,800,600 };
      pDirectCommandList->RSSetScissorRects(1, &sr);//将剪裁区域设置为整个渲染目标视图

      //写入到模板缓冲
      pDirectCommandList->SetGraphicsRootSignature(pGRSGlyph);
      union
      {
            UINT32 ui;
            float f;
      }value32bit;
      //g_offset_x;
      value32bit.f = -0.75f;
      pDirectCommandList->SetGraphicsRoot32BitConstant(0, value32bit.ui, 0);
      //g_offset_y;
      value32bit.f = -0.5f;
      pDirectCommandList->SetGraphicsRoot32BitConstant(0, value32bit.ui, 1);
      //g_scale
      value32bit.f = 0.5f;
      pDirectCommandList->SetGraphicsRoot32BitConstant(0, value32bit.ui, 2);

      pDirectCommandList->SetPipelineState(pGraphicPipelineStateGlyph);
```

```
    pDirectCommandList->IASetPrimitiveTopology(D3D_PRIMITIVE_TOPOLOGY_TRIANGLELIST);
    pDirectCommandList->IASetVertexBuffers(0, 1, &vbview);
    pDirectCommandList->IASetIndexBuffer(&ibview);
    pDirectCommandList->OMSetRenderTargets(0, NULL, FALSE,
&pDSVHeap->GetCPUDescriptorHandleForHeapStart());
    pDirectCommandList->ClearDepthStencilView(pDSVHeap->GetCPUDescriptorHandleForHea
pStart(), D3D12_CLEAR_FLAG_STENCIL, 0.0f, 0U, 0, NULL);//正如 4.2.3 节中所述，此处指定的 0U
与上文中创建 pDSTex 时指定的 D3D12_CLEAR_VALUE 中的值一致，在执行时的效率会得到提升
    D3D12_RESOURCE_BARRIER UAToVB =
{ D3D12_RESOURCE_BARRIER_TYPE_TRANSITION ,D3D12_RESOURCE_BARRIER_FLAG_NONE,{ pVertexBu
ffer,0,D3D12_RESOURCE_STATE_UNORDERED_ACCESS ,D3D12_RESOURCE_STATE_VERTEX_AND_CONSTANT_
BUFFER } };
    pDirectCommandList->ResourceBarrier(1, &UAToVB);
    pDirectCommandList->DrawIndexedInstanced(ibi, 1, 0, 0, 0);

    //写入到渲染目标视图
    pDirectCommandList->SetGraphicsRootSignature(pGRSRect);
    //g_offset_x;
    value32bit.f = -0.75f;
    pDirectCommandList->SetGraphicsRoot32BitConstant(0, value32bit.ui, 0);
    //g_offset_y;
    value32bit.f = -0.5f;
    pDirectCommandList->SetGraphicsRoot32BitConstant(0, value32bit.ui, 1);
    //g_scale
    value32bit.f = 0.5f;
    pDirectCommandList->SetGraphicsRoot32BitConstant(0, value32bit.ui, 2);
    //以上 3 个值应当与写入到模板缓冲一致，可以考虑使用常量缓冲视图共享这 3 个值

    //g_xMin;
    value32bit.f = glyphxMin;
    pDirectCommandList->SetGraphicsRoot32BitConstant(0, value32bit.ui, 3);
    //g_yMin;
    value32bit.f = glyphyMin;
    pDirectCommandList->SetGraphicsRoot32BitConstant(0, value32bit.ui, 4);
    //g_xMax;
    value32bit.f = glyphxMax;
    pDirectCommandList->SetGraphicsRoot32BitConstant(0, value32bit.ui, 5);
    //g_yMax;
    value32bit.f = glyphyMax;
    pDirectCommandList->SetGraphicsRoot32BitConstant(0, value32bit.ui, 6);
    //g_color
    value32bit.f = 1.0f;
    pDirectCommandList->SetGraphicsRoot32BitConstant(1, value32bit.ui, 0);
    value32bit.f = 0.0f;
    pDirectCommandList->SetGraphicsRoot32BitConstant(1, value32bit.ui, 1);
    value32bit.f = 1.0f;
    pDirectCommandList->SetGraphicsRoot32BitConstant(1, value32bit.ui, 2);

    pDirectCommandList->SetPipelineState(pGraphicPipelineStateRect);
    pDirectCommandList->IASetPrimitiveTopology(D3D_PRIMITIVE_TOPOLOGY_TRIANGLESTRIP)
;
    pDirectCommandList->OMSetRenderTargets(1,
&pRTVHeap->GetCPUDescriptorHandleForHeapStart(), FALSE,
&pDSVHeap->GetCPUDescriptorHandleForHeapStart());//设置渲染目标
    pDirectCommandList->OMSetStencilRef(1U);

    D3D12_RESOURCE_BARRIER CommonToRendertarget =
{ D3D12_RESOURCE_BARRIER_TYPE_TRANSITION ,D3D12_RESOURCE_BARRIER_FLAG_NONE,{ pFrameBuf
fer,0,D3D12_RESOURCE_STATE_COMMON ,D3D12_RESOURCE_STATE_RENDER_TARGET } };
    pDirectCommandList->ResourceBarrier(1, &CommonToRendertarget);
    pDirectCommandList->DrawInstanced(4, 1, 0, 0);
    D3D12_RESOURCE_BARRIER RendertargetToCommon =
{ D3D12_RESOURCE_BARRIER_TYPE_TRANSITION ,D3D12_RESOURCE_BARRIER_FLAG_NONE,{ pFrameBuf
fer,0,D3D12_RESOURCE_STATE_RENDER_TARGET ,D3D12_RESOURCE_STATE_COMMON } };
```

```
    pDirectCommandList->ResourceBarrier(1, &RendertargetToCommon);

    //执行命令列表
    pDirectCommandList->Close();
    pDirectCommandQueue->ExecuteCommandLists(1, reinterpret_cast<ID3D12CommandList
**>(&pDirectCommandList));

    //呈现
    pDXGISwapChain->Present(0, 0);

    return 0U;
}

//GRSGlyph.hlsli--------------------------------------------------------------------
#define GRSGlyph "RootFlags(\
ALLOW_INPUT_ASSEMBLER_INPUT_LAYOUT\
|DENY_PIXEL_SHADER_ROOT_ACCESS\
|DENY_DOMAIN_SHADER_ROOT_ACCESS\
|DENY_HULL_SHADER_ROOT_ACCESS\
|DENY_GEOMETRY_SHADER_ROOT_ACCESS\
),\
RootConstants(visibility=SHADER_VISIBILITY_VERTEX,b0,space=0,num32BitConstants=3)"

//GRSGlyph.hlsl---------------------------------------------------------------------
#include "GRSGlyph.hlsli"

//VSGlyph.hlsl----------------------------------------------------------------------
#include"GRSGlyph.hlsli"//根签名对象

cbuffer cboffsetscale:register(b0, space0)
{
    float g_offset_x;
    float g_offset_y;
    float g_scale;
}
struct Vertex_IA_OUT
{
    float2 pos:UserPos0;
};

struct Vertex_VS_OUT
{
    float4 pos:SV_POSITION;
};

[RootSignature(GRSGlyph)]
Vertex_VS_OUT main(Vertex_IA_OUT vertex)
{
    Vertex_VS_OUT rtval;
    rtval.pos = float4(g_offset_x + vertex.pos.x*g_scale, g_offset_y +
vertex.pos.y*g_scale, 0.5f, 1.0f);
    return rtval;
}

//GRSRect.hlsli---------------------------------------------------------------------
#define GRSRect "RootFlags(\
DENY_DOMAIN_SHADER_ROOT_ACCESS\
|DENY_HULL_SHADER_ROOT_ACCESS\
|DENY_GEOMETRY_SHADER_ROOT_ACCESS\
),\
RootConstants(visibility=SHADER_VISIBILITY_VERTEX,b0,space=0,num32BitConstants=7),\
RootConstants(visibility=SHADER_VISIBILITY_PIXEL,b0,space=0,num32BitConstants=3),"
```

```
//GRSRect.hlsl---------------------------------------------------------------------------
#include "GRSRect.hlsli"

//VSRect.hlsl----------------------------------------------------------------------------
#include"GRSRect.hlsli"//根签名对象

cbuffer cboffsetscale:register(b0, space0)
{
     float g_offset_x;
     float g_offset_y;
     float g_scale;
     float g_xMin;
     float g_yMin;
     float g_xMax;
     float g_yMax;
}

struct Vertex_IA_OUT
{
     uint vid:SV_VERTEXID;
};

struct Vertex_VS_OUT
{
     float4 pos:SV_POSITION;
};

[RootSignature(GRSRect)]
Vertex_VS_OUT main(Vertex_IA_OUT vertex)
{
     Vertex_VS_OUT rtval;
     switch (vertex.vid)
     {
     case 0:
          rtval.pos = float4(g_offset_x + g_xMin*g_scale, g_offset_y + g_yMin*g_scale, 0.5f, 1.0f);
          break;
     case 1:
          rtval.pos = float4(g_offset_x + g_xMin*g_scale, g_offset_y + g_yMax*g_scale, 0.5f, 1.0f);
          break;
     case 2:
          rtval.pos = float4(g_offset_x + g_xMax*g_scale, g_offset_y + g_yMin*g_scale, 0.5f, 1.0f);
          break;
     case 3:
          rtval.pos = float4(g_offset_x + g_xMax*g_scale, g_offset_y + g_yMax*g_scale, 0.5f, 1.0f);
          break;
     default:
          rtval.pos = float4(0.0f, 0.0f, 0.5f, 1.0f);
          break;
     }
     return rtval;
}

//PSRect.hlsl----------------------------------------------------------------------------
#include"GRSRect.hlsli"

cbuffer cbcolor:register(b0, space0)
{
     float3 g_color;
}

struct Vertex_VS_OUT
```

```
{
     float4 pos:SV_POSITION;
};

struct Pixel_PS_OUT
{
     float4 color:SV_TARGET0;
};

[RootSignature(GRSRect)]
Pixel_PS_OUT main(Vertex_VS_OUT pixel)
{
     Pixel_PS_OUT rtval;
     rtval.color = float4(g_color, 1.0f);
     return rtval;
}
```

再次调试我们的程序，可以看到以下运行结果，如图 8-6 所示。

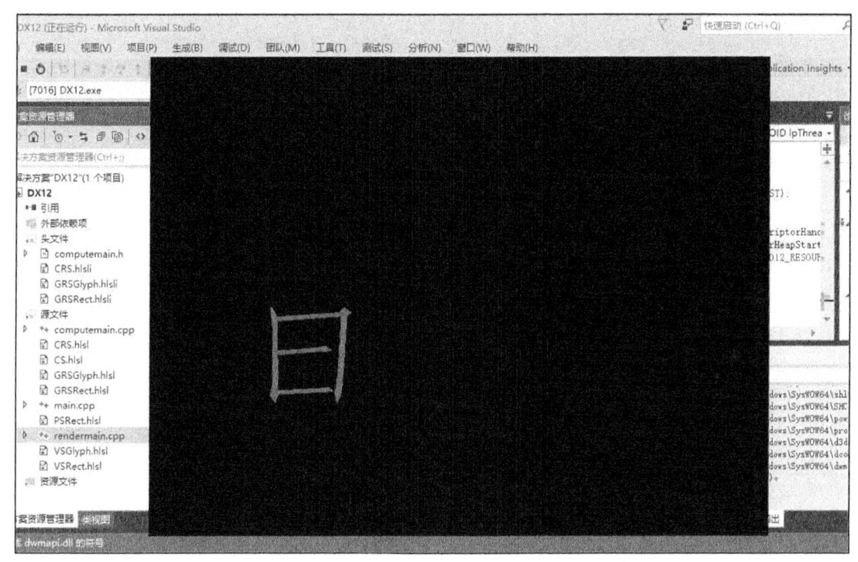

图 8-6　绘制字形

实际上，我们还可以编写一个预处理工具（见 http://github.com/ Direct3D 12TTF/TTFPreprocess），事先计算出 TrueType 字体中的每一个字形的顶点数据和索引数据，并将计算结果写入到一个文件中。在应用程序运行时，只需要从该文件中读取相关的顶点数据和索引数据即可，不需要再次计算，从而进一步提升性能。

章末小结

本章对 TTF 字体的相关知识进行了简单的介绍，并且给出了一个基于 Direct3D 12 实现的字体引擎的示例程序。

特别优惠

购买本书的读者专享异步社区购书优惠券。

使用方法：注册成为社区用户，在下单购书时输入 S4XC5 使用优惠码，然后点击“使用优惠码”，即可在原折扣基础上享受全单9折优惠。（订单满39元即可使用，本优惠券只可使用一次）

纸电图书组合购买

社区独家提供纸质图书和电子书组合购买方式，价格优惠，一次购买，多种阅读选择。

社区里还可以做什么?

提交勘误

您可以在图书页面下方提交勘误，每条勘误被确认后可以获得100积分。热心勘误的读者还有机会参与书稿的审校和翻译工作。

写作

社区提供基于Markdown的写作环境，喜欢写作的您可以在此一试身手，在社区里分享您的技术心得和读书体会，更可以体验自出版的乐趣，轻松实现出版的梦想。

如果成为社区认证作译者，还可以享受异步社区提供的作者专享特色服务。

会议活动早知道

您可以掌握IT圈的技术会议资讯，更有机会免费获赠大会门票。

加入异步

扫描任意二维码都能找到我们：

异步社区

微信服务号

微信订阅号

官方微博

QQ群：436746675

社区网址：www.epubit.com.cn

投稿 & 咨询：contact@epubit.com.cn